园林专业技术管理人员培训教材

园林施工管理

浙江省建设厅城建处
杭州蓝天职业培训学校 编

中国建筑工业出版社

图书在版编目(CIP)数据

园林施工管理/浙江省建设厅城建处，杭州蓝天职业培训学校编. —北京：中国建筑工业出版社，2005
（园林专业技术管理人员培训教材）
ISBN 978-7-112-07407-5

Ⅰ. 园… Ⅱ. ①浙… ②杭… Ⅲ. 园林—绿化—工程施工—基本知识 Ⅳ. TU986.3

中国版本图书馆 CIP 数据核字(2005)第 043690 号

责任编辑：郑淮兵　杜　洁　黄居正
责任设计：董建平
责任校对：孙　爽　刘　梅

园林专业技术管理人员培训教材
园林施工管理
浙江省建设厅城建处
杭州蓝天职业培训学校　编
*
中国建筑工业出版社出版、发行(北京西郊百万庄)
各地新华书店、建筑书店经销
北京市书林印刷有限公司印刷
*
开本：787×1092 毫米　1/16　印张：16¼　字数：390 千字
2005年 10 月第一版　2014 年 1 月第七次印刷
定价：**36.00** 元
ISBN 978-7-112-07407-5
(13361)

本社网址：http://www.cabp.com.cn
网上书店：http://www.china-building.com.cn

《园林专业技术管理人员培训教材》

编委会名单

序

中央提出要构建和谐社会，而惟有人与自然的和谐才能促进人与人的和谐，惟有人与生态的和谐才能达成人与社会的和谐。园林建设是生态建设的重要组成部分，是创造人与自然和谐的重要手段。

搞好园林建设，必须培养一大批懂技术、会管理的专门人才，使之既具备专业知识，又具有实践技能。为此，我们编写了《园林专业技术管理人员培训教材》。该教材是在园林绿化岗位培训的基础上，结合我国研究建立职业水平认证制度编撰而成，编写过程中聘请了园林植物、施工等方面的专家，几易其稿，以求既保证科学性，又具有很强的实用性。该系列教材是对从事园林施工管理、园林绿化质量检查、园林施工材料管理、园林施工安全管理及园林绿化预算等相关人员开展岗位培训及职业水平认证的培训用书，可供高、中等职业院校实践教学使用，也适合园林行业管理人员自学。

编写《园林专业技术管理人员培训教材》是一次新的尝试，力求体现园林行业的新特点、新要求，突出职业能力培养，注重适用与实效，符合现行标准、规范和新技术要求，在国内出版尚属首次。虽经多方调研并多次征求意见，但仍需要在教学和实践中不断探索和完善。

期望该系列培训教材能为提高园林行业从业人员素质、管理水平和工程质量作出贡献。

编委会

2005 年 9 月

目　　录

第一章　园林工程施工管理

在园林工程建设过程中，设计工作诚然是十分重要的，但设计仅是人们对工程的构思，要将这些工程构想变成物质成果，就必须进行工程施工。园林工程施工是指通过有效的组织方法和技术措施，按照设计要求，根据合同规定的工期，全面完成设计内容的全过程。

施工管理是对整个施工过程的合理优化组织。其过程是根据工程项目的特点，结合具体的施工对象编制施工方案，科学地组织生产诸要素，合理地使用时间与空间，并在施工过程中指挥和协调劳动力资源等。

第一节　园林工程施工程序

一、园林绿化建设程序

园林绿化建设是城市基本建设的重要组成部分，因而常被列入基本建设之中，并按照基本建设程序进行。基本建设程序是指某个建设项目在整个建设过程中各阶段各步骤应遵循的先后顺序。要求建设工程先勘察、规划、设计，后施工；杜绝边勘察、边设计、边施工的现象。根据这一要求，园林绿化建设程序的要点是：对拟建项目进行可行性研究，编制设计任务书，确定建设地点和规模，开展设计工作，报批基本建设计划，进行施工前准备，组织工程施工及工程竣工验收等，如图 1-1 所示。归纳起来一般包括计划、设计、施工和验收 4 个阶段。

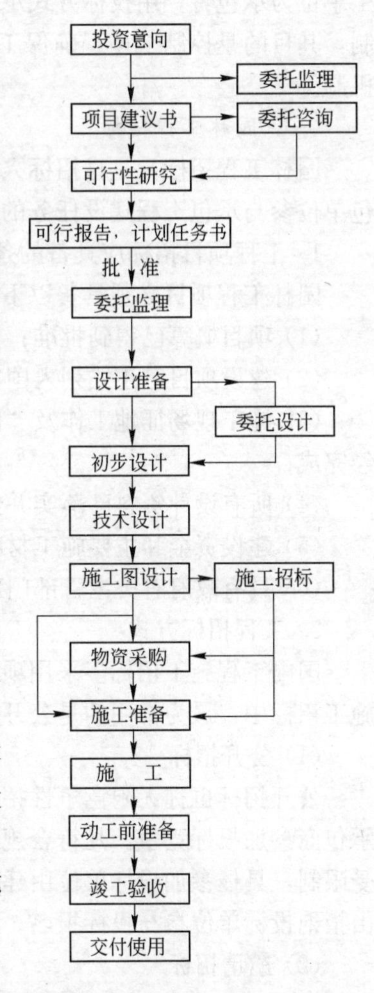

图 1-1　园林绿化工程项目建设程序

（一）计划

计划是对拟建项目进行调查、论证、决策，确定建设地点和规模，写出项目可行性报告，编制计划任务书，报主管部门论证审核，送市发改委或建设局审批，经批准后才能纳入正式的年度建设计划。因此，计划任务书是项目建设确立的前提，是重要的指导性文件。其内容主要包括：建设单位、建设性质、建设项目类别、建设单位负责人、建设地点、建设依据、建设规模、工程内容、建设期限、投资概算、效益评估、协作关系及环境保护等。

（二）设计

根据已批准的计划任务书，进行建设项目的勘察设计，编制设计概算。设计文件是组织工程建设的重要技术资料。园林建设项目一般采用两阶段设计，即初步设计和施工图设计，所有园林工程项目都应编制初步设计和概算，施工图设计不得改变计划任务书及初步设计已确定的建设性质、建设规模和概算等。

（三）施工

建设单位根据已确定的年度计划编制工程项目表，经主管单位审核报上级备案后将相关资料及时通知施工单位。施工单位要做好施工图预算和施工组织设计编制工作，并严格按照施工图、工程合同及工程质量要求，做好生产准备，组织施工，搞好施工现场管理，确保工程质量。

（四）竣工验收

工程竣工后，应尽快召集有关单位和质检部门，根据设计要求和施工质量验收规范进行竣工验收，同时办理竣工交付使用手续。

二、园林绿化建设项目招标与投标

工程建设项目招标投标是国际上通用的比较成熟而且科学合理的工程承发包方式。这是以建设单位作为建设工程的发包者，用招标方式择优选定设计、施工单位；而设计、施工单位为承包者，用投标方式承接设计、施工任务。在园林工程项目建设中推行招标投标制，其目的是控制工期，确保工程质量，降低工程造价，提高经济效益，健全市场竞争机制。

（一）园林工程招标

园林工程招标，是指招标人将其拟发包的内容、要求等对外公布，招引和邀请多家承包单位参与承包工程建设任务的竞争，以便择优选择承包单位。

1. 工程项目招标应具备的条件

园林工程项目必须具备以下条件方能进行招标：

(1) 项目概算已得到批准；

(2) 建设项目已正式列入国家、部门或地方的年度计划；

(3) 施工现场征地工作及“四通一平”（水通、路通、电力通、电信通、平整场地）已经完成；

(4) 所有设计资料已落实并经批准；

(5) 建设资金和主要施工材料、设备已经落实；

(6) 具有政府有关主管部门对工程项目招标的批文。

2. 工程招标方式

国内工程施工招标多采用项目全部工程招标和特殊专业工程招标等方法。在园林工程施工招标中，最为常用的是公开招标、邀请招标两种方式。

(1) 公开招标

公开招标也称无限竞争性招标。由招标单位公开发布广告或登报向外招标，公开招请承包商参加投标竞争。凡符合规定条件的承包商均可自愿参加投标，投标报名单位数量不受限制，具体参加投标单位由建设单位进行资格预审及抽签决定。招标单位不得以任何理由拒绝投标单位参与投标报名。

(2) 邀请招标

邀请招标亦称有限竞争性选择招标。由招标单位向符合本工程资质要求，具有良好信誉的施工单位发出参与投标的邀请，招标过程不公开。所邀请的投标单位一般 5～10 个，但不得少于 3 个。

3. 招标程序

工程施工招标程序一般可分为三个阶段，即招标准备阶段、招标投标阶段与决标成交阶段，如图 1-2 所示。

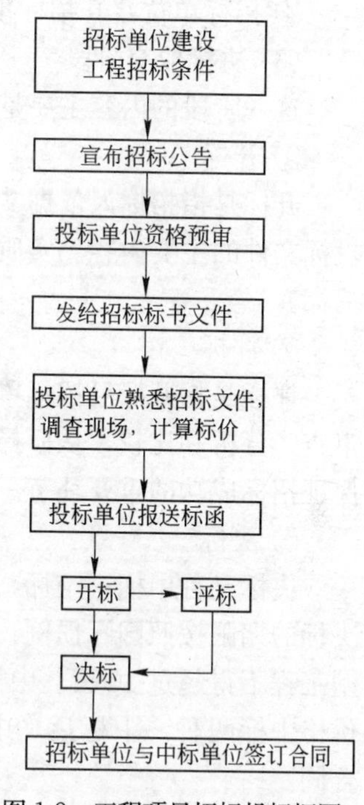

图 1-2　工程项目招标投标框图

(1) 招标准备阶段

主要包括提出招标申请、编制招标文件和确定标底。

① 申请招标

建设单位应在工程项目立项文件审批后 30 天内向主管部门或其授权机构领取工程建设项目报建表进行报建。报建手续办完后务必成立招标工作班子，并及时向招投标机构提出招标申请。申请书主要的内容有：招标单位资质，招标工程具备的条件，拟采用的招标方式及对投标单位的要求等。

② 编制招标文件

招标文件是招标单位编制的工程招标的纲领性、实施性文件，是各投标单位进行投标的主要依据。招标文件一般由文字和设计图纸两部分组成，其内容有：

- 工程综合说明

包括工程名称、地址、招标项目、占地范围、建设面积、技术要求、现场条件、质量标准、招标方式、开竣工时间、施工单位资质等级等。对于施工企业的资质水平，根据建设部《建筑业企业资质等级标准》的规定，城市园林绿化企业资质分为一级企业、二级企业和三级企业；古建筑工程施工企业资质等级分为一、二、三、四级。

- 设计图纸和技术说明书
- 工程量清单及单价表

这两部分内容是投标人计算标价和招标人评标的依据，也是签订承办合同的基础性资料，因而是标书重要组成部分。

- 投标须知
- 合同主要条款和格式

③ 编制标底

标底是招标单位将报建的工程项目估算出的全部造价，它是招标工程的预期价格。标底确定后必须严格保密，不得泄露。标底的确定主要以施工图预算为基础，有时也可用设计概算定额方法编制。标底的编制要切合实际，力求准确、客观、公正，不超出工程投资总额，对无标底招标可不编制标底。

(2) 招标投标阶段

建设单位的招标申请经批准后，即可开展该阶段的工作，工作内容主要包括：

① 通过各种媒体，如报刊、电台、电视、互联网等发布招标公告或直接向有承包条件的单位发投标邀请函。

② 对投标单位进行资格预审，预审一般采用评分法。筛选出投标单位；如通过预审单位较多，还应通过抽签确定参加投标单位。

③ 组织投标人进行现场考察及招标工程交底。

④ 招标单位召开招标预备会及答疑。

(3) 决标成交阶段

这一阶段的内容主要是开标、评标、决标和签订施工承包合同。

① 开标

开标是指招标人依据文件规定的时间和地点，开启投标人提交的投标文件，公开宣读投标文件的主要内容。实质上开标就是把所有投标人递交的投标文件启封揭晓，所以又称揭标。

② 评标

评标是指开标后招标单位根据招标文件的要求，对投标单位提出的投标文件进行全面审查、分析和比较，从而择优评选出中标单位的过程。评标是审查中标人的必经程序，是保证招标成功的重要环节。因此，评标要做到客观公正、科学合理、规范合法。

③ 决标

决标又称中标、定标，是指招标人经过开标、评标等过程，最后择优选定中标单位。决标的期限按照国际惯例，一般是90～120天；我国规定大中型工程不得超过30天，小型工程不得超过10天。中标的方式最为常见的是采用最佳综合评价中标和合理最低投标价格中标两种。中标后，中标单位即与招标单位在规定的期限内正式签订工程承发包合同。

(二) 园林工程投标

园林工程投标是指投标人愿意按照招标人规定的条件承包工程，编制投标标书，提出工程造价、工期、施工方案和保证工程质量的措施，在规定的期限内向招标人投函，请求承包工程建设任务。

1. 投标资格

参加投标的单位必须按招标通知向招标人递交以下有关资料：

(1) 企业营业执照和资质证书；

(2) 企业简介与资金情况；

(3) 企业施工技术力量及机械设备状况；

(4) 近三年承建的主要工程及其质量情况；

(5) 异地投标时取得的当地承包工程许可证；

(6) 现有施工任务，含在建项目与尚未开工项目。

2. 投标程序

园林工程投标必须按一定的程序进行(图1-3)，其主要过程如下：

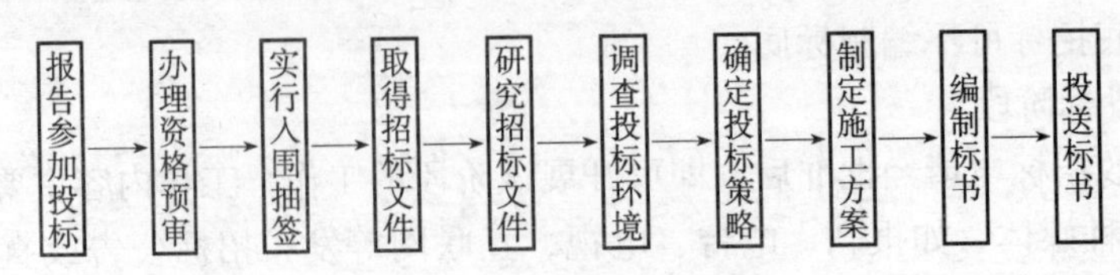

图1-3　施工投标的一般程序

(1) 根据招标公告，分析招标工程的条件，再依据自身的能力，选择投标工程；

(2) 在招标期限内提出投标申请，向招标人提交有关资料；

(3) 接受招标单位的资格审查；

(4) 从招标单位领取招标文件、图纸及必要的资料；

(5) 熟悉招标文件，参加现场勘察；

(6) 编制投标书，落实施工方案和标价；

(7) 在规定的时间内，向招标人报送标书；

(8) 开标、评标与决标；

(9) 中标人与招标人签订承包合同。

三、园林工程施工合同的签订

园林工程施工涉及多方面的内容，其中施工前签订工程承包合同就是一项重要工作。施工单位和建设单位不仅要有良好的信誉与协作关系，同时双方应确立明确的权利义务关系，以确保工程任务的顺利完成。

(一) 工程承包方式

工程承包方式是指承包方和发包方之间经济关系的形式。受承包内容和具体环境的影响，承包方式也有所不同。其主要分类如图 1-4 所示。目前，在园林工程中，最为常见的有以下几种：

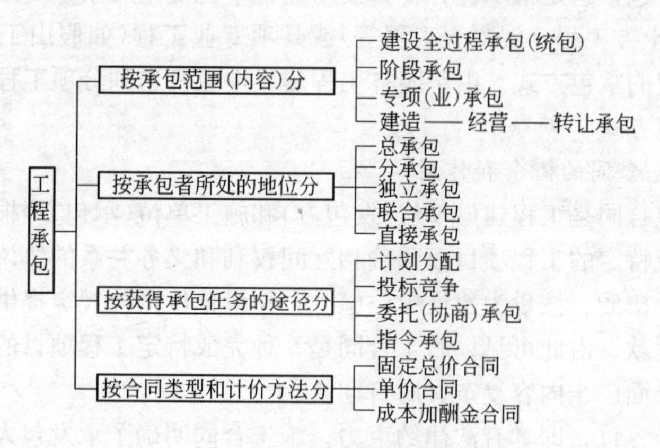

图 1-4 工程承包的分类

1. 建设全过程承包

建设全过程承包也叫“统包”或“一揽子承包”，即通常所说的“交钥匙”。它是一种由承包方对工程全面负责的总承包，发包方一般仅需提出工程要求与工期，其他均由承包方负责。这种承包方式要求承发包双方密切配合，施工企业实力雄厚、技术先进、经验丰富。它最大的优点是能充分利用原有技术经验，节约投资，缩短工期，保证工程质量，资信度高。主要适用于各种大中型建设项目。

2. 阶段承包

阶段承包是指某一阶段工作的承包方式，例如可行性研究、勘察设计、工程施工等。在施工阶段，根据承包内容的不同，又可细分为包工包料、包工部分包料和包工不包料三种方式。包工包料是承包工程施工所用的全部人工和材料，是一种很普遍的施工承包方式，多由获得等级证书的施工企业采用。包工部分包料是承包方只负责提供施工的全部人工及部分材料，其余材料由建设单位负责的一种承包方式。包工不包料广泛应用于各类工程施工中，它指承包人仅提供劳务而不承担供应任何材料的义务，在园林工程中尤其适用于临时民工承包。

3. 专项承包

专项承包是指某一建设阶段的某一专门项目。由于专业性强，技术要求高，如地质勘察、古建结构、假山修筑、雕刻工艺、音控光控设计等需由专业施工单位承包，故称专项承包。

4. 招标费用包干

工程通过招标投标竞争，优胜者得以和建设单位订立承包合同的一种先进承包方式。这是国际上通用的获得承包任务的主要方式。根据竞标内容的不同，又有多种包干方式，如招标费用包干、实际建设费用包干、施工图预算包干等。

5. 委托包干

委托包干也称协商承包，即不需经过投标竞争，而由业主与承包商协商，签订委托其承包某项工程的合同。多用于资信好的习惯性客户。园林工程建设中此种承包方式也较为常用。

6. 分承包

分承包也称分包，它是指承包者不直接与建设单位发生关系，而是从总承包单位分包某一分项工程(如土方工程、混凝土工程等)或某项专业工程(如假山工程、喷泉工程等)，并对总承包商负责的承包方式。由于园林工程建设中也常遇到分项工程的专业化问题，所以有时也采用分包方式。

(二) 施工承包合同的概念和作用

工程施工承包合同是工程建设单位(发包方)和施工单位(承包方)根据国家基本建设的有关规定，为完成特定的工程项目而明确相互间权利和义务关系的协议。施工单位向建设单位承诺，按时、按质、按量为建设单位施工；建设单位则按规定提供技术文件，组织竣工验收并支付工程款。由此可见，施工合同是一种完成特定工程项目的合同，其特点是合同计划性强、涉及面广、内容复杂、履行期长。

施工合同一经签订，即具有法律约束力。施工合同明确了承发包人在工程中的权利和义务，这是双方履行合同的行为准则和法律依据，有利于规范双方的行为。如果不签订施工合同，也就无法确立各自在施工中所能享受的权利和应承担的义务。同时施工合同的签订，有利于对工程施工的管理，有利于整个工程建设的有序发展。尤其是在市场经济条件下，合同是维系市场运转的重要因素，因此应培养合同意识，推行建设监理制度，实行招标投标制等，使园林工程项目建设健康、有序地发展。

(三) 签订施工合同的原则和条件

1. 订立施工合同的原则

订立施工合同的原则是指贯穿于订立施工合同的整个过程，对承发包方签订合同起指导和规范作用的、双方应遵循的准则主要有：

(1) 合法原则

订立施工合同要严格执行《建设工程施工合同(示范文本)》，通过《合同法》与《建筑法》等法律法规来规范双方的权利义务关系。惟有合法，施工合同才具有法律效力。

(2) 平等自愿、协商一致的原则

主体双方均依法享有自愿订立施工合同的权利。在自愿、平等的基础上，承发包方要就协议内容认真商讨，充分发表意见，为合同的全面履行打下基础。

(3) 公平、诚信的原则

施工合同双方均享有合同权利，也承担相应的义务，不得只注重享有的权利而对义务不负责任，这有失公平。在合同签订中，要诚实守信，当事人应实事求是向对方介绍自己订立合同的条件、要求和履约能力；在拟定合同条款时，要充分考虑对方的合法利益和实际困难，以善意的方式设定合同的权利和义务。

(4) 过错责任原则

合同中除规定的权利义务，必须明确违约责任，必要时，还要注明仲裁条款。

2. 订立施工合同应具备的条件

订立施工合同应具备以下条件：

(1) 工程立项及设计概算已得到批准；

(2) 工程项目已列入国家或地方年度建设计划。小型专用绿地也已纳入单位年度建设计划；

(3) 施工需要的设计文件和有关技术资料已准备充分；

(4) 建设资料、建设材料、施工设备已经落实；

(5) 招标投标的工程，中标文件已经下达；

(6) 施工现场条件，即“四通一平”已准备就绪；

(7) 合同主体双方符合法律规定，并均有履行合同的能力。

(四) 工程承包合同的格式

合同文本格式是指合同的形式文件，主要有填空式文本、提纲式文本、合同条件式文本和合同条件加协议条款式文本。我国为了加强建设工程施工合同的管理，借鉴国际通用的FIDIC《土木工程施工合同条件》，制定颁布了《建设工程施工合同(示范文本)》，该文本采用合同条件式文本。它是由协议书、通用条款、专用条款三部分组成，并附有三个附件：承包人承揽工程一览表、发包人供应材料设备一览表及工程质量保修书。实际工作中必须严格按照这个示范文本执行。根据合同协议格式，一份标准的施工合同由四部分组成：

1. 合同标题

写明合同的名称，如×××公园仿古建筑施工合同、××小区绿化工程施工承包合同。

2. 合同序文

包括承发包方名称、合同编号和签订本合同的主要法律依据。

3. 合同正文

合同的重点部分，由以下内容组成：

(1) 工程概况

包括工程名称、工程地点、建设目的、立项批文、工程项目一览表。

(2) 工程承包范围

承包人进行施工的工作范围，它实际上是界定施工合同的标的，是施工合同的必备条款。

(3) 建设工期

指承包人完成施工任务的期限，明确开、竣工日期。

(4) 工程质量

指工程的等级要求，是施工合同的核心内容。工程质量一般通过设计图纸、施工说明书及施工技术标准加以确定，是施工合同的必备条款。

(5) 工程造价

这是当事人根据工程质量要求与工程的概预算确定的工程费用。

(6) 各种技术资料交付时间

指设计文件、概预算和相关技术资料交付的时间。

(7) 材料、设备的供应方式

(8) 工程款支付方式与结算方法

(9) 双方相互协作事项与合理化建议的采纳

(10) 质量保修(养)范围，注明质量保修(养)期

(11) 工程竣工验收

竣工验收条款常包括验收的范围和内容、验收的标准和依据、验收人员的组成、验收方式和日期等。

(12) 违约责任，合同纠纷与仲裁条款

4. 合同结尾

注明合同份数，存留与生效方式；签订日期、地点、法人代表；合同公证单位；合同未尽事项或补充条款；合同应有的附件；工程项目一览表，材料、设备供应一览表，施工图纸及技术资料交付时间表(表 1-1～表 1-3)。

工程项目一览表 **表 1-1**

序　号	工程名称	投资性质	结　构	计量单位	数　量	工程造价	设计单位	备　注

材料、设备供应一览表 **表 1-2**

序　号	材料、设备名称	规格型号	单　位	数　量	供应时间	送达地点	备　注

施工图纸及技术资料交付时间表 **表 1-3**

序　号	工程名称	单　位	份　数	类　别	交付时间	图　名	备　注

四、园林工程施工程序

施工程序是指已经确定的建设工程项目在整个施工阶段必须遵循的先后顺序，它是施

工管理的重要依据。施工过程中，能做到按施工程序组织施工，对提高施工速度、保证施工质量、安全生产和降低施工成本有着重要意义。

（一）施工的依据

园林工程施工合同签订后，就可以正式办理各种开工手续。建设单位和施工单位应于工程开工前3～5个月申报。与园林施工相关的批文较多，其审批权限各地有所不同。一般对于小型的绿化工程，由各地、市的园林主管部门审批；但关系到园林建筑、园内市政工程或土地占用、地下通讯管道、环境问题等还需要相应部门的批示。此外，如占用公共用地文件、材料配比确认证明、工程施工许可证、工程项目表、工程机械使用文件、树木采伐许可证、供水用电申请、环境治理报告书及委托文件等均需逐项办理。

施工图是工程施工重要的技术文件，承发包方要做好技术交底会审工作，认真领会设计意图。同时确认园址现状，熟悉施工现场，了解现场地下管线及构筑物等情况。

（二）施工前准备工作

施工组织中一项很重要的工作就是要安排合理的施工准备期。施工准备工作的主要任务是领会设计意图，掌握工程特点，了解工程质量要求，熟悉施工现场，合理布置施工力量，这个阶段的工作内容很多，一般应做好以下几方面：

1. 技术准备

(1) 施工单位应根据施工合同的要求，认真审核施工图，体会设计意图。

(2) 收集相关的技术经济资料、自然条件资料。对施工现场实地踏勘，要对工地现状有总体把握。

(3) 施工单位编制施工预算和施工组织设计，建设单位组织有关方面做好施工图交底、技术交底和预算会审工作。施工单位还要制定施工规范、安全措施、岗位职责、管理条例等。

2. 生产准备

施工中所需的各种材料、构配件、施工机具等要按计划组织到位，做好验收和出入库记录；组织施工机械进场、安装与调试；制定苗木供应计划；选定山石材料等。

根据工程规模、技术要求、施工期限等合理组织施工队伍，制定劳动定额，落实岗位责任，建立劳动组织。做好劳动力调配工作，特别是采用平行施工或交叉施工时，更应重视劳务的配备，避免窝工浪费。

3. 施工现场准备

(1) 界定施工范围，进行管线改道，保护古树名木等。

(2) 进行施工现场工程测量，设置平面控制点与高程控制点。

(3) 做好水通、路通、电力通、电信通及场地平整工作，即“四通一平”。施工临时道路选线应以不妨碍工程施工为标准，结合设计园路、地质状况及运输荷载等因素来确定。施工现场的给排水应满足施工要求，做好季节性施工的准备。施工用电要考虑最大的负荷容量及是否方便施工。场地平整应配合原设计图平衡土方，并做好拆除地上、地下障碍物和设置材料堆放点等工作。

(4) 搭设临时设施。主要包括施工用的临时仓库、办公室、宿舍、食堂及必须的附属设施，如临时抽水泵站、混凝土搅拌站，临时管线也要按要求铺设好。修建临时设施应遵循节约、实用、方便的原则。

4. 后勤保障工作

后勤工作是保证工程施工顺利进行的重要环节。施工现场应配套简易医疗点和其他设施，做好劳动保护工作，强化安全意识，搞好现场防火工作等。

第二节　园林工程施工组织设计

施工组织设计是对拟建工程的施工提出全面的规划、部署与组织，用来指导工程施工的技术性文件。它的核心内容是如何科学合理地安排好劳动力、材料、设备、资金和施工方法这五个主要的施工因素。根据园林工程的特点与要求，以先进科学的施工方法和组织手段使人力与物力、时间与空间、技术与经济、计划与组织等诸多方面合理优化配置，从而保证施工任务的顺利完成。

一、施工组织设计的作用

施工组织设计是我国应用于工程施工中的科学管理手段之一，是长期工程建设中实践经验的总结，是组织现场施工的基本文件。因此，编制科学的、切合实际的、操作性强的施工组织设计，对指导现场施工、保证工程进度、降低成本等有着重要意义。其主要作用为：

1. 合理地施工组织设计，体现了园林工程的特点，对现场施工具有实践指导作用。
2. 能够按事先设计好的程序组织施工，能保证正常的施工秩序。
3. 能及时做好施工前准备工作，并能按施工进度搞好材料、机具、劳动力资源配置。
4. 使施工管理人员明确工作职责，充分发挥主观能动性。
5. 能很好协调各方面的关系，解决施工过程中出现的各种情况，使现场施工保持协调、均衡、文明。

二、施工组织设计的分类

根据其编制对象的不同，可编制出深度不一的施工组织设计。实际工作中常分为施工组织总设计、单位工程施工组织设计和分项工程作业设计三种。

（一）施工组织总设计

施工组织总设计是以整个建设项目为编制对象，依照已审批的初步设计文件拟定总体施工规划，是工程施工的全局性、指导性文件。一般由施工单位组织编制，重点解决施工期限、施工顺序、施工方法、临时设施、材料设备以及施工现场总平面布置等关键内容。

（二）单位工程施工组织设计

它是根据会审后的施工图，以单位工程为编制对象，用于指导工程施工的技术文件。它是依照施工组织总设计的主要原则确定的单位工程施工组织与安排，因此不得和施工组织总设计相抵触。园林工程施工组织设计的编制重点在：工程概况和施工条件，施工方案与施工方法，施工进度计划，劳动力与其他资源配置，施工现场平面布置以及施工技术措施和主要技术经济指标、施工质量、安全及文明施工、劳动保护措施等。

（三）分项工程作业设计

分项工程作业设计一般是就单位工程中某些特别重要部位或施工难度大、技术较复杂，需要采取特殊措施施工的分项工程编制的，具有较强针对性的技术文件。它所阐述的施工方法、施工进度、施工措施、技术要求等更详尽具体，例如园林喷水池防水工程、瀑布落水口工程、特殊健身路铺装、大型假山叠石工程、大型土方回填造型工程等。

三、施工组织设计的原则和程序

（一）施工组织设计的原则

施工组织设计要做到科学、实用，这就要求在编制思路上应吸收多年来工程施工中积累的成功经验，在编制技术上要遵循施工规律、理论和方法，在编制方法上应集思广益，逐步完善，与此同时，在编制施工组织设计时必须贯彻以下原则：

1. 依照国家政策、法规和工程承包合同施工

与工程项目相关的国家政策、法规对施工组织设计的编制有很大的指导意义。因此，在实际编制中要分析这些政策对工程有哪些积极影响，要遵守哪些法规，比如建筑法、合同法、环境保护法、森林法、自然保护法以及园林绿化管理条例等。建设工程施工承包合同是符合合同法的专业性合同，明确了双方的权利义务，在编制时要予以特别重视。

2. 符合园林工程的特点，体现园林综合艺术

园林工程大多是综合性工程，并具有随着时间的推移其艺术特色才慢慢发挥和体现的特点。因此，施工组织设计的编制要紧密结合设计图纸，符合设计要求，不得随意变更设计内容。只有充分理解设计图纸，熟悉造园手法，采取针对性措施，所编制出的施工组织设计才能满足实际施工要求。

3. 采用先进的施工技术和管理方法，选择合理的施工方案

园林工程施工中，应视工程的实际情况、现有的技术力量、经济条件等采纳先进的施工技术、科学的管理方法，以及选择合理的施工方案，做到施工组织在技术上是先进的、经济上是合理的、操作上是安全的、指标上是优化的。

要积极学习先进的管理技术与方法，提高效率和效益，西方先进的管理经验要适当优选。在确定施工方案时要进行技术经济比较，要注意在不同的施工条件下拟定不同的施工方案，使所选择的施工方法和施工机械最优，施工进度和施工成本最优，劳动资源组合最优，施工现场调度和施工现场平面布置最优等。

4. 合理安排施工计划，搞好综合平衡，做到均衡施工

施工计划是施工组织设计中极其重要的组成部分，施工计划安排得好，能加快施工进度，消除窝工、停工现象，有利于保证施工顺利进行。

周密合理的施工计划，应注意施工顺序的安排。要按施工规律配置工程时间和空间上的次序，做到相互促进、紧密搭接；施工方式上可视实际需要适当组织交叉作业或平行作业，以加快进度；编制方法上要注意应用流水作业及网络计划技术；要考虑施工的季节性，尤其是雨期或冬期的施工条件；计划中还要反映临时设施设置及各种物资材料、设备供应情况，要以节约为原则，充分利用固有设施；要加强成本意识，搞好经济核算。做到这些，就能在施工期内全面协调各种施工力量和施工要素，确保工程连续、均衡地施工，避免经常出现抢工、突击现象。

5. 采取切实可行的措施，确保施工质量和施工安全，重视工程收尾工作，提高工效

工程质量是决定建设项目成败的关键指标，也是施工企业参与市场竞争的根本。而施工质量直接影响工程质量，必须引起高度重视。施工组织设计中应针对工程的实际情况制定出质量保证措施，推行全面质量管理，建立工程质量检查体系。园林工程是环境艺术工程，设计者呕心沥血的艺术创作，完全凭借施工手段来实现，因此必须严格按图施工，一丝不苟，最好进行二度创作，使作品更具艺术魅力。

"安全为了生产，生产必须安全"。保证施工安全和加强劳动保护是现代施工企业管理的基本原则，施工中必须贯彻"安全第一"的方针。要制定出施工安全操作规程和注意事项，搞好安全培训教育，加强施工安全检查，配备必要的安全设施，做到万无一失。

工程的收尾工作是施工管理的重要环节，但有时往往未加注意，使收尾工作不能及时完成，这实际上导致资金积压、增加成本、造成浪费。因此，要重视后期收尾工程，尽快竣工验收交付使用。

(二) 施工组织设计的编制程序

施工组织设计必须按一定的先后顺序进行编制（图1-5)，才能保证其科学性和合理性。

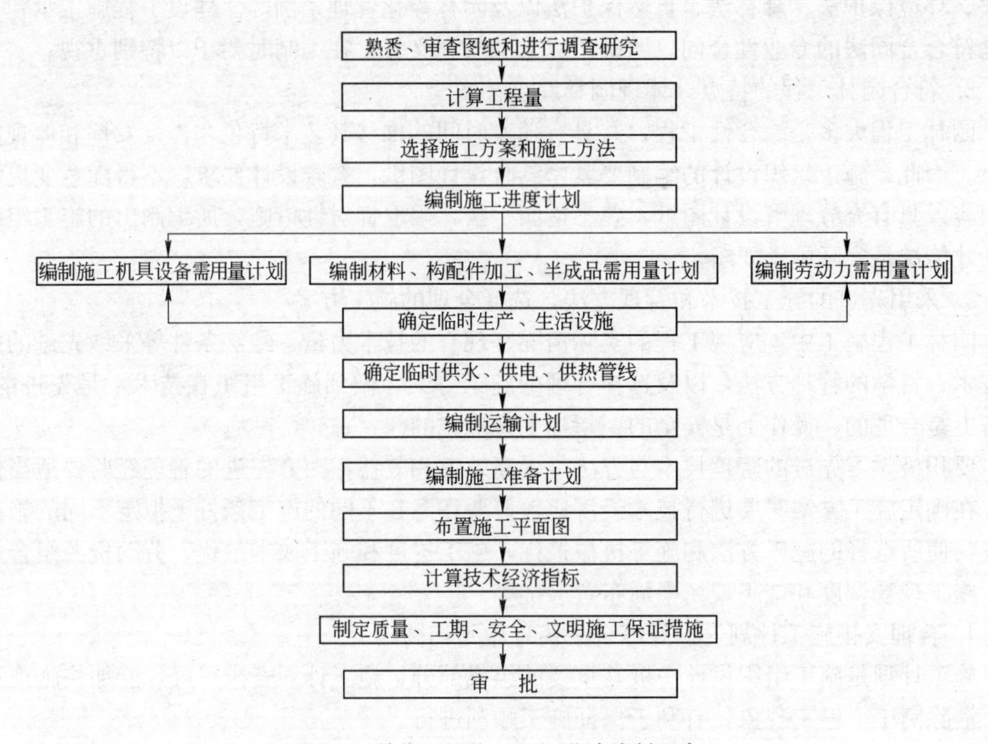

图1-5 单位工程施工组织设计编制程序

施工组织设计的编制程序如下：

1. 熟悉工程施工图，领会设计意图，收集自然条件和技术经济条件资料，认真分析。

2. 将工程合理分项并计算各自工程量，确定工期。

3. 确定施工方案、施工方法，进行技术经济比较，选择最优方案。

4. 利用横道图或网络计划技术编制施工进度计划。

5. 制定施工必需的设备、材料、构件及劳动力计划。

6. 布置临时设施、做好"四通一平"工作。

7. 编制施工准备工作计划。

8. 绘出施工平面布置图。

9. 计算技术经济指标，确定劳动定额。

10. 拟定质量、工期、安全、文明施工等措施，必要时还要制定园林工程季节性施工和苗木养护期保活等措施。

11. 成文审批。

四、施工组织设计的主要内容

园林工程施工组织设计的内容一般是由工程项目的范围、性质、特点和施工条件、景观要求来确定的，由于在编制过程中有深度上的不同，无疑反映在内容上也有所差异。但不论哪种类型的施工组织设计都应包括工程概况、施工方案、施工进度和施工现场平面布置图，即常称的"一图一表一案"。其主要内容归纳如下：

（一）工程概况

工程概况是对拟建工程的基本性描述，目的是通过对工程的简要说明了解工程的基本情况，明确任务量、难易程度、质量要求等，以便合理制定施工方法、施工措施、施工进度计划和施工现场平面布置图。

工程概况应说明：工程的性质、规模、服务对象、建设地点、工期、承包方式、投资额及投资方式；施工和设计单位名称、上级要求、图纸情况；施工现场地质土壤、水文气象等因素；园林建筑数量及结构特征；特殊施工措施、施工力量和施工条件；材料来源与供应情况；"四通一平"条件；机具准备、临时设施解决方法、劳动力组织及技术协作水平等。

（二）确定施工方案

施工方案的优选是施工组织设计的重要环节之一。为此，根据各项工程的施工条件提出合理的施工方法，制定施工技术措施是优选施工方案的基础。

1. 拟定施工方法

要求所拟定的施工方法重点要突出，技术要先进，成本要合理。要特别注意结合施工单位现有的技术力量、施工习惯、劳动组织特点等。要依据园林工程面大的特点，充分发挥机械作业的多样性和先进性。要对关键工程的重要工序或分项工程(如基础工程、混凝土工程)，特殊结构工程(如园林古建、现代塑山)及专业性强的工程(如假山工程、自控喷泉安装)等制定详细具体的施工方法。

2. 制定施工措施

在确定施工方法时不单要提出具体的操作方法和施工注意事项，还要提出质量要求及相应采取的技术措施。主要包括：施工技术规范、操作规程；质量控制指标和相关检查标准；夜间与季节性施工措施；降低工程施工成本措施；施工安全与消防措施、现场文明施工及环境保护措施等。

例如卵石路面铺装工程，就应详细制定土方施工方法，路基夯实方法及要求，卵石镶铺的方法(如用湿铺法)及操作要求，卵石表面的清洗方法及要求等。

3. 施工方案技术经济比较

由于园林工程的复杂性和多样性，某项分部工程或施工阶段可能有好几种施工方法，构成多种施工方案。为了选择一个合理的施工方案，进行施工方案的技术经济比较是十分必要的。

施工方案的技术经济分析主要有定性分析和定量分析两种。前者是结合经验进行一般的优缺点比较，例如是否符合工期要求；是否满足成本低、效益高的要求；是否切合实际；是否达到比较先进的技术水平；材料、设备是否满足要求；是否有利于保证工程质量和施工安全等。定量分析是通过计算出劳动力、材料消耗、工期长短及成本费用等经济指标进行比较，从而得出优选方案。

（三）制定施工进度计划

施工进度计划是在预定工期内以施工方案为基础编制的，要求以最低的施工成本合理安排施工顺序和工程进度。它的作用是全面控制施工进度，为编制基层作业计划及各种资源供应提供依据。

施工进度计划编制的步骤是：

1. 将工程项目分类及确定工程量。
2. 计算劳动量和机械台班数。
3. 确定工期。
4. 解决工程各工序间相互搭接问题。
5. 编排施工进度。
6. 按施工进度提出劳动力、材料和机具的需要计划。

按照上述编制步骤，将计算出的各因素填入表1-4中，即成为最常见的施工进度计划，此种格式也称横道图或条形图。它由两部分组成：左边是工程量、人工、机械台班的计算数；右边是用线段表达工程进度的图样，可表明各项工程（或工序）的搭接关系。因此，编制施工进度计划必须确定如下因素：

施工进度计划表　　表1-4

项次	分部（分项）工程名称	工程量		劳动量	机械		每天工作人数	工作日	施工进度							
									天							
		单位	数量		名称	台班数			5	10	15	20	25	30	35	40

（1）工程项目分类

将分部工程按施工顺序列出。分部工程划分不宜过多，要和预算定额内容一致，重点在于关键工序，并注意彼此间的搭接。一般的园林绿化工程其分部工程项目较少且较为简单，根据目前现行的《园林工程预算定额》，园林工程通常分为：土方、基础垫层工程、砌筑工程、混凝土及钢筋混凝土工程、地面工程、抹灰工程、园林绿化工程、假山与塑山工程、水景工程、园路及园桥工程、园林建筑小品工程、给排水工程及其管线工程等十二项。

（2）工程量计算

按施工图和工程量计算方法逐项计算。注意工程量计算单位的一致。

（3）劳动量和机械台班数确定

$$某项工程劳动量=\frac{该工程的工程量}{该工程的产量定额}$$

或　　劳动量＝该项工程工程量×时间定额[①]

$$需要机械台班量=\frac{工程量}{机械产量定额}$$

或　　机械台班数＝工程量×机械时间定额

① 时间定额＝1/产量定额。

(4) 工期确定

$$所需工期=\frac{工程的劳动量(工日)^{①}}{工程每天工作的人数}$$

合理工期应满足三个条件，即最小劳动组合、最小工作面和最适宜的工作人数。最小劳动组合是指某个工序正常安全施工时的组合人数，如人工打夯至少要有6人才能正常工作。最小工作面是指每个工作人员或班组进行施工时必须有足够的工作面，例如土方工程中人工挖土最佳作业面积是每人4～6m²。最适宜的工作人数即最可能安排的人数，可据需要而定。例如在一定工作面范围内依靠增加施工人员来缩短工期是有限的，但可采用轮班作业以达到缩短工期的目的。

(5) 进度计划编制

进度计划的编制要满足总工期。必须先确定消耗劳动力和工时最多的工序，如喷水池的池底、池壁施工，园路的基础与路面施工等。待关键工序确定后，其他工序适当配合、穿插或平行作业，做到施工的连续性、均衡性、衔接性。

编排好进度计划初稿后要认真检查调整，检查是否满足总工期，各工序是否合理搭接，劳动力、机械、材料供应能否满足要求。如计划需要调整时，可通过改变工期或各工序开始和结束时间等方法调整。

施工进度计划的编制方法最为常用的是条形图法和网络图法两种(详见后述)。

(6) 劳动力、材料、机具需要量准备

施工进度计划编制后就要进行劳动资源的配置，组织劳动力，调配各种材料和机具，确定进场时间，填入表1-5～表1-7内。

劳动力需要量计划 表1-5

序号	工种名称	人数	月份												备注
			1	2	3	4	5	6	7	8	9	10	11	12	

各种材料(建筑材料、植物材料)配件、设备需要量计划 表1-6

序号	各种材料配件设备名称	单位	数量	规格	月份												备注
					1	2	3	4	5	6	7	8	9	10	11	12	

工程机械需要量计划 表1-7

序号	机械名称	型号	数量	使用时间	进场时间	退场时间	供应单位	月份						备注
								1	2	3	…	11	12	

① 劳动量的单位用工日表示，1个工人1天工作8小时计1个工日。

（四）施工现场平面布置图

施工现场平面布置图是指导工程现场施工的平面布置简图，它主要解决施工现场的合理工作面问题。其设计依据是工程施工图、施工方案和施工进度计划。所用图纸比例一般1∶200或1∶500。

1. 施工现场平面布置图的内容

(1) 工程施工范围。

(2) 建造临时性建筑的位置与范围。

(3) 已有的建筑物和地下管道。

(4) 施工道路、进出口位置。

(5) 测量基线、控制点位置。

(6) 材料、设备和机具堆放点，机械安装地点。

(7) 供水供电线路、泵房及临时排水设施。

(8) 消防设施位置。

2. 施工现场平面布置图设计的原则

(1) 在满足现场施工的前提下，尽量减少占用施工用地，平面空间合理有序。

(2) 要尽可能减少临时设施和临时管线。最好利用工地周边原有建筑做临时用房，必要时临时用房最好沿周边布置；临时道路宜简，且要合理布置进出口；供水供电线路应最短。

(3) 要最大限度减少现场运输，尤其要避免场内多次搬运。为此，道路要做成环形设计，工序安排要合理，材料堆放点要利于施工，并做到按施工进度组织生产材料。

(4) 要符合劳动保护、施工安全和消防的要求。场内各种设施不得有碍于现场施工，各种易燃易爆和危险品存放要满足消防安全要求。对某些特殊地段，如易塌方的陡坡要做好标记并提出防范措施。

3. 施工现场平面布置图设计的方法

一个合理的施工现场布置图有利于顺序均衡地施工。设计时可参考以下方法：

(1) 熟悉施工图，了解施工进度计划和施工方法。对施工现场进行实地踏勘。

(2) 确定道路出入口，临时用路做环形布置，同时注意承载能力。

(3) 选择大型机械安装点、材料堆放处。如景石吊装时，起重机械应选择适宜的停靠点；混凝土材料，如碎石、砂、水泥等要紧挨搅拌站；植物材料可直接按计划送到种植点，需假植的，应就近假植，减少二次搬运。

(4) 选定管理和生活临时用房地点。施工业务管理房应靠近施工现场或设在现场内，并考虑全天候管理的需要。生活用房要和施工现场明显分开，最好能利用原有建筑，以减少占地。

(5) 供水供电网布置。施工现场的给排水是进行施工的重要保障。给水要满足正常施工、生活、消防需要。管网宜沿路埋设。施工现场最好采用原地形排水，也可修筑明沟排水，驳岸、护坡施工时还要考虑湖水排空问题。

供电系统一般由当地电网接入，要配置临时配电箱，采用三相四线制供电。供电线路必须架设牢固、安全，不得影响交通运输和正常施工。

在实际工作中，可根据需要设计出几个现场布置方案，经过分析比较，选择布置合理、技术可行、施工方便、经济安全的方案。

(五) 横道图和网络图计划技术

1. 流水施工的基本概念

在组织工程施工时，常采用顺序施工、平行施工和流水施工三种组织方式。表 1-8 是某公园长廊、亭、茶室等基础工程施工作业，根据实际情况可安排不同的施工方式。

某公园园林建筑基础工程施工过程和作业时间　　表 1-8

序　号	施工过程	作业时间(天)	序　号	施工过程	作业时间(天)
1	开挖基槽	3	3	砌砖基础	3
2	混凝土垫层	2	4	回 填 土	2

(1) 顺序施工

顺序施工是按照施工过程中各分部(分项)工程的先后顺序，前一个施工过程(或工序)完全完工后才开始下一施工过程的一种组织生产方式（图 1-6、图 1-7）。这是一种最简单、最基本的组织方式。其特点是同时投入的劳动资源较少，组织简单，材料供应单一；但劳动生产率低，工期较长，不能适应大型工程的需要。

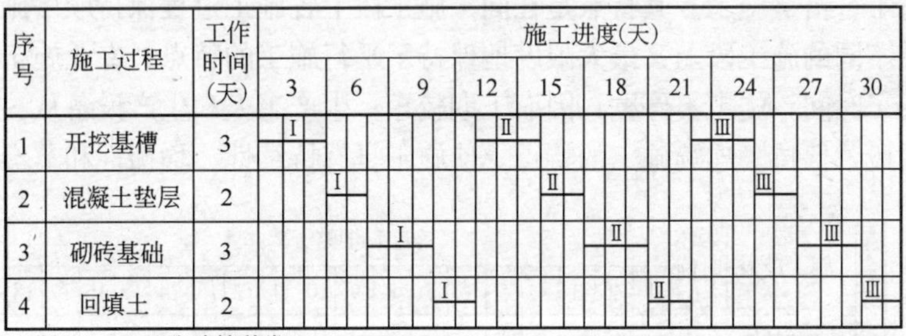

序号	施工过程	工作时间(天)	施工进度(天)									
			3	6	9	12	15	18	21	24	27	30
1	开挖基槽	3	Ⅰ			Ⅱ				Ⅲ		
2	混凝土垫层	2		Ⅰ			Ⅱ			Ⅲ		
3	砌砖基础	3			Ⅰ			Ⅱ			Ⅲ	
4	回填土	2			Ⅰ				Ⅱ			Ⅲ

注：Ⅰ、Ⅱ、Ⅲ为建筑种类。

图 1-6　顺序施工进度(一)

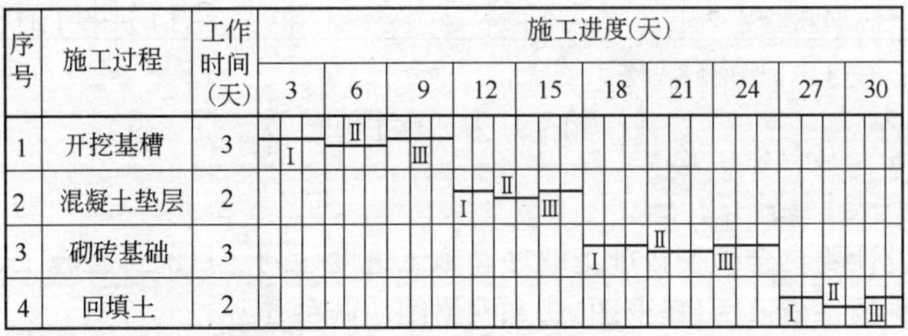

序号	施工过程	工作时间(天)	施工进度(天)									
			3	6	9	12	15	18	21	24	27	30
1	开挖基槽	3	Ⅰ	Ⅱ	Ⅲ							
2	混凝土垫层	2				Ⅰ Ⅱ	Ⅲ					
3	砌砖基础	3						Ⅰ	Ⅱ	Ⅲ		
4	回填土	2									Ⅰ Ⅱ	Ⅲ

注：Ⅰ、Ⅱ、Ⅲ为建筑种类。

图 1-7　顺序施工进度(二)

(2) 平行施工

平行施工是将一个工作范围内的相同施工过程同时组织施工，完成以后再同时进行下一个施工过程的施工方式。如图 1-8 所示，三个水池基础工程的土方工程同时施工，然后是垫层同时施工，进而是砌基础等。平行施工的特点是最大限度地利用了工作面，工期最短；但同一时间内需提供的相同劳动资源成倍增加，施工管理复杂，因而只有在工期要求较紧时采用才是合理的。

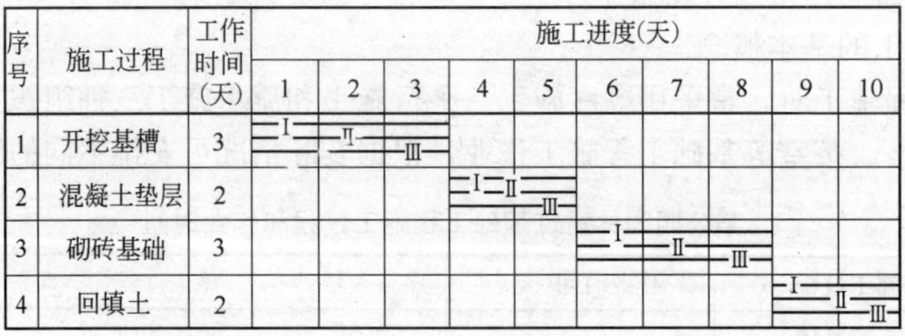

序号	施工过程	工作时间(天)	施工进度(天)									
			1	2	3	4	5	6	7	8	9	10
1	开挖基槽	3	Ⅰ	Ⅱ	Ⅲ							
2	混凝土垫层	2				Ⅰ Ⅱ	Ⅲ					
3	砌砖基础	3						Ⅰ	Ⅱ	Ⅲ		
4	回填土	2									Ⅰ	Ⅱ Ⅲ

注：Ⅰ、Ⅱ、Ⅲ为建筑种类。

图 1-8　平行施工进度

(3) 流水施工

流水施工是把若干个同类型的施工对象划分成多个施工段，组织若干个在施工工艺上有密切联系的专业班组相继进行施工，依次在各施工段上重复完成相同的施工内容。如图 1-9 所示，三个水池基础工程施工，每一个施工段组织一个专业班组，使各专业班组之间合理利用工作面进行平行搭接施工。其特点是在同一施工段上各施工过程保持顺序施工的特点，不同施工过程在不同的施工段上又最大限度地保持了平行施工的特点；专业施工班组能连续施工，充分利用了时间，施工不停歇，因而工期较短；生产工人和生产设备从一个施工段转移到另一个施工段，保持了连续施工的特点，使施工具有持续性、均衡性和节奏性。

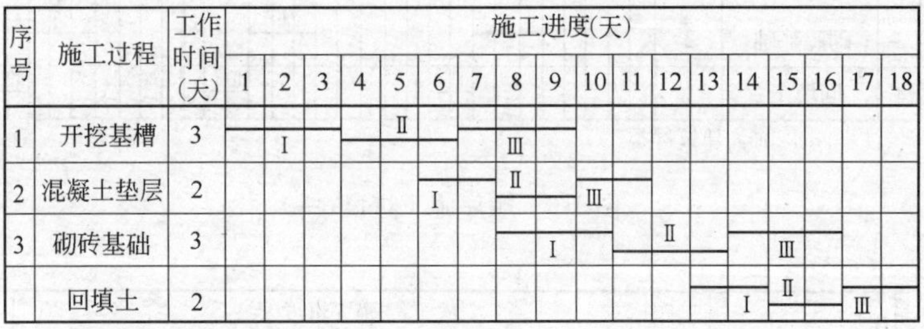

序号	施工过程	工作时间(天)	施工进度(天)																	
			1	2	3	4	5	6	7	8	9	10	11	12	13	14	15	16	17	18
1	开挖基槽	3		Ⅰ			Ⅱ			Ⅲ										
2	混凝土垫层	2						Ⅰ		Ⅱ		Ⅲ								
3	砌砖基础	3									Ⅰ			Ⅱ			Ⅲ			
	回填土	2														Ⅰ	Ⅱ		Ⅲ	

注：Ⅰ、Ⅱ、Ⅲ为建筑种类。

图 1-9　流水施工进度

2. 横道图法与网络图法

施工组织设计要求合理安排施工顺序和施工进度计划。目前工程施工表示工程进度计划的方法最常见的是横道图(条形图)法和网络图法两种。

例如：编制一个钢筋混凝土结构的喷水池施工进度计划，可采用如图 1-10(*a*)的横道图进度计划或图 1-10(*b*)的双代号网络图进度计划，两种计划均采用流水施工方式组织施工。

从图 1-10(*a*)中可以看出，横道图是以时间参数为依据的，图右边的横向线段代表各工序的起止时间与先后顺序，表明彼此之间的搭接关系。其特点是编制方法简单、直观易懂，至今在绿地工程施工中应用甚广。但这种方法也有明显不足，它不能全面反映各工序间的相互联系及彼此间的影响；也不能建立数理逻辑关系。因而无法进行系统的时间分析，不能确定重点工序，不利于发挥施工潜力，更不能通过先进的计算机技术进行优化。

因而，往往导致所编制的进度计划过于保守或与实际脱节，也难以准确预测、妥善处理和监控计划执行中出现的各种情况。

图 1-10(*b*)所示的网络计划技术是将施工进度看作一个系统模型，系统中可以清楚看出各工序之间的逻辑制约关系。哪些是重点工序或影响工期的主要因素，均一目了然。同时由于它是有方向的有序模型，便于利用计算机进行技术优化。因此，它较横道图更科学、更严密，更利于调动一切积极因素，是工程施工中进行现代化建设管理的主要手段。

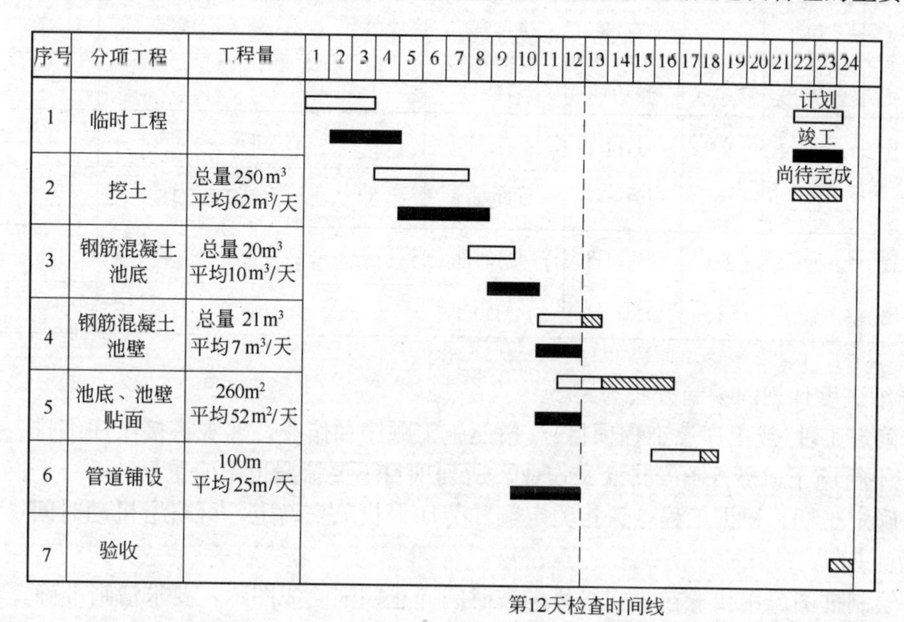

(*a*) 横道图

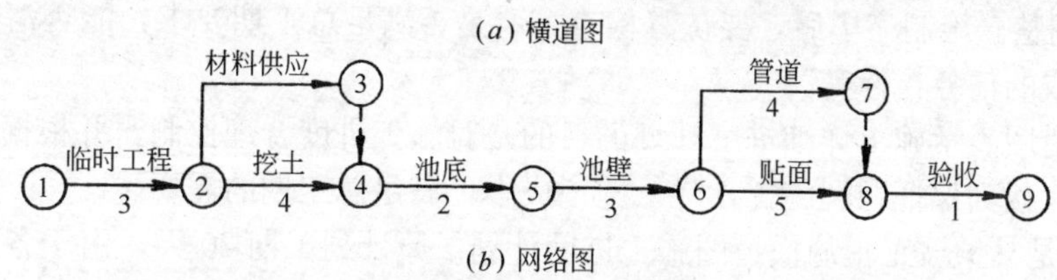

(*b*) 网络图

图 1-10 喷水池的横道图和网络图施工进度

3. 横道图计划技术

横道图也称条形图，是简单应用的施工进度计划方法，在绿地项目施工中广泛适用。目前最为常见的有作业顺序表和详细进度表两种。

(1) 作业顺序表

表 1-9 是某绿地铺草工程的作业顺序表，表右边表示作业量比率，左边是按施工顺序标明的工序。从表中可以看出，各工序的实际情况和作业量完成率一目了然。但工种间的关系不清，影响工期的重点工序也不明确，不适合较复杂的施工管理。

铺草作业顺序表 **表 1-9**

工 种	作业量比率(%)（0 20 40 60 80 100）
准备作业	100
整地作业	100
草皮准备	70
草坪作业	30
检查验收	0

(2) 详细进度表

这是应用最为普遍的横道图计划。详细进度计划表（表 1-10）由两部分组成。左边以工序（或工种、分项工程）为纵坐标，包括工程量、各工种工期、定额及劳动量等指标；右边以工期为横坐标，以线框或线条表示工程进度。

施工详细进度表　　**表 1-10**

工　种	单 位	数量	开工日	完工日	4月 5　10　15　20　25　30
准备作业	组	1	4月1日	4月5日	
定　点	组	1	4月6日	4月9日	
上山工程	m^3	5000	4月10日	4月15日	
栽植工程	株	450	4月15日	4月24日	
草坪工程	m^2	900	4月24日	4月28日	
收　尾	队	1	4月28日	4月30日	

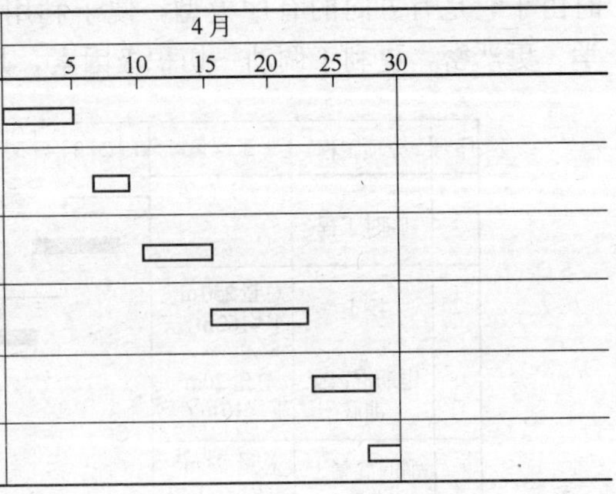

详细进度计划的编制方法为：

● 确定工种（或工序、工程项目）。按照施工顺序和作业，客观搭接次序编排，必要时可组织平行施工，最好不安排交叉作业。所列项目不要疏漏也不应重复。

● 确定工期。根据工程量、相关定额和劳动力状况来确定，可略增机动时间，但不得突破总工期。

● 绘制框图。用线框在相应栏目内按时间起止期限绘成图示，要求清晰准确。

● 检查调整。绘制完毕后，要认真检查，看是否满足总工期要求，能否清楚看出时间进度和要完成的任务指标等。

利用横道图表示施工详细进度计划的目的是对施工进度合理控制，并根据计划随时检查施工过程，达到保证顺利施工，降低施工成本，满足总工期的需要。

图 1-11 是某护坡工程的横道图施工进度计划。原计划工期 20 天，由于各工种相互衔

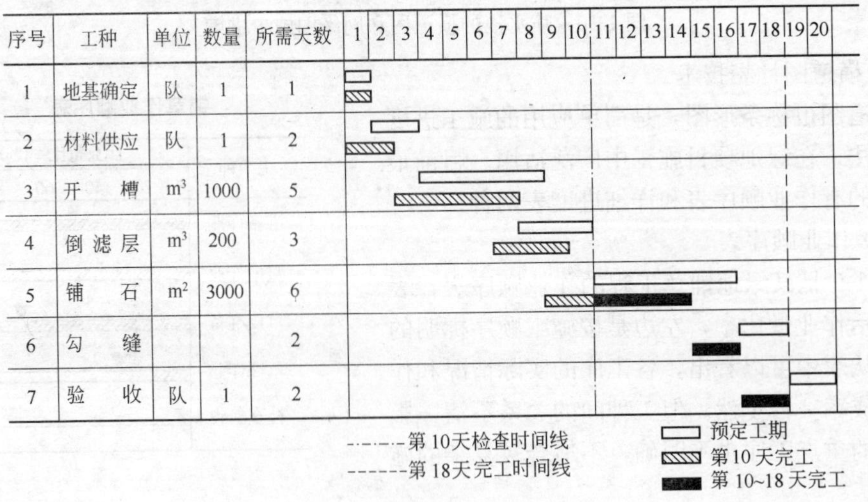

序号	工种	单位	数量	所需天数	1	2	3	4	5	6	7	8	9	10	11	12	13	14	15	16	17	18	19	20
1	地基确定	队	1	1																				
2	材料供应	队	1	2																				
3	开　槽	m^3	1000	5																				
4	倒 滤 层	m^3	200	3																				
5	铺　石	m^2	3000	6																				
6	勾　缝			2																				
7	验　收	队	1	2																				

-·-·-·-第 10天检查时间线　　预定工期

------第 18天完工时间线　　第 10天完工

第 10~18 天完工

图 1-11　护坡横道图施工进度计划

接，施工组织严密，因而各工种均提前完成，节约工期 2 天。在第 10 天清点时，原定开工的铺石工序实际上已完成了工程量的 1/3。

由此可见，横道图控制施工进度简单实用，适用于各种类型的园林绿地工程。

五、施工组织设计实例

某市龙潭迷你高尔夫景观工程施工组织设计

(一) 工程概况

本工程总占地 3218m²，其中迷你高尔夫球道 9 条，面积 159m²；发球区面积 365m²；休闲木屋(含长廊)占地 96m²；园路面积 222m²，长 185m；水体面积 350m²；绿地面积 2020m²(其中草坪面积 1000m²)。

球道、发球区、木屋和道路基础均采用混凝土结构。球道、发球区表面抹灰，上层加盖高级地毯；木屋基础上部全为木质结构；园路分花岗石碎片冰纹和雨花石健身铺装两种；水体挖深到 0.55m，卵石铺底；新植马尼拉草坪，将原有乔灌木保留，并引进景观树种。

迷你高尔夫球场坐落在该市龙潭公园内，主入口紧靠公园主路，能满足施工运输要求。施工现场供水、供电接本园供水和供电网，现场排水可通过明沟排至公园镜月湖中。由于工地离施工单位较远，需安排临时办公用房 1 间，临时工人住房 2 间，临时小食堂 1 间。

本工程预算投资 65 万元，总工期 58 天，采用包工包料方式。

(二) 施工方案

根据本工程具体情况、工期要求和施工条件，施工方案重点考虑以下问题：

1. 施工顺序

进场→临时设施布置→球道、发球区、水体和路基土方工程→混凝土基础→抹灰与铺瓷砖→路面铺装→水体池底卵石施工→木屋(廊)土方与基础→排水系统→木结构预制三角架→木屋安装→木屋装修→景观树种植→草坪作业

2. 流水划分

基础工程中土方、混凝土安排流水作业，木屋安装与装修以及园路、池底铺设也采用流水施工。

3. 土方施工

按照设计图纸划定开挖面，采取人工挖方施工。除水体土方外，其余土方均作为回填土。发球区因地势较低需外来土方 68m³。水体土方一部分作为发球区填方，一部分为草坪地形改造。土基挖好后人工夯实。

4. 混凝土基础

施工现场配备 1 台混凝土搅拌机，现场浇筑。混凝土配合比要按设计要求下料，并过磅。

5. 抹灰与瓷砖

球道、发球区在混凝土基础之上用水泥砂浆抹面。其周边用砖砌并且面贴瓷砖，最后加盖地毯。

6. 路面与池底工程

冰纹路面，先在混凝土基层上铺M7.5水泥砂浆 3～5cm，而后按大小不一的方法铺花岗石碎片，用线绳找平。雨花石和卵石池底，先在基面上铺一层M7.5水泥砂浆 3cm，再

铺水泥素浆 2cm，稍后将卵石种入素浆内，用抹子整平。待水泥凝固后用水轻轻清洗，24 小时后再用 30%的草酸液洗刷即可。

7. 木屋(廊)施工

按设计定好柱子位置，以 50cm×50cm×50cm 挖坑基础。将柱埋入部分涂柏油一层，置于坑内并现浇混凝土。屋顶三角架预制好后用马钉安装，要求稳固安全。钉上屋面板并上光油两遍。

8. 景观树栽植

采用大树移植法。植后支撑保护。

9. 草坪作业

先将场地平整，铺上新黄泥土一层，厚 15cm。采用满铺法，并注意压实、淋水保养。

（三）质量安全保证措施

1. 质量措施

（1）组织保证措施

建立由设计方、出资方和施工方共同组成的项目施工质量体系，明确分工责任，做好质量监控。

（2）技术保证措施

制定质量控制标准和实施细则；建立技术管理制度，做好施工前技术交底工作，施工中做好自检工作，施工后做好质量验收并办理隐蔽工程会签手续；加强原材料检验，混凝土和砂浆配合比要准确；所有埋入地下的木柱子均涂柏油，做防腐处理，预埋构件牢固可靠；球道放线准确，表面必须水平。

（3）经济保证措施

投资方保证资金按时到位。制定奖励优秀施工质量的条例。

（4）合同保证措施

全面履行工程承包合同，严格按照合同控制施工质量。

2. 安全措施

（1）严格按照国家颁布的操作规程和施工规范组织施工。

（2）建立安全检查制度，制订现场用火管理制度，工地要配备灭火装置。

（3）现场所有配电箱均需安装漏电保护器，电线要架空。机械设备要有接地接零线，木工电锯、电刨的使用要注意规范。

（4）切实做好现场管理，各种材料，特别是木料要按要求堆放。

（5）草坪施工时要根据进度计划按时提供草皮，不得提前，以免造成现场混乱。

（6）施工阶段在两个出入口处悬挂安全警示牌。

（四）施工机械

工程所用施工机械名称与数量详见表 1-11。

主要施工机械配置表 **表 1-11**

机械设备名称	数量(台)	机械设备名称	数量(台)
混凝土搅拌机	1	木工电刨	2
平板振动器	1	电　锯	2
电　焊　机	1	自卸汽车	1

（五）各种材料需要计划（表 1-12）

材料配件需要计划　　　表 1-12

序　号	各种材料名称	单　位	数　量	规　格
1	水　　泥	t	3	42.5 级
	水　　泥	t	2	32.5 级
2	原　　木	m^3	30	16～18cm
3	方 板 材	m^3	9.2	300cm×16cm×2cm
4	硬 木 条	m^3	3.5	2cm×2cm×2cm
5	钢　　筋	t	3.1	ϕ6、ϕ8
6	钢　　件	t	1.6	
7	雨 花 石	t	4.8	2～3cm
8	地　　毯	m^2	985	
9	草 皮 种	m^2	1086	马尼拉草
10	卵　　石	t	8.9	3～4cm
11	花岗石碎片	t	100	
12	景 观 树	株	8	盆架 1、八月桂等
13	景 观 树	株		白玉兰等

（六）劳动力需要计划（表 1-13）

本工程劳动力需要计划　　　表 1-13

序　号	工程名称	人　数	序　号	工程名称	人　数
1	混凝土工	3	4	装 潢 工	3
2	木　　工	4	5	花 卉 工	2
3	电　　工	1	6	普 通 工	5

（七）施工进度横道图计划

根据工程总工期的要求，结合工程量和用工量编制出施工进度计划（图 1-12）。

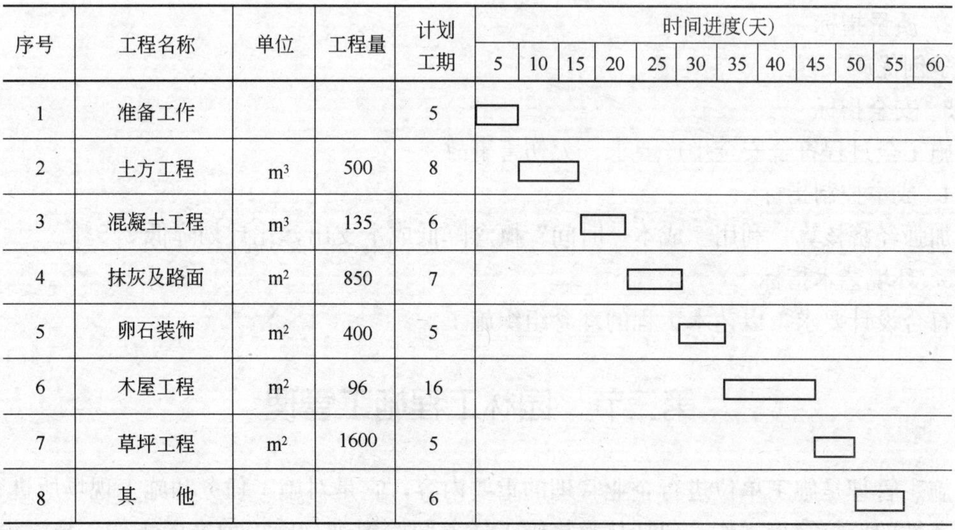

序号	工程名称	单位	工程量	计划工期	时间进度(天) 5	10	15	20	25	30	35	40	45	50	55	60
1	准备工作			5												
2	土方工程	m^3	500	8												
3	混凝土工程	m^3	135	6												
4	抹灰及路面	m^2	850	7												
5	卵石装饰	m^2	400	5												
6	木屋工程	m^2	96	16												
7	草坪工程	m^2	1600	5												
8	其　他			6												

图 1-12　施工进度计划

(八) 施工现场平面布置图

施工现场平面布置图是在设计图的基础上编制的，它主要包括人工临时用房、木料堆放房、木工房、其他材料房、搅拌站、供水线路等(图 1-13)。

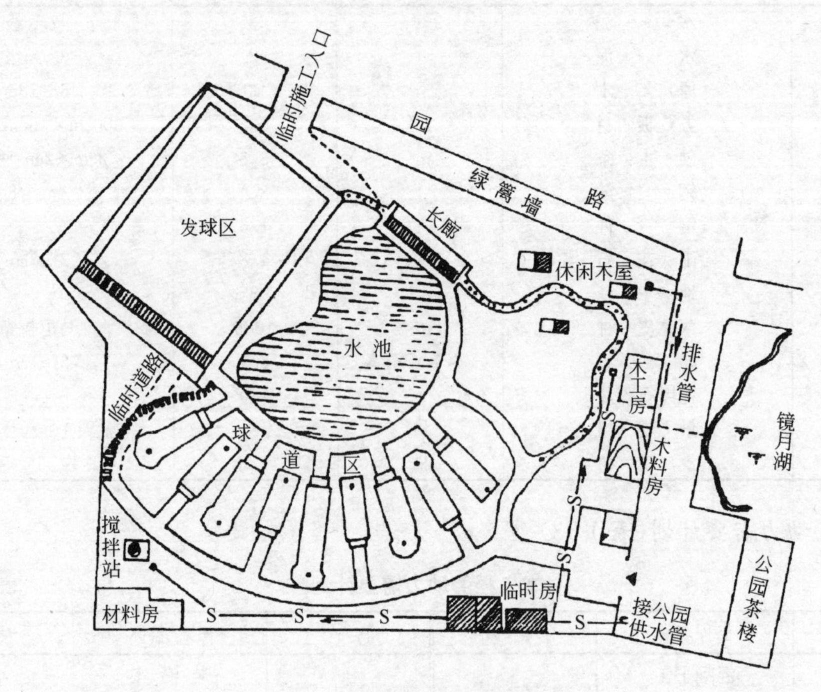

图 1-13　施工现场平面布置图

(九) 技术经济指标计划

1. 工期

原定工期 58 天，为确保国庆节正式对外开放，通过对施工关键工序的重点管理，比计划缩短工期 6 天，即实际工期 52 天。

2. 质量指标

争创优质工程。

3. 安全指标

施工全过程符合安全生产要求，无伤害事故。

4. 成本控制指标

加强经济核算，利用“成本—时间”概念降低成本支出，比计划降低 3.5%。

5. 环境艺术指标

符合设计要求，以艺术工程的理念组织施工。

第三节　园林工程施工管理

施工管理是施工单位进行企业管理的重要内容，它是对施工任务和施工现场所进行的全事务性的监控管理工作。包括从承接施工任务开始到进行施工前准备工作、技术设计、施工组织设计到组织现场施工、竣工验收、交付使用的全过程。

一、施工管理概述

（一）园林工程施工管理的任务和作用

1. 施工管理的任务

园林工程施工管理是施工单位在特定的园址，按设计图纸要求进行的实际施工的综合性管理活动，是具体落实规划意图和设计内容的极其重要的手段。它的基本任务是根据建设项目的要求，依据已审批的技术图纸和施工方案，对现场全面合理组织，使劳动资源得到合理配置，保证建设项目按预定目标优质、快速、低耗、安全地完成。

2. 施工管理的作用

(1) 加强施工管理是保证项目按计划顺利完成的重要条件，是在施工全过程中落实施工方案、遵循施工进度的基础，并且有利于合理组织劳动资源，适当调度劳动力，减少资源浪费，降低施工成本。

(2) 加强施工管理能保证园林设计意图的实现，确保园林艺术通过工程手段充分表现出来。

(3) 加强施工管理能协调好各部门、各施工环节间的关系，能及时发现施工过程中可能出现的问题，并通过相应的措施予以解决。

(4) 有利于劳动保护、劳动安全和鼓励技术创新，促进新技术的应用与发展。

(5) 能保证各种规章制度、生产责任制、技术标准、施工规范及劳动定额等得到遵循和落实。

（二）园林工程施工管理的特点

1. 园林工程的艺术性

园林工程的最大特点是一门艺术工程，它融科学性、技术性和艺术性为一体。园林艺术是一门综合艺术，涉及造型艺术、建筑艺术等诸多艺术领域，要求竣工的项目符合设计要求，达到预定功能。这就要求施工时应注意园林工程的艺术性。

2. 园林工程材料的多样性

由于构成园林的山、水、树、石、路、建筑等要素的多样性，也使园林工程施工材料具有多样性。一方面要为植物的多样性创造适宜的生态条件，另一方面又要考虑各种造园材料在不同建园环境中的应用。如园路工程中可采用不同的面层材料，如片石、卵石、砖等，形成不同的路面变化，现代塑山工艺材料以及防水材料更是多种多样。

3. 园林工程的复杂性

主要表现在工程规模日趋大型化，要求协同作业日益增多，加之新技术、新材料的广泛应用，对施工管理提出了更高要求。园林工程是内容广泛的建设工程，施工中涉及地形处理、建筑基础、驳岸护坡、园路假山、铺草植树等多方面；有时因为不同的工序需要将工作面不断转移，导致劳动资源也跟着转移，这种复杂的施工环节要求有全盘观念，有条不紊。为此加强施工过程的全程管理是十分重要的。

4. 园林工程施工受自然条件影响大

园林工程多为露天作业，施工中经常受到自然条件的影响，如树木栽植、草坪铺种等。因此，如何搞好雨季施工、夏季施工、台风施工及冬季施工是安排施工进度计划时所必须考虑的。

5. 施工安全性

园林设施多为被人们直接利用和欣赏的，同时要接受节假日人流量激增的考验，因此必须具有足够的安全性。比如园林建筑、水体驳岸、园桥、假山洞、蹬道、索道等工程务必严把质量关。

(三)施工管理的主要内容

施工管理是施工单位对工程项目施工过程所实施的组织管理活动。它是一项综合性的管理活动，其主要内容如下：

1. 工程管理

工程管理是指对工程项目的全面组织管理。它的重要环节是做好施工前准备工作，搞好投标签约，拟定最优的施工方案，合理安排施工进度，平衡协调各种施工力量，优化配置各种生产要素。通过各种图表及日程计划进行合理的工程管理，将施工中可能出现的问题纳入工程计划内，做好防范工作。

2. 质量管理

施工项目质量管理的首要任务是确定质量方针、目标和职责，核心是建立有效的质量体系。通过质量策划、质量控制、质量保证、质量改进，确保质量方针、目标的实施和实现。园林建设产品有一个产生、形成和实现的过程，在此过程中，为使产品具有适应性，需要进行一系列的作业技术和活动，必须使这些作业技术和活动在受控状态下进行，才能生产出满足规定质量要求的产品。如通过质量标准对施工全过程的检查监督，采用质量管理图及评价因素进行管理等。

3. 安全管理

搞好安全管理是保证工程顺利施工的重要环节之一。要建立相应的安全管理组织，拟定安全管理规范，制定安全技术措施，完善管理制度，做好施工全过程的安全监督工作，如发现问题应及时解决。

4. 成本管理

在工程施工管理中要有成本意识，加强预算管理，进行施工项目成本预测，制定施工成本计划，做好经济技术分析，严格施工成本控制。既要保证工程质量，符合工期，又要讲究目标管理效益。

5. 劳务管理

工程施工应注意施工队伍的建设，除必要的劳务合同、后勤保障外，还要做好劳动保险工作，加强职业技术培训，采取有竞争性的奖励制度调动施工人员的积极性。要制定先进合理的劳动定额，优化劳动组合，严格劳动纪律，明确生产岗位责任，健全考核制度。

二、施工现场组织管理

现场施工管理就是现场施工过程的管理，它是根据施工计划和施工组织设计，对拟建工程项目在施工过程中的进度、质量、安全、节约和现场平面布置等方面进行指挥、协调和控制，以达到不断提高施工过程经济效益的目的。

(一) 组织施工

组织施工是依据施工方案对施工现场有计划、有组织的均衡施工活动。必须做好三方面的工作：

1. 施工中要有全局意识

园林工程是综合性艺术工程，工种复杂、材料繁多、施工技术要求高，这就要求现场施工管理全面到位、统筹安排。在注重关键工序施工的同时，不得忽视非关键工序的施工；在劳动力调配上注意工序特征和技术要求，要有针对性；各工序施工务必清楚衔接，材料机具供应到位，从而使整个施工过程在高效率和快节奏中进行。

2. 组织施工要科学、合理和实际

施工组织设计中拟定的施工方案、施工进度、施工方法是科学合理组织施工的基础，应认真执行。施工中还要密切注意不同工作面上的时间要求，合理组织资源，保证施工进度。

3. 施工过程要做到全面监控

由于施工过程是繁杂的工程实施活动，各个环节都有可能出现一些在施工组织设计中未加考虑的问题，这要根据现场情况及时调整和解决，以保证施工质量。

（二）施工作业计划的编制

施工作业计划是施工单位根据年度计划和季度计划，对其基层施工组织在特定时间内以月度施工计划的形式下达施工任务的一种管理方式。虽然下达的施工期限很短，但对保证年度计划的完成意义重大。

1. 施工作业计划编制的原则

（1）集中力量保证重点工序施工，加快工程进度的原则。

（2）坚持年、季、月计划相结合，合理、均衡、协调和连续的原则。

（3）坚持实事求是，量力而行的原则。

（4）注重施工管理目标效益的原则。

（5）制定技术措施时，要充分发挥民主的原则。

2. 施工作业计划编制的依据

（1）相应的年度计划、季度计划。

（2）企业多年来基层施工管理的经验。

（3）国家及企业颁布的施工规范规程。

（4）上个月计划完成的状况。

（5）各种先进合理的定额指标。

（6）工程投标文件、施工承包合同和资金准备情况。

3. 施工作业计划编制的方法

施工作业计划的编制因工程条件和施工单位的管理习惯不同而有所差异，计划的内容也有繁简之分。在编写的方法上，大多采用定额控制法、经验估算法和重要指标控制法三种。

定额控制法是利用工期定额、材料消耗定额、机械台班定额和劳动力定额等测算各项计划指标的完成情况，编制出计划表的一种方法。经验估算法是参考上年度计划完成的情况及施工经验估算当前的各项计划指标的一种方法。重要指标控制法则先确定施工过程中哪几个工序为重点控制指标，从而制定出重点指标计划，再编制其他计划指标。实际工作中可结合这几种方法进行编制。施工作业计划一般要有以下几方面内容：

（1）年度计划和季度计划总表（表 1-14、表 1-15）。

××施工队××年度施工任务计划总表 **表 1-14**

项　次	工程项目	分项工程	工程量	定　额	计划用工（工日）	施工进度	措　施

季度施工进度表　　　　表 1-15

施工队名称	工程量	投资额	预算额	累计完成量	本季度计划工作量	形象进度	分月进度		
							月	月	日

(2) 根据季度计划编制出月份工程计划总表，并要将本月内完成的和未完成的工作量按计划形象进度形式填入表 1-16 之中。

××施工队××年××月份工程计划汇总表　　　　表 1-16

项次	工程名称	开工日期	计量单位	数量	工作量（万元）	累计完成		本月计划形象进度	承包工作总量（万元）	自行完成工作总量（万元）	说明
						形象进度	工作量（万元）				

(3) 按月工程计划汇总表中的本月计划形象进度确定各单项工程(或工序)本月的日程进度，用横道图表示，并求出用工数量(表 1-17)。

××施工队××年××月份施工日进度计划表　　　　表 1-17

项目	建设单位	工程名称（或工序）	单位	本月计划完成工程量	用工量(工日)			进度日程					
					A	B	小计	1	2	3	…	29	30

注：A、B 指单项工程中的工种类别，如水池工程中的模板工、钢筋工、混凝土工、抹灰工等

(4) 利用施工日进度计划确定月份的劳动力计划，按园林工程项目填入表 1-18 中。

××施工队××年××月份劳动力计划表　　　　表 1-18

项次	工种	在册劳动力	园林工程项目													本月份计划		
			临时设施	平整土地	土方工程	基础工程	建筑工程	给排水	铺装工程	假山工程	喷泉工程	栽植工程	油饰工程	电气工程	收尾工程	合计工日	工作天数	剩余或缺天数

(5) 将技术组织措施与降低成本计划列入表 1-19 之中。

技术组织措施、降低成本计划表　　　　表 1-19

措施项目名称	涉及的工程项目名称和工程量	措施执行单位及负责人	措施的经济效果											备注
			降低材料费用						降低工资		降低其他直接费	降低管理费	降低成本合计	
			钢材	水泥	木材	植物	…	其他材料	减少工日	金额				

(6) 综合月工程计划汇总表和施工日程进度表，制定必要的材料、机具的月计划表。表的格式参照表 1-6、表 1-7，要注意将表右边的月进度改成日程进度。

在编制计划表时，一般应将法定休息日和节假日扣除，即每月的所有天数不能连算成工作日。另外，还要注意雨天或冰冻等不良天气影响，适当留有余地，一般可多留出总工作天数的 5%～8%。

(三) 施工任务单的使用

施工任务单是由园林施工单位按季度施工计划给施工单位或施工队所属班组下达施工任务的一种管理方式。通过施工任务单，基层施工班组对施工任务和工程范围更加明确，对工程的工期、安全、质量、技术、节约等要求更能全面把握。这利于对工人进行考核，利于施工组织。

1. 施工任务单的使用要求

(1) 施工任务单是下达给施工班组的，因此任务单所规定的任务、指标要明了具体。

(2) 施工任务单的制定要以作业计划为依据，并要注意下达的对象和任务性质，要实事求是，符合基层作业。

(3) 施工任务单中所拟定的质量、安全、工作要求、技术与节约措施应具体化、易操作。

(4) 施工任务单工期以半月至一个月为宜，下达、回收要及时。班组的填写要细致认真并及时总结分析。所有单据均要妥善保管。

2. 施工任务单的示例

表 1-20 是最为常用的施工任务单样式。

施 工 任 务 单　　　　表 1-20

第××施工队××组

工期	开工	竣工	天数
计划			
实际			

任务书编号________ 工地名称________ 工程名称________ 签发日期________年______月______日

序号	工程项目	计量单位	计 划 任 务				实 际 完 成			工程质量、安全要求、技术、节约措施		验收意见
			工程量	时间定额	每工产值	定额工日	工程量	定额工日	实际用工			
											定额用工	
										生产效率	实际用工	
合 计											工作效率	

负责人：　　　　签发人：　　　　考勤员：

3. 施工任务单的执行

基层班组接到任务单后，要详细分析任务要求，了解工程范围，做好实地调查工作。同时，班组负责人要召集施工人员，讲解任务单中规定的主要指标及各种安全、质量、技术措施，明确具体任务。在施工中要经常检查、监督，对出现的问题要及时汇报并采取应急措施。各种原始数据和资料要认真记录和保管，为工程完工验收做好准备。

(四) 施工平面图管理

施工平面图管理是指根据施工现场平面布置图对施工现场水平工作面的全面控制活动，其目的是充分发挥施工场地的工作面特性，合理组织劳动资源，按进度计划有序施工。园林工程施工范围广、工序多、工作面分散，要求做好施工平面的管理。也只有这样，才能统筹全局，照顾到各施工点，进行资源的合理配置，发挥机具的效率，保证工程施工的快速优质低耗，达到施工管理的目的。为此，应做到：

1. 现场平面布置图是施工总平面图管理的依据，应认真予以落实。

2. 如果在实际工作中发现现场平面布置图有不符合现场的情况，要根据具体的施工条件提出修改意见，但均以不影响施工进度、施工质量为原则。

3. 平面管理的实质是水平工作面的合理组织。因此，要视施工进度、材料供应、季节条件以及原来景观特点做出劳动力安排，争取缩短工期。

4. 在现有的游览景区内施工，要注意园内的秩序和环境。材料堆放、运输应有一定的限制，避免景区混乱。

5. 平面管理要注意灵活性与机动性。对不同的工序或不同的施工阶段要采取相应的措施，例如夜间施工可调整供电线路，雨季施工要组织临时排水，突击施工要增加劳动力等。

6. 平面管理和高架作业管理一样，都必须重视生产安全。施工人员要有足够的工作面，注意检查，掌握现场动态，消除不安全隐患，加强消防意识，确保施工安全。

(五) 施工过程中的检查与监督

园林设施是游人直接使用和接触的，不能存在丝毫的隐患。为此，应重视施工过程的检查与监督工作，要把它视为保证工程质量必不可少的环节，并贯穿于整个施工过程中。

1. 检查种类

根据检查对象的不同可将施工检查分为材料检查和中间作业检查两类。材料检查是指对施工所需的材料、设备的质量和数量的确认记录。中间作业检查是施工过程中作业结果的检查验收，分施工阶段检查和隐蔽工程验收两种。

2. 检查方法

(1) 材料检查

指对所需材料进行必要的检查。检查材料时，要出示检查申请、材料入库记录、抽样指定申请、试验填报表和证明书等。按规定务必注意以下几点：

① 物资采购要符合国家技术质量标准，不得购买假冒伪劣产品及材料。

② 所购材料必须有产品合格证、质量检验证、厂家名称和有效使用日期。

③ 做好材料进出库的检查登记工作。要选派有经验的材料管理人员做仓库保管员，搞好材料验收、保管、发放和清点工作，做到“三把关四拒收”，即把好数量关、质量关、单据关；拒收凭证不全、手续不齐、数量不符、质量不合格的材料。

④ 绿化材料要根据苗木质量标准验收，保证植物健壮、树形优美、成活率高。

⑤ 检查员要认真履行职责，填报好各种检查表格，数据要实事求是。同时造册存档。

(2) 中间作业检查：这是在工程竣工前对各工序施工状况的检查，要做好如下几点：

① 对一般的工序可按日或施工阶段进行检查。检查时要准备好施工合同、施工说明书、施工图 、施工现场照片、各种质量证明材料和试验结果等。

② 园林景观的艺术效果是重要的评价标准，应对其加以检验。主要通过形状、尺寸、质地、色彩搭配组合加以确认。

③ 对园林绿化材料的检查，要以成活率和生长状况为主，并做到多次检查验收。

④ 对于隐蔽工程，如基础工程、埋地管线工程，要及时申请检查验收，待验收合格后方可进行下道工序。

⑤ 在检查中如发现问题，要尽快提出处理意见。需要返工的应确定返工期限，需修整的要制定相应的技术措施，并将具体内容登记入册。

(六) 施工调度

施工调度是保证合理工作面上的资源优化，是结合有效使用机械、合理组织劳动力的一种施工管理手段。它是实现正确指挥施工的重要步骤，是组织施工中各个环节、专业、工种协调运作的中心。其中心任务是通过检查、监督计划和施工合同的执行情况，及时全面掌握施工进度和质量、安全、消耗的第一手资料，协调各施工单位(或各工序)之间的协作配合关系，搞好劳动力的科学组织，使各工作面发挥最高的工作效率。调度的基本要素是平均合理、保证重点、兼顾全局。调度的方法是累积和取平。

如图 1-14 所示，网络图中反映四个施工工序 A、B、C、D 和两个施工阶段。其中 A、B、C 为第一施工段，该施工段中 C 工序可以在 14 天工期内的任意 7 天完成，可见在时间上不太协调。另外最早开工累积人数 12 人，紧后工序仅需 7 人，这样将会导致劳动力前紧后松，所以需要进行调配。方法是：推迟 C 工序的开工日期，安排其从第 7 天开始施工，连续施工 7 天。这样就保持了劳动力的平衡，整个施工阶段最多安排劳力 10 人，最少 9 人，从而取得优化。由此可见，进行施工合理调度是一个十分重要的管理环节，以下几点值得重视：

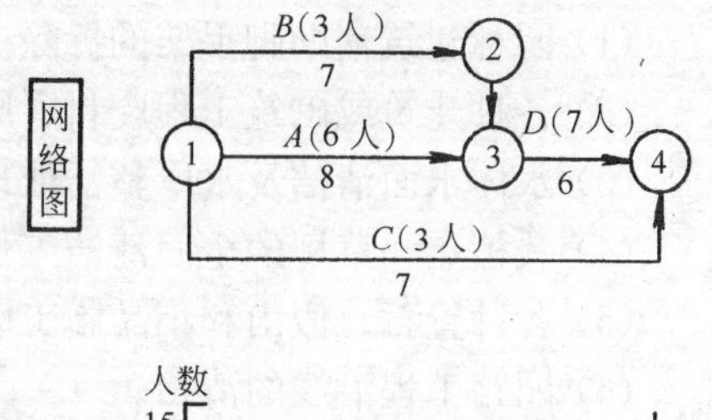

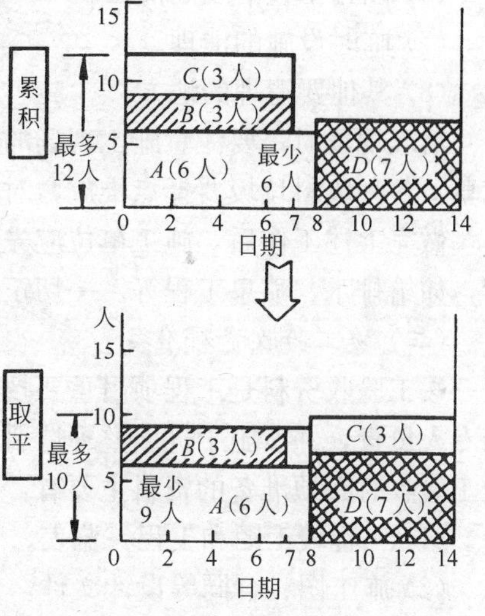

图 1-14 施工调度

(1) 为减少频繁的劳动资源调配，施工组织设计必须切合实际、科学合理，并将调度工作建立在计划管理的基础之上。

(2) 施工调度着重在劳动力及机械设备上的调配，为此要对劳动力技术水平、操作能力、机械性能效率等有准确的把握。

(3) 施工调度时要确保关键工序的施工，不得抽调关键线路的施工力量。

(4) 施工调度要密切配合时间进度，结合具体的施工条件，因地因时制宜，做到时间与空间的优化组合。

(5) 调度工作要具有及时性、准确性、预防性。

综合上述施工现场管理的各项工作，实质上是一种科学的循环工作法，即PDCA循环法。这里P指计划(Plan)，D指实施(Do)，C指检查(Check)，A指处理(Action)。PDCA这四个步骤贯穿于施工全过程，并在不断的实施中优化提高形成循环。要做到科学操作PDCA，必须制定行之有效的技术措施，这其中“5W1H”工作方法就很有实践意义。

“5W1H”代表：Why(为什么要制定这些措施或手段)；What(这些措施或手段的落实要达到什么样目的)；Where(这些措施应实施于哪个工序，哪个部门)；When(在什么时间内完成)；Who(由谁来执行)；How(实际施工中应如何贯彻落实这些措施)。

“5W1H”的实施保证了PDCA的实现，从而确保了工程施工进度和施工质量，最终达到施工管理的目标。

三、竣工验收工作

工程竣工验收是建设单位对施工单位承包工程进行的最后施工检验和接收，它是园林工程施工的最后环节，是施工管理的最后阶段。搞好工程竣工验收，能使工程尽早交付使用，向游人开放，尽快发挥其投资效益。同时通过验收能及时发现工程收尾中可能出现的问题，并采取有效措施予以解决，确保工程早日投入使用。工程竣工验收要做好以下几方面的工作：

(一) 施工现场收尾工作

工程所有项目完工后，施工单位要全面准备工程的交工验收工作。对收尾工程中的尾工，特别是零星分散、易被忽视的地方要尽快完成，以免影响整个工程的全面竣工验收。验收前要做好现场的清理工作，这些工作主要包括：

(1) 园林建筑辅助脚手架的拆除。

(2) 各种建筑或砌筑工程废料、废物的清理。

(3) 水体水面清洁及水岸整洁处理。

(4) 栽植点、草坪的全面清洁工作。

(5) 各种置石、假山和小品施工废弃物的清理。

(6) 园路工程沿线的清扫。

(7) 临时设施的清理。

(8) 其他要清理的地方。

清理现场时，要注意施工现场的整体性，不得损坏已完工的设施，不得伤及新植树木花草，各种废料垃圾要择点堆放，对能继续利用的施工剩余物要清点入库。

做完上述工作后，施工单位应先进行自检，一些功能性设施和景点要预先检测及试运行，如给排水、喷泉工程等。一切正常后开始准备竣工验收资料。

(二) 竣工验收资料准备

竣工验收资料是工程项目重要技术档案文件，施工单位在工程施工时就要注意积累，派专人负责，并按施工进度整理造册，妥善保管，以便在竣工验收时能提供完整的资料。竣工验收时必须准备的资料主要有：

(1) 工程竣工图和工程一览表。

(2) 施工图、合同等设计文件。包括全套施工图和有关设计文件；批准的计划任务书；工程合同、合同补充条款与施工执照；图纸会审记录、设计说明书、设计施工变更联系单、工程施工例会记录等。

(3) 材料、设备的质量合格证，各种检测记录。

(4) 开竣工报告，土建施工记录，各类结构说明，基础处理记录，重点湖岸施工登记等。

(5) 隐蔽工程及中间交工验收签证、说明书。

(6) 全工地测量成果资料及相关说明。

(7) 管网安装及初测结果记录。

(8) 种植成活检查结果。

(9) 新材料、新工艺、新方法的使用记录。

(10) 本行业或上级制定的相关技术资料。

(11) 各类材料的合格证、检测报告、复验单等。

(12) 分部次工程质量自检表。

(13) 其他工程竣工时应提交的相关书面资料。

(14) 施工总结报告。

(三) 竣工验收的依据

(1) 已被批准的计划任务书和相关文件。

(2) 双方签订的工程承包合同。

(3) 设计图纸和技术说明书。

(4) 图纸会审记录、设计变更与技术核定单。

(5) 国家和行业现行的施工质量验收规范。

(6) 有关施工记录和构件、材料等合格证明书。

(7) 园林管理条例及各种设计规范。

(四) 施工验收的标准

(1) 工程项目根据合同的规定和设计图纸的要求已全部施工完毕，达到国家规定的质量标准，能满足绿地开放与使用的要求。

(2) 施工现场已全面竣工清理，符合验收要求。

(3) 技术档案、资料要齐全。

(4) 竣工决算要完成。

(五) 办理竣工验收手续

建设单位接到由施工单位递交的验收资料后，要会同有关部门组织工程的验收。验收合格后，合同双方应签订竣工交接签收证书，施工单位应将全套验收材料整理好，装订成册，交建设单位存档。同时办理工程移交，并根据合同规定办理工程结算手续，结清工程款。至此，双方的义务履行完毕，合同终止。有养护要求的，必须在养护期满后再进行绿化苗木竣工验收手续。

第四节　施工现场质量、技术与安全文明管理

一、施工现场的质量管理

施工现场质量管理一般分为施工前的质量管理、施工过程中的质量管理和工程竣工验收时的质量管理。在整个施工过程中要有全面质量管理的意识，采用其基本方法进行施工

管理。搞好工程施工现场管理，是园林作品能满足设计要求及工程质量的关键环节。园林作品的质量应包含园林作品质量和施工过程质量两部分，前者以安全程度、景观水平、外观造型、使用年限、功能要求及经济效益为主；施工过程质量以工作质量为主。因此，对上述全过程的质量管理构成了园林工程项目质量全面监控的重点内容。

(一) 施工现场质量影响因素的控制

目前，施工现场质量管理常采用“4M1E”控制模式。4M1E 是指施工人员控制(Men)、机械设备控制(Machinery)、材料控制(Material)、施工工艺控制(Means)和环境因素控制(Environment)。

1. 施工人员因素的控制

施工过程中要加强对员工的劳动纪律教育和职业责任教育；要做到技术培训，完善工作岗位责任；建立公平合理的竞争机制和持证上岗制度；杜绝违章作业。

2. 机械设备因素的控制

机械设备是施工中重要的劳动手段，也是保证施工质量的关键因素。因此要做好机械的选择和维护工作，认真遵守操作规程，实行定机、定人、定岗的“三定”制度。

3. 材料因素的控制

要严格材料采购制度，重视材料入库工作，不单要有质量合格证，还要进行材料抽样检测，各种配比要准确。植物材料要按国家或地方标准出圃。

4. 施工工艺因素的控制

这主要表现在施工方法的选择是否合理，施工顺序是否妥当，即施工组织设计是否符合施工现场条件。

5. 环境因素的控制

例如工程技术环境(地质、水文等)、施工管理环境(质量保证体系、管理制度等)、劳动环境(劳动组合、工作面等)。这些因素影响到施工工序的搭接、劳动力潜力的发挥等。

(二) 施工前的质量管理

施工前的质量管理要做好以下两方面的工作：

1.“4M1E”的全面控制

要对施工队伍及人员的技术资质，施工机械设备的性能、原材料、各种配件的规格和质量、施工方案及保证工程质量的技术措施，施工现场、技术、管理、环境的质量进行审核，以保证“4M1E”处于受控状态。

2. 建立施工现场质量保证体系

根据工程质量管理目标，结合工程特点和施工现场条件，建立质量管理制度和质量保证体系；编制现场质量管理目标框图，用以监控施工质量。

(三) 施工过程中的质量管理

施工过程中的质量管理是整个施工阶段现场施工质量控制的中心环节。因此，要确定每道工序的质量管理体制点，并制定保证措施。例如应做好工序衔接检查，隐蔽工序验收等。

(四) 施工现场的质量管理

主要包括施工现场竣工的预验收、竣工正式验收和工程质量评定工作。

1. 拟定质量重要管理点

对现场施工的各个工序，特别是将那些需要加强控制的环节和关键性工序作为质量管理的重点。在园林工程施工中可用以下方法拟定：

(1) 首先根据项目确定需要重点管理的工序，然后按要求绘出工序管理流程图，在图上标出所要进行重点管理的工序、质量特性、质量标准、检测方法和管理措施。

(2) 进行工序分析，利用因果图找出影响质量管理点的主导因素，并根据分析的结果编制“工序质量管理对策表”，界定质量监控范围和具体要求。

(3) 编制出质量管理点的作业指导书，明确严格的作业标准和操作规程。

2. 做好质量检验和评定工作

工程质量的判断方法很多，目前应用于园林工程施工中的质检方法主要有直方图、因果图和控制图等。这些方法均需选取一定的样本，依据质量特性绘制成质量评价图，用以对施工对象作出质量判断。

(1) 直方图

这是一种通过柱状分布区间判断质量优劣的方法，主要用于材料、基础工程等试验性质量的检测。它以质量特性为横坐标，试验数据组成的度数为纵坐标，构成直方图。用之与标准分布直方图进行比较，来确定质量是否正常。图 1-15 是标准分布直方图，凡质量优良者，检测值就应在上下限规定格线之间，分布的平均值大致在两规格线的中间，且直方图均衡对称。如果与标准管理线相差过大，说明出现质量异常，必须采取措施使管理线恢复正常。

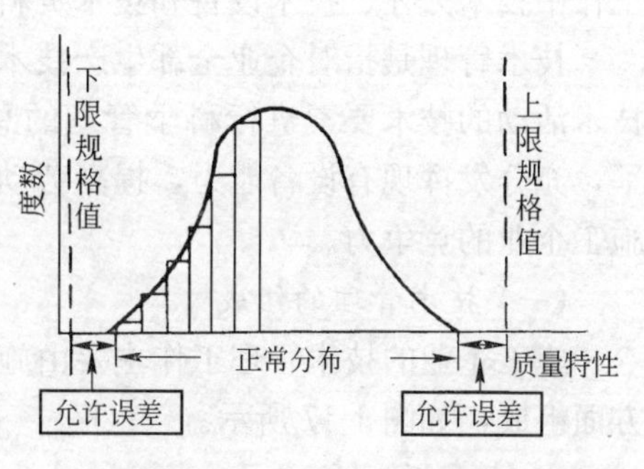

图 1-15　标准分布直方图

(2) 因果图

因果图是通过质量特性和影响原因的相互关系判断质量的方法，也称鱼刺图。可应用于各类工程项目的质量检测。

绘制因果图的关键是明确施工对象及施工中出现的主要问题。根据问题罗列出可能影响的原因，并通过评分或投票的形式确定主导因素。图 1-16 是某喷水池施工中检验发现漏水的因果图。

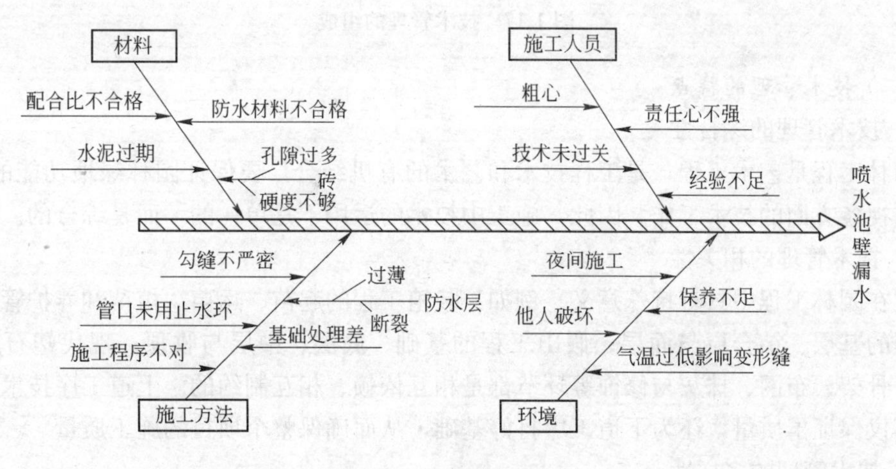

图 1-16　水池漏水因果图

针对因果图所分析出影响质量的因素，制定出相应的管理对策填于表1-21之中，这就是工程常用的对策表。

对 策 表 表1-21

序 号	质量问题的原因	采取的对策	责任人	限 期	检查人	备 注
1						
2						
3						
⋮						
⋮						

二、施工现场的技术管理

技术是人类为实现社会需要而创造和发展起来的手段、方法和技能的总称。它是技术工作中技术人才、技术设备和技术资料等技术要素的综合。

技术管理是指对企业全部生产技术工作的计划、组织、指挥、协调和监督，是对各项技术活动的技术要素进行科学管理的总和。搞好技术管理工作，有利于提高企业技术水平，充分发挥现有设备能力，提高劳动生产率，降低生产成本，提高企业管理效益，增强施工企业的竞争力。

(一) 技术管理的组成

施工企业的技术管理工作主要由施工技术准备、施工过程技术工作和技术开发工作三方面组成，如图1-17所示。

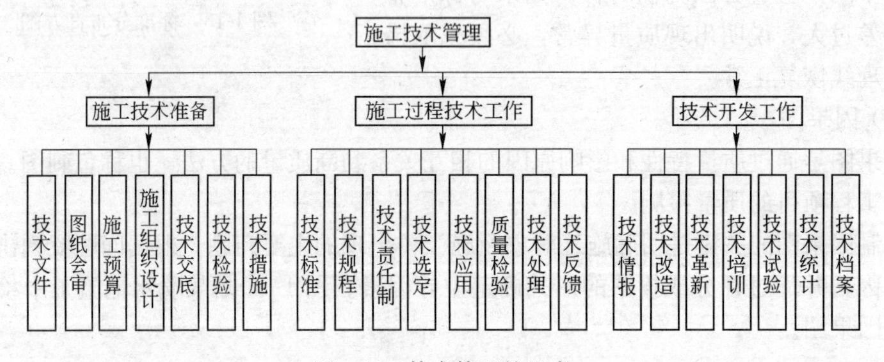

图1-17 技术管理的组成

(二) 技术管理的特点

1. 技术管理的综合性

园林工程是艺术工程，是工程技术和艺术的有机结合，要保证园林绿地功能的发挥，必须重视各方面的技术工作。因此，施工中技术的运用不是单一的，而是综合的。

2. 技术管理的相关性

这在园林工程中具有特殊意义。例如：栽植工程的起苗、运苗、植苗和养护管理；园路工程的基层、结合层与面层；假山工程的基础、底层、中层与收顶；现代塑石的钢模(砖模)骨架、布网、抹灰与修饰等环节都是相互依赖、相互制约的。上道工序技术应用得好，不仅保证了质量，还为下道工序打好基础，从而确保整个项目的施工质量。

3. 技术管理的多样性

园林工程中技术的应用主要是绿化施工和建筑施工，但两者所应用的材料是多样的，选择的施工方法是多样的，这就要求有与之相应的工程技术，因此园林工程技术具有多样性。

4. 技术管理的季节性

园林工程施工受气候因素影响大，季节性较强，特别是土方工程、栽植工程等。实际上应根据季节的不同，采用不同的技术措施。

（三）技术管理的内容

1. 建立技术管理体系，完善技术管理制度

建立健全技术管理机构，形成单位内以技术为导向的网络管理体系。要在该体系中强化高级技术人才的核心作用，重视各级技术人员的相互协作，并将技术优势应用到园林工程之中。

园林施工单位还应制定和完善技术管理制度，主要包括：图纸会审制度、技术交底制度、计划管理制度、材料检查制度和基层统计管理制度等。

（1）图纸会审制度

熟悉图纸是搞好工程施工的基础工作。通过会审可以发现设计内容与实际现场的矛盾，研究解决的方法，为施工创造条件。

（2）技术交底制度

向基层施工组织交待清楚施工任务、施工工期、技术要求等，避免盲目施工。

（3）计划管理制度

计划、组织、指挥、协调与监督是现代施工管理的五大职能。要建立以施工组织设计为先导的管理制度。

（4）材料检查制度

选派责任心强、懂业务的技术人员负责材料检查工作，坚持验收标准，杜绝不合格产品进场。

（5）基层统计管理制度

基层施工单位直接进行施工生产活动，在施工中必定有许多工作经验，将这些经验记录下来，作为技术档案的重要部分，也为今后的技术工作积累素材。

2. 建立技术责任制

（1）落实领导任期技术责任制，明确技术职责范围。领导任期技术责任制是由总工程师、工程师和技术组长构成的以总工程师为核心的三级技术管理制度。其主要职责是：全面负责本单位的技术工作和技术管理工作；组织、编制单位的技术发展计划，负责技术创新和科研工作；组织会审各种设计图纸，解决工程中关键技术问题；制定技术操作规程、技术标准和安全措施；组织技术培训，提高职工业务技术水平。

（2）要保持单位内技术人员的相对稳定，避免技术人员过多的调动，以利于技术经验的积累。

（3）要重视特殊技术工人的作用。园林工程中的假山置石、盆景花卉、古建雕塑等需要丰富的技术经验，而掌握这些技术绝大多数是老工人或上年纪的技术人员，要鼓励他们继续发挥技术特长，同时做好传帮带工作，制定“老带新”计划，让年轻人继承他们的技艺，更好地为园林艺术服务。

三、施工现场的安全生产管理

安全生产管理是在施工中避免生产事故，杜绝劳动伤害，保证良好施工环境的管理活动。它是保护职工安全健康的企业管理制度，是搞好工程施工的重要措施。因此，园林施工单位必须高度重视安全生产管理，把安全工作落实到工程计划、设计、施工、检查等环节之中，把握施工中重要的安全管理点，做到防患未然，安全生产。施工现场安全管理主要有以下几个方面：

1. 各级领导和职工要强化安全意识，在管理活动中，安全生产的指导思想要明确，不得忽视任何环节的安全要素；要加强劳动纪律，克服麻痹思想。

2. 建立完善的安全生产管理体系。要有相应的安全组织，配备专人负责。做到专管成线，群管成网。

3. 制定必要的安全管理制度。如安全技术教育制度、安全检查制度、安全保护制度、安全技术措施制度、安全考勤制度、伤害事故报告制度和安全应急制度等。

4. 施工中必须严格贯彻执行各种技术规范和操作规程。如电气安装安全规定、起重机械安全技术管理规程、建筑施工安全技术规程、交通安全管理制度、架空索道安全技术标准、防暑降温措施、沙尘危害工作管理细则及危险物安全管理制度等。

5. 制定具体的施工现场安全措施。要详细认真地按施工工序或作业类别，如土方开挖、脚手架、高处搬运、电气安装、机械操作等制定相应的安全措施，并做好安全技术交底工作。现场内要建立良好的安全作业环境，比如悬挂安全标志，标贴安全宣传品，佩带安全袖章，举办安全技术讨论会、演示会，定期召开安全总结会议等。

6. 施工中应避免伤害事故的发生，一旦发生安全事故时，要以高度的责任感严肃对待，采取果断措施，防止事故扩大。要首先抢救受伤人员，同时保护好事故现场，并报告有关部门，组织人员进行事故调查，查明原因，分清责任；及时清理事故现场，做好事故记录工作；根据事故程度严肃处理有关责任人，并采取针对性措施，避免类似事故的再次发生。

四、施工现场的文明施工、环境保护管理(按目前要求，应增加此项内容)

第二章 园林绿化工程分项工程的施工管理

第一节 土方工程及地形造型

一、土方工程的基本知识

在园林建设中，土方工程是需要先行的一个项目，它完成的速度和质量，直接影响着后续工程。

（一）土方工程的种类及其施工要求

土方工程根据其使用期限和施工要求，可分为永久性和临时性两种，但都要求有足够的密实性和稳定性，才能使整个工程质量和艺术造型达到原设计的要求。

（二）土壤的类别

各地分类方法不尽相同，常用的分类法如下：

1. 松土

用铁锹即可挖掘的土，如：砂土、壤土、植物性土壤等。

2. 半坚土

用锹和部分可用十字镐翻松的土。如黄土类黏土，含直径 15mm 以内的中小砾石、砂质黏土，混有碎石和卵石的腐殖土等。

3. 坚土

用人工撬棍或机具开挖，有的还得采用爆破的方法，如：各种不坚实的页岩、密实黄土、含有 50kg 以下块石的黏土。

（三）土壤特性

这里所列的土壤特性是指土壤的工程性质。它与土方工程的稳定性、施工方法、工程量及工程投资有很大关系。同时也涉及到工程设计施工技术和施工组织的安排。

1. 密度：指单位体积内天然状况下的土壤质量，单位为 kg/m^3。

密度越大，挖掘越难。如植物性土壤在天然含水量状态下的密度为 $1200kg/m^3$，只需用铁锹就可挖掘，而密实黄土的密度为 $1800kg/m^3$，需由人工用撬棍、镐或用爆破的方法才能开挖。

2. 含水率：土壤的含水率指土壤孔隙中的水重和土壤颗粒重之比值。

土壤含水率在 5%以内称干土，在 30%以内称潮土，大于 30%称湿土。土壤含水量的多少对土方施工的难易也有直接的影响。

3. 土方松散度：指土壤的实方与虚方之比。

4. 土壤的自然倾斜面和安息角。

松散状态下的土壤颗粒，自然滑落而形成的天然斜坡面，叫作土壤的自然倾斜面，该面与地平面的夹角，叫作土壤安息角。

二、土方工程估算

（一）求体积的公式法

在园林工程中，不管是原地形或设计地形，常会碰到一些类似锥体、棱台等几何形状的地形单体，如小山、小水池等。这些地形单体的体积可以用相近似的求几何体体积的公式进行计算。此法比较简便，但精确性差，适用于估算。

（二）断面法

1. 水平断面法(等高面法)

此法是沿等高线截取断面，等高距即为两相邻的断面高。计算时先逐一计算出等高线所包围的面积 F_1、F_2、F_3、F_4……，再逐一计算两相邻等高面之间的土方体积。

2. 垂直断面法

这种方法适用于狭长形土方的计算，如挖沟或筑土堤，或长条形的山冈河流等。

（三）方格网法

方格网法是把土方量计算工作转化为若干个方格，将每个方格内的土方挖、填量分别计算后分别进行累计，比较适用于相对平缓的地形改造的土方量计算，其计算步骤为：

1. 划分方格网

在已附有等高线的地形图上作方格网，在园林中方格网边长常取实长 20m×20m 或 40m×40m，然后将每个方格的四角各点的设计标高和原地形标高分别标注在方格角点的右上角和右下角，再将原地形标高和设计标高之差(即施工标高)标于角点的左上角，左下角为各角点编号。如施工标高为挖方，以正号(＋)表示，填方则以负号(－)表示。

2. 分别求各点施工标高

施工标高是指方格网各角点的挖、填方高度，具体计算方法为：施工标高＝原地形标高－设计标高，凡求得数值为“＋”者为挖方，“－”者为填方。

3. 求零点位置

零点是指某一方格中既不挖，也不填的点，各零点的连线即为零点线，它是挖、填方的界定线。因此，零点线是方格网法中计算土方量的重要依据之一。并非每个方格都存在零点线，但如一个方格内同时存在挖方和填方，则说明一定存在零点线。零点线的具体计算方法为(图 2-1)：

$$x=\frac{h_1}{h_1+h_2}\times a$$

式中　x——角点至零点的距离，m；

h_1、h_2——方格中相邻两角点的施工标高绝对值，m；

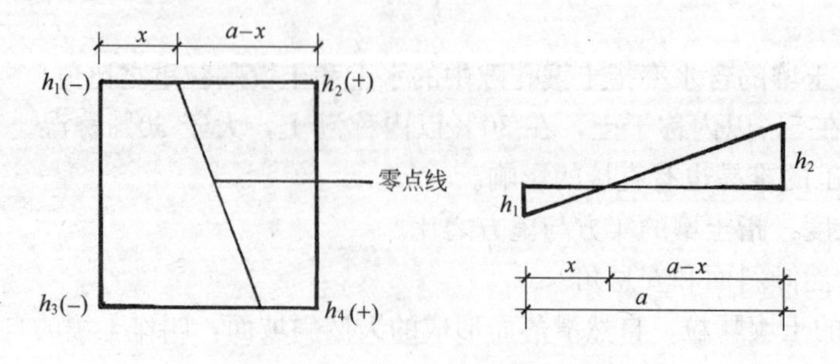

图 2-1　求零点位置图示

a——方格网中方格的边长。

4. 计算土方工程量

根据方格网图形以及相应的土方计算公式(表 2-1)来逐一求出方格内的挖方或填方量。

方格网法计算土方量公式 **表 2-1**

挖填情况	平面图形	计算公式
四点全挖(或填)方		$\pm V=\frac{a^2\times\Sigma h}{4}$
两点填方 两点挖方		$+V=\frac{a(b+c)\times h_1\cdot h_2}{8}$ $-V=\frac{a(d+e)\times h_3\cdot h_4}{8}$
三点挖(或填)方 一点填(或挖)方		$+V=\frac{(2a^2-b\times c)\times h_1h_2h_4}{10}$ $-V=\frac{b\times c\times h_3}{6}$
相对两点填(或挖)方，其余两点为挖(或填)方		$+V_1=\frac{b\times c\times h_1}{6}$ $+V_2=\frac{d\times e\times h_4}{6}$ $-V=\frac{(2a^2-b\times c-d\times e)h_2\cdot h_3}{12}$

5. 计算总土方量

将填方区所有方格的土方量和挖方区所有方格的土方量分别累加，即可得到该地块的总土方挖、填量；根据总挖、填量可确定土方平衡要求及需弃运或补进的土方量。

三、土方施工

(一) 土方施工的准备工作

由于土方工程量大、面广，比较艰苦，故应充分做好准备工作，以免窝工、返工而影响工效。准备工作大致有以下几方面：

1. 清理场地

在施工地范围内，凡有碍工程开展或影响工程稳定的地面物和地下物都应清理。例如不需要保留的树木、废旧建筑物或地下的构筑物等。

2. 定点放线

(1) 平整场地的放线

一般使用方格网法。应尽可能将方格网放到地上，以做控制网。并在每个交点处立木桩，侧面平滑、下端削尖，以便打入土中，桩上应表示出桩号(施工图上方格网的编号)和施工标高(挖土为“+”，填土为“-”)。

(2) 挖湖堆山的放线

挖湖堆山，首先应确定挖湖或堆山的边界线，一般仍使用方格网法，先按图纸要求打出边桩，确定湖、山的基地位置，然后把设计地形等高线和方格网的交点一一标到地面上并打桩。木桩上也要标明桩号及施工标高。

(3) 狭长地形放线

狭长地形，如园路、土堤、沟渠等，其土方的放线包括下列内容：

① 打中心桩，定出中心线。这是第一步工作，可利用水准仪和经纬仪，按照设计要求定出中心桩，桩距 20～50m 不等，视地形的繁简而定。每个桩号应标明桩距和施工标高，桩号可用罗马字母，也可用阿拉伯数字编定。距离用公里＋米来表示。

② 打边桩，定边线。一般来说，中心桩定下后，边桩也有了依据，只要用皮尺就可以拉出，但较困难的是弯道放线。在弯道地段应加密桩距，以使施工尽量精确。

(二) 土方施工

土方施工一般可分挖、运、填、压、整五个阶段。

1. 挖方

无论是人力或机械挖方，都必须先挖截水沟、排水沟或抽水井，然后分层开挖。人工挖方必须注意安全，保证工程质量。

(1) 施工者应有足够的工作面，一般人均 4～6m^2。

(2) 开挖土方附近不得有重物及易塌落物。

(3) 在挖土过程中，随时注意观察土质情况，注意留出合理的坡度。若须垂直下挖者，松散土不得超过 0.7m，中等密度者不超过 1.25m，坚硬土不超过 2m，超过以上数值的须加支撑板，或保留符合规定的边坡。

(4) 挖方工人不得在土壁下向里挖土，以防塌方。

(5) 施工过程中必须注意保护基桩、龙门板及标高桩。

2. 运土

竖向设计一般都力求土方平衡，以减少搬运量。土方运输是一项较艰巨的劳动，必须组织好运输线路，一般采用回环式道路，并且要明确卸土地点，避免混乱和窝工。如果使用外来土垫地堆山，运土车辆应设专人指挥，使卸土位置准确，避免乱堆乱卸，给以后的施工带来麻烦。

3. 填土

填土首先应该满足工程的质量要求，根据所填地的不同用途和要求来选择土壤。如绿化地段土壤，应满足植物生长的要求；建筑用地的填土，则以地基稳定为原则。

4. 压实

为保证土壤相对稳定，压实要求均匀，并且注意土壤含水量，过多过少都不利于压实。如土壤过分干燥，需先洒水湿润后再行压实。

5. 整地、造型

园林的整地工作，包括以下几项内容：适当整理地形翻地、去除杂物碎土、耙平、填压土壤，其方法应根据各种不同情况进行。

(1) 一般平缓地区的整地

对 8°以下的平缓耕地或半荒地，可采取全面整地。通常多翻耕 30cm 的深度，以利蓄水保墒。对于重点布置地区或深根性树种可翻掘 50cm 深，并施有机肥，借以改良土壤。平地整地要有一定倾斜度，以利排除过多的雨水。

(2) 市政工程场地和建筑地区的整地

在这些地区常遗留大量灰槽、灰渣、砂石、砖石、碎木及建筑垃圾等，在整地之前应全部清除，还应将因挖除建筑垃圾而缺土的地方，换入肥沃土壤。由于夯实地基，土壤密实，所以在整地时应将夯实的土壤挖松，并根据设计要求处理地形。

(3) 低湿地区的整地

低湿地土壤密实，水分过多，通气不良，土质多带盐碱，即使树种选择正确，也常生长不好。解决的办法是挖排水沟，降低地下水位，防止返碱。通常在种树前一年，每隔 20m 左右就挖出一条深 1.5～2.0m 的排水沟，并将掘起来的表土翻至一侧培成垅台。经过一个生长季，土壤受雨水的冲洗，盐碱减少了，杂草腐烂了，土质疏松，不干不湿，即可在垅台上种树。

(4) 新堆土山的整地

挖湖堆山，是园林建设中常有的改造地形措施之一。人工新堆的土山，要令其自然沉降，然后才可整地植树。因此，通常多在土山堆成后，至少经过一个雨季，始行整地。人工土山多不太大，也不太陡，又全是疏松新土，因此，可以按设计进行自然整地。

无论对何种地形特点以何种方法整地，都必须在粗整完成以后进行地形的造型工作。整地时要注意和周围环境及设计要求吻合，按照设计要求并结合环境把握地形，既要保持排水及种植要求，又要与周围环境融为一体，力求达到自然过渡的效果。

在乔、灌木种植结束，准备种植地被植物以前，还必须将种植土再次充分细碎整平，并按设计图纸的要求进行复验，确保地形的走向、等高线符合设计要求和造园手法，地形起伏自然优美，排水通畅，无积水现象。

第二节 植 树 工 程

“栽植”的狭义概念，常仅被理解为植物的“种植”而已。广义而言，应包括掘起、搬运和种植这三个基本环节。将要移的植物，从某地连根(裸根或带土团)起出的操作，叫掘起(俗称起苗)。将起出的植株进行合理的包装，并运到栽植地点，叫搬运。然后按要求将移来的植物栽入适合的土壤内的操作，叫种植。如果这次种植后不再移动，长久定居者，叫“定植”；种于一地，以后还需移植者，称为“移植”。在掘起或搬动后，不能及时种植，为保护根系，临时埋根于土的措施，叫作“假植”。

所谓“植树工程”，系指按照正式的园林设计或一定的计划完成某一地区的全部或局部的植树任务。

一、植物配置的艺术手法

在园林空间中，无论是以植物为主景，或植物与其他园林要素共同构成主景，在植物种类的选择、数量的确定、位置的安排和方式的采取上都应强调主体，做到主次分明，以表现园林空间景观的特色和风格。

对比和衬托　利用植物不同的形态特征，运用高低、姿态、叶形叶色、花形花色的对比手法，表现一定的艺术构思，衬托出美丽的植物景观。在树丛组合时，要注意相互间的协调，不宜将形态姿色差异很大的树种组合在一起。

动势和均衡　各种植物姿态不同，有的比较规整，如石楠、臭椿；有的有一种动势，如松树、榆树、合欢。配置时，要讲求植物相互之间或植物与环境中其他要素之间的和谐协调；同时还要考虑植物在不同的生长阶段和季节的变化，不要因此产生不平衡的状况。

起伏和韵律　道路两旁和狭长形地带的植物配置，要注意纵向的立体轮廓线和空间变换，做到高低搭配，有起有伏，产生节奏韵律，避免布局呆板。

层次和背景　为克服景观的单调，宜以乔木、灌木、花卉、地被植物进行多层次的配置。不同花色花期的植物相间或分层配置，可以使植物景观丰富多彩。背景树一般宜高于前景树，栽植密度宜大，最好形成绿色屏障，色调宜深，或与前景有较大的色调和色度上的差异，以加强衬托。

园林植物的配置包括两个方面：一方面是各种植物相互之间的配置，考虑植物种类的选择，树丛的组合，平面和立面的构图，色彩，季相以及园林意境；另一方面是园林植物与其他园林要素如山石、水体、建筑、园路等相互之间的配置。

(一) 植物种类的选择

植物具有生命，不同的园林植物具有不同的生态和形态特征。它们的干、叶、花、果的姿态、大小、形状、质地、色彩和物候期各不相同；它们(主要指树木)在幼年、壮年、老年以及一年四季的景观也颇有差异。进行植物配置时，要因地制宜、因时制宜，使植物正常生长，充分发挥其观赏特性。选择园林植物要以乡土树种为主，以保证植物有正常的生长发育条件，并反映出各个地区的植物风格。同时也不能忽视优良品种的引种驯化工作。

(二) 植物配置方式

自然界的山岭岗阜上和河湖溪涧旁的植物群落，具有天然的植物组成和自然景观，是自然式植物配置的艺术创作源泉。中国古典园林和较大的公园、风景区中，植物配置通常采用自然式，但在局部地区，特别是主体建筑物附近和主干道路旁侧也采用规则式。园林植物的布置方式主要有孤植、对植、列植、丛植和群植等几种。

1. 孤植

主要显示树木的个体美，常作为园林空间的主景。对孤植树木的要求是：姿态优美，色彩鲜明，体形略大，寿命长而有特色。周围配置其他树木，应保持合适的观赏距离。在珍贵的古树名木周围，不可栽植其他乔木和灌木，以保持它的独特风姿。用于庇荫的孤植树木，要求树冠宽大、枝叶浓密、叶片大、病虫害少，以圆球形、伞形树冠为好。

2. 对植

对称地种植大致相等数量的树木，多应用于园门、建筑物入口、广场或桥头的两旁。在自然式种植中，则不要求绝对对称，对植时也应保持形态的均衡。

3. 列植

也称带植，即成行成带状栽植树木，多应用于街道、公路的两旁，或规则式广场的周围。如用作园林景物的背景或隔离措施，一般宜密植，形成树屏。

4. 丛植

三株以上不同树种的组合，是园林中普遍应用的方式，可用作主景或配景，也可用作背景或隔离措施。配置宜自然，符合艺术构图规律，务求既能表现植物的群体美，也能看出树种的个体美。

5. 群植

相同树种的群体组合，树木的数量较多，以表现群体美为主，具有“成林”之趣。

二、植树施工原则

为确保植树工程任务的完成，必须遵循以下施工原则：

（一）必须符合规划设计要求

一切绿化设计，都要通过植树工程的施工来实现。植树工程施工是把人们的理想（规划设计、计划）变为现实的具体工作。为了充分实现设计者所预想的美好意图，施工者必须熟悉图纸，理解设计意图与要求，并严格遵照设计图纸进行施工。如果施工人员发现设计图纸与现场实际不符，则应及时向设计人员提出，如需变更设计时，则必须求得设计部门的同意，绝对不可自行其事。

（二）植树技术必须符合树木的生活习性

树木除有共同的生理习性外，各种树木都有其本身的特性。施工人员必须了解其共性与特性，并采取相应的技术措施，才能保证植树成活和工程的真正完成。

（三）抓紧适宜的植树季节

树木经起掘、运输后，对再植后的生长将会产生不利影响，其中以移植季节的气候条件对树木生长的影响最大。为了提高苗木的移栽成活率，降低移植和养护管理成本，抓紧适宜的植树季节实施移栽，是至关重要的。

在我国多数地区，都以春季萌芽前和秋季落叶后为理想移栽季节；如在春旱相当严重的地区，则应考虑在雨季实施种植。我国长江以南冬季土壤基本不冻，因此冬季也可实施树木种植。

（四）严格执行植树工程的技术规范和操作规程

树木是一种有生命的造景材料，不同的树种对土壤、肥、水、修剪方式、种植季节等都有不同的要求。因此，必须有一套完整的施工方法和养护手段，才能确保植物的移栽成活和复壮生发。国家建设部于 1999 年 2 月 24 日就城市绿化工程发布了《城市绿化工程施工及验收规范》（CJJ/T 82—99），作为全国绿化行业的最权威规范，其对城市绿化中的土壤处理、种植穴挖掘、苗木的运输假植及各类苗木的种植要求，直至竣工验收作出了一系列规定。同时，因中国幅原辽阔，气候条件变化大，南北绿化植物品种的差异和种植方法的不同决定了很难有一本详尽的、适用于全国各地的技术规程；针对这一问题，在全国各省、市、自治区陆续编制了适应各省、市、自治区种植条件的有关地方规程，用以指导各地区的园林绿化工程施工管理和验收工作，如浙江省建设厅于 2002 年 1 月 1 日颁布试行的《园林绿化技术规程》（DB33/T 1009—2001J10123—2001），就是针对浙江省气候特点和植树常规操作要求而制定的，是指导浙江省境内园林绿化工程的地方规范。

三、树木栽植成活的原理

许多人把植树看得很简单，认为无非是“刨（挖）坑（穴）栽树”，其实不然。如果不了解树木栽植成活的原理，即使是用粗干插栽极易生根的某些杨、柳树，也还是会栽死的。

一株正常生长的树木，其根系与土壤密切结合，地下部分与地上部分生理代谢（如水分吸收与蒸腾）是平衡的。由于挖掘，根系与原有土壤的密切关系被破坏，吸收根大部分断留在土中，根部与地上部代谢的平衡也就被破坏。而根系的再生，在一定的条件下需要相当一段时间。由此可见，如何使移来的树木与新环境迅速建立正常关系，及时恢复树体以水分代谢为主的平衡，是栽植成活的关键，否则，就有死亡的危险。而这种新平衡建立的快慢，与树种的习性、年龄时期，栽植技术、物候状况以及与影响生根和蒸腾为主的外界因子，都有密切关系。

四、移栽定植的时期

根据栽植成活的原理，植树的时期应选择在蒸腾量小和有利根系及时恢复、保证水分代谢平衡的时期。一般在秋季落叶后至春季萌芽前。但春季干旱很严重的地区，以当地雨季栽植为好。我国南方土壤不冻结，空气不干燥的地区，也可冬季植树。

多数地区的植树节，集中在春季和秋季。关于春栽好，还是秋栽好，历来有不少争论。国内外研究认为，以秋栽为优者，超过半数。但从生产实践来看，影响栽植成活的主要因素，因树种、地区环境等条件而异，也不可拘泥于一说。

（一）春栽

从树木生理活动来讲，春季是树木开始生长的大好时期，且多数地区土壤水分较充足，是我国大部分地区的主要栽植季节。树木根系在相对较低的温度下，即可开始活动。因此，春栽符合树木先长根、后发枝叶的物候顺序，有利水分代谢的平衡。但在春旱地区，如西北、华北等地，春季风大，气温回升快，适栽时间很短促，栽后不久，地上部萌芽生长，根系不能完全恢复，成活率比较低。在冬季严寒或对在当地不甚耐寒的边缘树种，以春栽为妥，可免防寒越冬之劳。具肉质根的树木，如山茱萸、木兰属、鹅掌楸等，也以春栽为好。

春季农事繁忙，劳力紧张，要利用冬闲，提前做好各项准备工作。应预先根据树种春季萌芽早晚和不同栽植地的化冻早晚，做好计划安排。寒地城市化冻顺序是先市区，后郊区；山地是先低山，后高山，先阳坡，后阴坡；在平地，先轻质土，后重质土；有建筑处，先向阳处，后背阳处。树种萌芽，如落叶松、银芽柳等较早，杨柳类、山桃次之，榆、槐、栎类、枣最迟。落叶树春栽宜早，土壤刚化冻即开始。秋旱风大地区，常绿树也宜春栽，时间可晚些。我国西南某些地区(如昆明)受印度洋干湿季风影响，秋冬和春至初夏均为旱季，蒸发量又大，春栽如果管理不善，成活率很低。

（二）雨季栽植

春旱，特别是秋冬也干旱的地区，土壤水分不足，蒸发量大的西南地区，栽植成活的主要矛盾是外界水分(包括空气湿度)条件差，故以雨季栽为好。雨季如果处在高温月份，由于阴晴相间，短期光强温高，也易使新植树木水分代谢失调。要掌握当地历年雨季降雨规律和当年降雨情况，抓住连绵阴雨的有利时机栽植。华北、西北山地，多用小苗雨季造林，成活率较高。城市雨季植树，多用大苗和大树者，视情况还应配合遮荫、喷雾等其他措施。

（三）秋栽

秋季气温逐渐下降，蒸腾量较低，土壤水分状况较稳定。从苗木生理来说，此时树体贮藏营养较丰富；多数树木根系生长有一次小高峰。在当地属耐寒的落叶树，秋栽后，根系在土温尚高的条件下，还能恢复生长。因为根系无自然休眠期，只要冬季冻土层不厚，下层根系仍有一定生长活动，且翌春活动也早。秋栽时间较长，自落叶至土壤结冰前均可进行。秋栽也应尽早，一落叶即栽为好。夏秋为雨季的华北等地，常绿针叶树此时再次发根，故其秋栽应比落叶树早些为好。

(四) 冬季栽植

在冬季土壤基本不结冻的华南和华中、华东等长江流域地区，可以冬栽。以广州为例，气温最低的1月份，平均气温仍在10℃以上，故无气候上的冬季。从1月份就可种植樟树、山松等常绿深根性树种，2月即可全面开展植树工作。

在冬季严寒的华北北部，东北大部分地区，由于土壤冻结较深，对当地乡土树种，可用冻土球移植法。国外如加拿大、日本北部亦常用。优点是可利用冬闲，省包装和运输机械。于气温达－12℃左右时，挖掘土团；若挖侧沟时，发现下部冻得不牢，可于坑内停放2～3天。因土壤干燥冻不实者，可于土团外泼水(最好于冻结前预先灌水)。运输可利用冻结河道，或预先修平泥土地，泼水冻结成冰道，用人畜即可拖拉。我国古代，北方帝王宫苑植树，常用此法。

五、树龄与成活的关系

树木的年龄对植树成活率的高低有很大影响。一般幼苗树植株小，起掘方便，根部损伤率低。并且营养生长旺盛，再生力强，因移植损伤的根系及修剪后的枝条容易恢复生长。但是，由于幼树植株矮小，容易遭受外界的损伤，一时也难以发挥绿化效果。壮龄树，树体高大，移植后很快就能发挥绿化效果。但是壮龄树营养生长已逐渐衰退，由于规格过大，移植操作困难，施工技术复杂，这样就大大增加了工程造价。故此，除一些有特殊要求的绿化工程外，一般不宜选用过多的壮龄树木。实践证明，城市环境条件复杂，绿化设计中宜多选用幼、青年期的大规格苗木。一般落叶乔木，最小应选用胸径3cm以上的苗木，行道树及游人活动频繁之地还可以更大些。

常绿乔木最小规格宜选用树高1.5m以上的苗木(绿篱除外)。

六、苗木选择与相应的施工措施

在长期的自然选择和人工培育过程中，不同的植物形成不同的遗传特性。各种树木对环境条件的要求和适应能力表现出很大的差异，对于移植的适应能力也是如此。因此，尽管选用树种、苗木是规划、设计人员的事，但是，我们在植树施工过程中，也必须根据各个树种不同的特性而采取不同的技术措施，才能保证移植成功。例如杨、柳、榆、银杏、椴树、蔷薇、紫穗槐、泡桐、枫杨、臭椿、黄栌等，都具有很强的再生能力和发根能力，甚至有的用一根带有芽的枝栽植也能成活而成新植株，因此比较容易移植成活，包装、运输比较简便。此类树木的栽植措施可以适当简单一些，一般都用裸根移植，而各种常绿树木和木兰类、山毛榉、白桦、长山核桃及某些桉类等，则必须带土球移植，而且必须保证土球完整，才能移植成活。

树木移植时，最忌根部失水，最好能够随掘、随运、随栽；如掘苗后一时无施工条件者，则应妥善假植保护，保证树根潮润才能移植成活。但也有个别树种，如牡丹为肉质根，含水量高，故移苗后，最好晾晒一定时间，使根部含水量减少一些后，再栽为好，以免因水分过多，根系易脆断造成大量损伤，并有利根部伤口愈合和再生新根。

就是同品种、同龄的苗木，由于苗木质量不同，栽植成活率和以后的适应能力也有不同。一般生长健壮，没有病虫害和机械损伤的苗木，移植成活率较高；生长过旺，导致徒长的苗木，因其抗逆性差，反而不如生长一般的苗木容易成活和具有较强的适应性。

苗木出圃以前，如果苗木几经移植断根，所形成的根系就紧凑而丰满，移植后容易成活。反之，一直没有移过的实生苗，因根系生长过长，掘苗时，容易损伤，而影响成活。

上述种种因素，在选择树苗时都应该加以注意，并针对不同情况，采取相应的技术措施，才能保证移植成活率。

七、植树工程的准备工作

担任绿化施工的单位，在工程开始之前，必须做好绿化工程的一切准备工作。

（一）了解工程概况

首先是通过工程主管单位和设计单位，搞清全部工程的主要情况：

1. 工程范围和工程量

包括每个工程项目的范围，植树、草坪、花坛的数量和质量要求，以及相应的园林设施工程任务，如：土方、给排水、道路、灯、椅、山石等。

2. 工程的施工期限

包括全部工程的开始和竣工日期，即工程的总进度，以及各个单项工程的进度或要求将各种苗木栽完的日期。特别应当指出的是：植树工程的进度必须以不同树种的最适栽植时期为前提，其他工作应围绕进行。

3. 工程投资

包括工程主管部门批准的投资数和设计预算的定额依据，以备编制施工预算计划。

4. 设计意图

由设计人员所预想的绿化目的，绿化工程完成后要达到的效果。

5. 搞清施工现场的地上与地下情况

向有关部门了解地上物的处理要求、地下管线分布情况、设计部门与管线主管部门的配合情况等。特别要了解地下电缆的分布走向，以免发生事故。

6. 定点、放线的依据

要了解测定标高的水准基点和测定平面位置的导线点，并以此作为定点、放线依据。如果不具备上述条件，则须和设计单位研究，确定一些固定的地上物，作为定点、放线依据。

7. 工程材料来源

各项施工材料的来源渠道，其中最主要的是树苗的出圃地点、时间和质量、规格要求。

8. 机械和运输条件

主要搞清有关部门所能担负的机械、运输车辆的供应条件。

（二）现场踏勘

当了解施工概况之后，施工人员还必须亲赴现场，做细致的现场踏勘工作，搞清以下情况：

1. 施工现场的土质情况，确定是否须更换土，估算客土量及客土来源。

2. 交通状况，现场内外能否便利机械车辆出入通行，如果交通不便，还要考虑如何开通交通路线。

3. 水源、电源情况。

4. 各种地上物情况，如房屋、树木、农田设施、市政设施等，以及怎样办理拆迁手续与处理。

5. 如何安排施工期间必需的生活设施，如食堂、宿舍、厕所等。

（三）编制施工组织设计

所谓“施工组织设计”就是对工程任务的全面计划安排，其内容如下：

1. 施工组织

指挥部以及下设的职能部门，如：生产指挥、技术指挥、劳动工资、后勤供应、政工、安全、质量检验等。

2. 确定施工程序并安排具体的进度计划

项目比较复杂的绿化工程，最理想的施工程序是：征收土地→拆迁→整理地形→安装给、排水管线→修建园林建筑→铺设道路、广场→种植树木→铺栽草坪→布置花坛。如有需用吊车的大树移植任务，则应在铺设道路、广场以前，将大树栽好，以免移植过程中损伤路面。在许多情况下，不可能完全按照上述程序施工，但必须注意，使前、后工程项目不致互相影响。

3. 安排劳动计划

根据工程任务量和劳动定额，计算出每道工序所需用的劳力和总劳力。根据劳力计划，确定劳力的来源和使用时间，以及具体的劳动组织形式。

4. 安排材料、工具供应计划

根据工程进度的需要，提出苗木、工具、材料的供应计划，包括用量、规格、型号、使用进度等。

5. 机械运输计划

根据工程需要提出所需用的机械、车辆，要说明所需机械、车辆的型号、日用台班数及具体日期。

6. 制定技术措施和要求

按照工程任务的具体要求和现场情况，制定具体的技术措施和质量、安全要求等。

7. 绘制平面图

对于比较复杂的工程，必要时还应在编制施工组织设计的同时，附绘施工组织设计现场平面位置图，图上需标明测量基点、临时工棚、苗木假植点、水源及交通路线等。

8. 制定施工预算

以设计预算为主要依据，根据实际工程情况、质量要求和当时市场价格，编制合理的施工预算，作为工程投资的依据。

9. 技术培训

开工前，应对全部参加施工的劳动人员所具备的技术操作能力进行分析，确定传授施工技术和操作规程的方法，以搞好技术培训。

总之，绿化工程开工之前，合理细致地制定施工组织设计，保证整个工程中每个施工项目相互衔接合理，互不干扰，保证以最短的时间，最少的劳动力，最节省的材料、机械、车辆、投资和最好质量来完成工程任务。

（四）施工现场的准备

清理障碍物是开工前必要的准备工作，其中拆迁是清理施工现场的第一步。具体主要是对施工现场内，有碍施工的市政设施、房屋等进行拆除和迁移。对这些拆迁项目，事先都应调查清楚，作出恰当的处理，然后即可按照设计图纸进行地形整理。一般城市街道绿化的地形要比公园的简单些，主要是与四周的道路、广场的标高合理衔接，使行道树带内排水畅通。如果是采用机械整理地形，还必须搞清是否有地下管线，以免机械施工时损伤管线而造成事故。

八、植树工程的施工工序

(一) 定点、放线

1. 行道树的定点放线

道路两侧成行列式栽植的树木，称行道树。要求栽植位置准确，株行距相等(在国外有用不等距的)。一般是按设计断面定点。在已有道路旁定点以路牙为依据，然后用皮尺、钢尺或测绳定出行位，再按设计定株距，每隔 10 株于株距中间钉一木桩(不是钉在所挖坑穴的位置上)，作为行位控制标记，以确定每株树木坑(穴)位置的依据，然后用白灰点标出单株位置。

由于道路绿化与市政、交通、沿途单位、居民等关系密切，植树位置的确定，除和规定设计部门的配合协商外，在定点后还应请设计人员验点。

2. 公园绿地的定点

自然式树木种植方式，不外乎有两种：一为单株作孤赏树，多在设计图上标有单株的位置。另一种是群植，图上只标明范围，而未明确株位的树丛、片林。其定点、放线方法有以下三种：

(1) 平板仪定点

适用于范围较大，测量基点准确的绿地。

依据基点，将单株位置及片株的范围线，按设计依次定出，并钉木桩标明；桩上应写清树种、株数。注意定点前应先清除障碍。

(2) 网格法

适用于范围大而地势平坦的绿地。

按比例在设计图上和现场分别划出等距离的方格(一般以 20m×20m 最好)。定点时，先在设计图上量好树木对其方格的纵横坐标距离，再按现场放大的比例，定出其相应方格的位置；钉上标以树种、坑(穴)规格的木桩或撒灰线标明。

(3) 交会法

适用于范围较小，现场内建筑物或其他标记与设计图相符的绿地。

以建筑物的两个固定位置为依据，根据设计图上与该两点的距离相交合，定出植树位置。位置确定后必须做明标志。孤立树可钉木桩，写明树种。刨坑(挖穴)规格［坑(穴)号］，树丛要用白灰线划清范围。线圈内钉上木桩，写明树种、数量、坑(穴)号，然后用目测的方法定出单株小点，并用灰点标明。用目测定单株点时，必须注意以下几点：

① 树种、数量要符合设计图。

② 树种位置注意层次，宜中心高、边缘低或呈由高渐低倾斜的林冠线。

③ 树丛内注意配置自然，切忌呆板，尤应避免平均分布、距离相等，邻近的几棵不要定成机械的几何图形或一条直线。

(二) 刨坑(挖穴)

刨坑(挖穴)的质量，对植株以后的生长有很大的影响。除按设计确定位置外，应根据根系或土球大小、土质情况来确定坑(穴)径大小(一般应比规定的根系或土球直径大 20～

30cm)；根据树种根系类别，确定坑(穴)的深浅。坑(穴)或沟槽口径应上下一致，以免植树时根系不能舒展或填土不实。

操作方法有手工操作和机械操作两种：

1. 手工操作

主要工具有锄或锹、十字镐等。具体操作方法：以定点标记为圆心，以规定的坑(穴)径(直径)先在地上划圆，沿圆的四周向下垂直挖掘到规定的深度。然后将坑底挖(刨)松、弄平。栽植裸根苗木的坑(穴)底，挖(刨)松后最好在中央堆个小土丘。以利树根伸展，挖(刨)完后，将定点用的木桩仍放在坑(穴)内，以备散苗时核对。

2. 机械操作

挖坑(穴)机的种类很多，必须选择规格合适的。操作时轴心一定要对准定点位置，挖至规定深度，整平坑底，必要时可加以人工辅助修整。

3. 注意事项，主要有以下几点

(1) 位置要准确。

(2) 规格要适当。

(3) 挖(刨)出的表土与底土应分开堆放于坑(穴)边。因表层土壤有机质含量较高，植树填土时，应先填入坑(穴)下部，底土填于上部和作开堰用。如部分土质不好，应把坏土分开堆放。行道树挖穴(刨坑)时，土应堆于与道路平行的树行两侧，不要堆在行内，以免影响栽树时瞄直的视线。坑穴的上、下口大小应一致。

(4) 在斜坡上挖穴(刨坑)应先将斜坡整成一个小平台，然后在平台上挖穴(刨坑)。坑(穴)的深度以坡的下沿口开始计算。

(5) 在新填土方处刨坑(挖穴)，应将坑(穴)底适当踩实。

(6) 土质不好的，应加大坑(穴)的规格，并将杂物筛出清走；遇石灰渣、炉渣、沥青、混凝土等对树木生长不利的物质，则应将坑(穴)径加大1～2倍，将有害物清运干净，换上好土。

(7) 刨坑(穴)时发现电缆、管道等，应停止操作，及时找有关部门配合解决。

(8) 绿地内挖自然式树木栽植穴时，如果发现有严重影响操作的地下障碍物时，应与设计人员协商，适当改动位置，而行列式树木一般不再移位。

(9) 绿篱等株距很近的可以刨(挖)成沟槽。

(三) 掘苗(起苗)

起掘苗木的质量，直接影响树木栽植的成活和以后的绿化效果，掘苗质量虽与原有苗木的质量有关，但与起掘操作有直接的关系。拙劣的起掘操作，可以使原本优质的苗木，由于伤根过多而降级，甚至不能应用。起(掘)苗质量还与土壤干湿、工具锋利程度有关。此外，起掘苗木还应考虑到如何节约人工、包装材料，减轻运输等经济因素。具体应根据不同树种，采用适合的方法。

1. 掘苗法及适用树种

通常有两种掘苗法：

(1) 露根法(裸根掘苗)：露根法适用处于休眠状态的落叶乔、灌、藤木。此法操作简便，节省人力、运输及包装材料。但由于易损伤多量的须根，掘起后至栽前，多根部裸露，容易失水干燥，根系恢复需时也较长。

(2) 带土球掘苗：将苗木的一定根系范围，连土掘削成球状。用蒲包、草绳或其他软材料包装起出，称为“带土球掘苗”。由于在土球范围内须根未受损伤，并带有部分原有适合生长的土壤，移植过程中水分不易损失，对恢复生长有利。但操作较困难，费工，要耗用包装材料；土球笨重，增加运输负担。一般不采用带土球移植，但目前移植常绿树、竹类和生长季节移植落叶树多不得不用此法。

2. 掘苗前的准备工作

(1) 选好苗木，苗木质量的好坏是影响成活的重要因素之一。提高栽植成活率和以后的效果，移植前必须对苗木进行严格的选择。选苗时，除根据设计所提出的苗木规格、树形等特殊要求外，还要注意选择根系发达、生长健壮、无病虫害、无机械损伤和树形端正的苗木，并用系绳、挂牌等方式，作出明显标记，以免掘错。苗木数量上应多选出一定株数，供备用。

(2) 如果苗木生长地的土壤过于干燥，应提前数天灌水；反之土质过湿时，就提前设法排水，以利于掘时的操作。

(3) 拢冠，对于侧枝低矮的常绿树(如雪松、油松等)、冠丛庞大的灌木，特别是带刺的灌木(如花椒、玫瑰、黄刺玫等)，为方便操作，应先用草绳将其冠捆拢，但应注意松紧适度，不要损伤枝条。拢冠的作业也可与选苗结合进行。

(4) 准备好锋利的起掘苗木工具，带土球掘苗，要准备好合适的蒲包、草绳、塑料布等包装材料。

(5) 试掘，为保证苗木根系规格符合要求，特别是对一些情况不明之地所生长的苗木，在正式掘苗之前，应选数株进行试掘，以便发现问题，采取相应措施。掘苗的根系规格，裸根移落叶灌木，根幅直径可按苗高的 1/3 左右；带土球移植的常绿树，土球直径可按苗木胸(干)径的 6～8 倍左右。

3. 露根移植的手工掘苗法及质量要求

根据树种苗木大小，在规定的根系规格范围之外挖掘。用锋利的掘苗工具，于规格范围之外，绕苗四周垂直挖掘到一定深度并将侧根全部切断，然后于一侧向内深挖和适摇苗木、试找深层粗根，并将底根切断，遇粗根时最好用手锯锯断。然后轻轻放倒苗木并打碎外围土块。总之，掘苗时一定要保护大根不劈裂，并尽量多保留须根。

苗木挖完后应随即装车运走。如一时不能运走可在原坑埋土假植，用湿土将根埋严。如假植时间长，还要根据土壤干燥程度，设法适量灌水，以保护土壤的湿度。

掘出的土不要乱扔，以便掘苗后用原土将掘苗坑(穴)填平。

4. 带土球苗的手工掘苗法及质量要求

(1) 挖掘带土球苗木，其要求是土球规格要符合规定大小，保证土球完好，外表平整平滑；上部大而下略小，形似红星苹果之状；包装严密，草绳紧实不松脱，土球底部要封严不漏土。

(2) 开始挖掘时，以树干为中心，按土球规格大小，划一个正圆圈，标明土球直径的尺寸。为保证起出的土球符合规定大小，一般应稍放大范围进行挖掘。

(3) 先去表土(俗称“起宝盖”)，划定圆圈依据后，先将圆内的表土挖去一层，深度以不伤表层的苗根为度。

(4) 挖去表土后，沿所划圆圈外缘向下垂直挖掘。沟宽以便于操作为度，约宽 50～

80cm，所挖之沟上下宽度要基本一致。随挖随修整土球表面，操作中千万不可踩、撞土球边沿，以免伤损土球。一直挖掘到规定的土球直径深度。

（5）掏底，土球四周修整完好以后，再慢慢由底圈向内掏挖，称“掏底”。直径小于50cm的土球，可以直接将底土掏空，以便将土球抱到坑外包装，而大于50cm的土球，则应将底土中心保留一部分，支住土球，以便在坑内进行包装。

（6）打包之前应将捆包、绕绳用水浸泡潮湿，以增强包装材料的韧性，减少捆扎时引起脆裂和拉断。

① 土球直径在50cm以下者，抱出坑（穴）外打包法，先将一个大小合适的蒲包浸湿摆在坑边，双手抱出土球，轻放于蒲包袋正中。然后用湿草绳以树干为起点纵向捆绕，将包装捆紧。

② 土质松散以及规格较大的土球，应在坑内打包，方法是将两个大小合适的湿蒲包从一边剪开直至蒲包底部中心，用其一兜底，另一盖顶，两个蒲包接合处，捆几道草绳使蒲包固定，然后按规定捆纵向草绳。

③ 草绳捆扎方法

a. 橘子式（图2-2）

(*a*)
实绳表示土球面绳
虚绳表示土球底绳

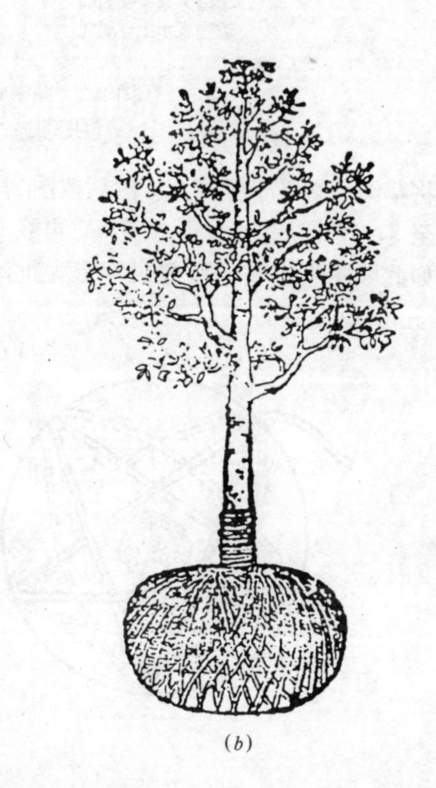

(*b*)

图2-2　橘子式包扎法示意图
(*a*)包扎顺序；(*b*)扎好后的土球

先将草绳一头系在树干（或腰绳）上，呈稍倾斜经土球底沿绕过对面，向上约与球面一半处经树干折回，顺同一方向按一定间隔（疏密视土质而定）缠绕至满球。然后再绕第二遍，与第一遍的每道于肩沿处的草绳整齐相压，至满球后系牢。再于内腰绳的稍下部捆十几道外腰绳，而后将内外腰绳呈锯齿状穿连绑紧。最后在计划将树推倒的方向沿土球外沿挖一道弧形沟，并将树轻轻推倒，这样树干不会碰到穴沿而损伤。壤土和砂土还需用蒲包垫土于球底部，并用草绳与土球底沿纵向绳拴连系牢。

b. 井字(古钱)式(图 2-3)

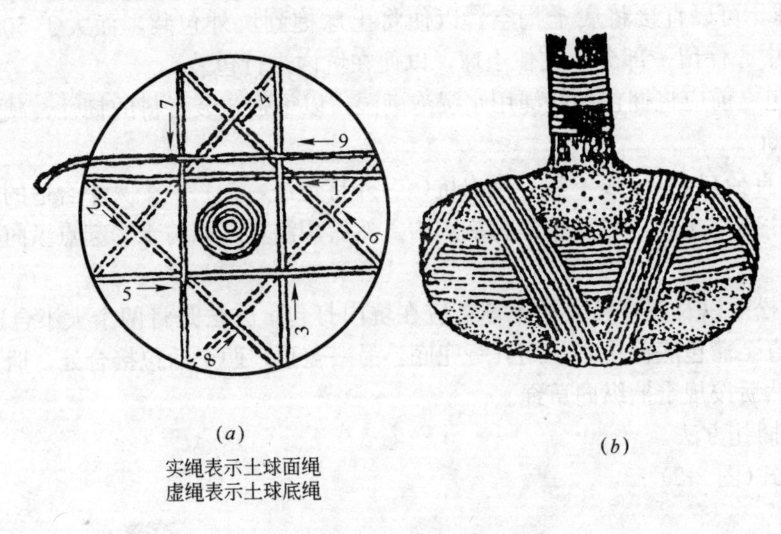

图 2-3　井字式包扎法示意图

(*a*)包扎顺序；(*b*)扎好后的土球

先将草绳一端系于腰箍上，然后按图 2-3(*a*)所示数字顺序，由 1 拉到 2，绕过土球的下面拉至 3，经 4 绕过土球下拉至 5，再经 6 绕过土球下面拉至 7，经 8 与 1 挨紧平行拉扎。按如此顺序包扎满 6～7 道井字形为止，扎成如图 2-3(*b*)所示的状态。

c. 五角式(图 2-4)

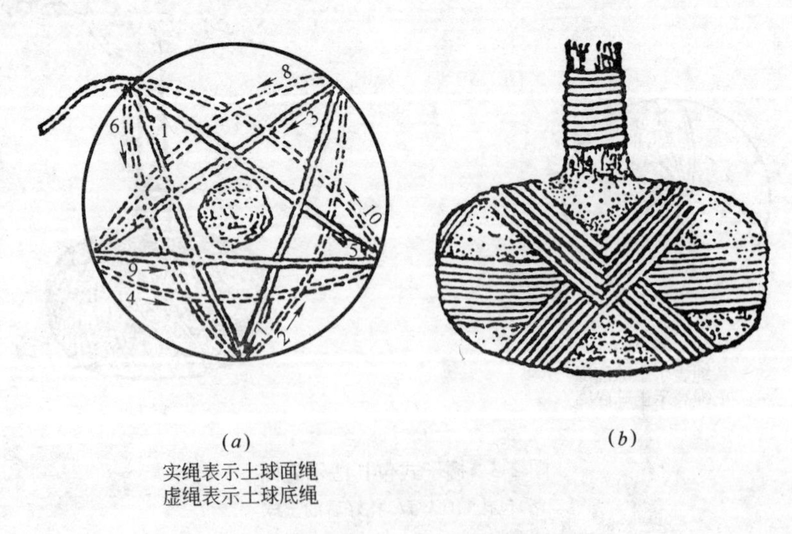

图 2-4　五角式包扎法示意图

(*a*)包扎顺序；(*b*)扎好后的土球

先将草绳的一端系在腰箍上，然后按图所示的数字顺序包扎，先由 1 拉到 2，绕过土球底，经 3 过土球面到 4，绕过土球经 5 拉过土球面到 6，绕过土球底，由 7 过土球面到

8，绕过土球底，由 9 过土球面到 10，绕过土球底回到 1。按如此顺序紧挨平扎 6～7 道五角星形，扎成如图 2-4(*b*)的状态。

井字式和五角式适用于黏性土和运距不远的落叶树或 1t 以下的常绿树，否则宜用橘子式或在橘子式基础上再外加井字式和五角式。

（四）运苗与假植

苗木的运输与假植质量，也是影响植树成活的重要环节，实验证明"随掘、随运、随栽"对植树成活率最有保障。也就是说，苗木从挖掘到栽好，应争取在最短时间内完成。这样可以减少树根在空气中暴露时间，对树木的成活是大有好处的。

1. 装车前的检验

运苗装车前，须仔细核对苗木的种类与品种、规格、质量等；凡不合规格要求的，应向苗圃方面提出，予以更换。

2. 装运露根苗(表 2-2)

对掘起待运苗木质量要求的最低标准　　表 2-2

苗木种类	质量要求
落叶乔木	树干：主干不得过于弯曲，无蛀干害虫。有明显主轴的树种应有中央领导枝 树冠：树冠茂密，各方向枝条分布均匀无侧偏；无严重损伤和病虫害 根系：有良好的须根，大根不得有严重损伤，根际无瘤肿及其他病害，带土球的苗木，土球必须结实，捆绑的草绳不松脱
落叶灌木或丛林	灌木有短主干或丛木有主茎 3～6 个，分布均匀。根际有分枝，无病虫害；须根良好，土球结实；草绳不松脱
常绿树	主干不得弯曲，主干上无蛀干害虫。主轴明显的树种必须有领导干。树冠均匀茂密，有新生枝条，不烧膛 土球结实，草绳不松脱

(1) 装运乔木时，应将树根朝前，树梢向后，顺序安(码)放。

(2) 车后箱板，应铺垫草袋、蒲包等物，以防碰伤树根、干皮。

(3) 树梢不得拖地，必要时要用绳子围拢吊起，捆绳子的地方也要用蒲包垫上，不要使其勒伤树皮。

(4) 装车不得超高，压得不要太紧。

(5) 装完后用苫布将树根盖严、捆好，以防树根失水。

3. 装运带土球苗

(1) 2m 以下的苗木可以立装；2m 以上的苗木必须斜放或平放。土球朝前，树梢向后，并用木架将树冠架稳。

(2) 土球直径大于 20cm 的苗木只装一层，小土球可以码放 2～3 层。土球之间必须安(码)放紧密，以防摇晃。

(3) 土球上不准站人或放置重物。

4. 运输

途中押运人员要和司机配合好，经常检查苫布是否掀起。短途运苗，中途不要休息。长途行车，必要时应洒水淋湿树根，休息时应选择荫凉处停车，防止风吹日晒。

5. 卸车

卸车时要爱护苗木，轻拿轻放。裸根苗要顺序拿放，不准乱抽，更不能整车推下。带土球苗卸车时，不得提拉树干，而应双手抱土球轻轻放下。

较大的土球卸车时，可用一块结实的长木板，从车箱上斜放至地上，将土球推倒在木板上，顺势慢慢滑下，绝不可滚动土球。

6. 假植

苗木运到施工现场后未能及时栽完时，裸根苗应选用湿土将苗根埋严，进行"假植"。

(1) 裸根苗木短期假植法：临时可用苫布或草袋盖严，或在栽植处附近，选择合适地点，先挖一浅横沟，约2～3m长。然后稍斜立一排苗木，紧靠苗根再挖一同样的横沟，并用挖出来的土将第一排树根埋严，挖完后再码一排苗，依次埋根，直至全部苗木假植完。

(2) 植树施工期较长，则应对裸根苗妥善假植。事先在不影响施工的地方，挖好30～40cm深，1.5～2m宽，长度视需要而定的假植沟，将苗木分类排码，树头最好向顺风方向斜放沟中，依次错后安(码)放一层苗木，根部埋一层土。全部假植完毕以后，还要仔细检查，一定要将根部埋严实，不得裸露，若土质干燥还应适量灌水，既要保证树根潮湿，而土质又不可过于泥泞，以免影响以后操作。

(3) 带土球的苗木，运到工地以后，能很快栽完的，可不必假植。如1～2天内不能栽完，应选择不影响施工的地方，将苗木排码(放)整齐，四周培土，树冠之间用草绳围拢，假植时间较长者，土球间隙也应填上土。

假植期间根据需要，应经常给常绿苗木的叶面喷水。

(五) 移栽树木的修剪

1. 修剪的目的

(1) 保持水分代谢的平衡：移植树木，不可避免地要损伤一些树根，为使新植苗能迅速成活和恢复生长，必须对地上部分适当剪去一些枝叶，以减少水分蒸腾，保持上、下部水分代谢的平衡。

(2) 培养树形：这时的修剪，还要注意能使树木长成预想的形态，以符合设计要求。

(3) 减少伤害：剪除带病虫的枝条，可以减少病虫危害。另外疏去一些枝条，可减轻树冠重量，对防止树木倒伏也有一定的作用。这对春季多风沙地区的新植树木尤为重要。

2. 修剪的原则

树木的修剪，一般应遵循原树的基本特点，不可违反其自然生长的规律。

(1) 乔木

① 凡具有明显中央领导干的树种(如法桐、白蜡、杨树等)，应尽量保护或保持中央领导枝的优势。

② 中干不明显的树种(如槐、柳类等)应选择比较直立的枝条代替领导枝直立生长，但必须通过修剪控制与直立枝竞争的侧生枝。并应合理确定分枝点高度，一般要求2～2.5m以上。

行道树的分枝点高度，应基本一致；相邻近植株的分枝点高度应大体相同。

(2) 灌木

一般采用两种方法：一为疏枝，即将枝条于着生基部剪除；另一为剪去枝条先端的一部分，短截。

① 对灌木进行短截修剪，树冠一般应保持内高外低，成半圆型。

② 对灌木进行疏枝修剪，应外密内稀，以利通风透光。

③ 根蘖发达的丛木树种(如黄刺玫、玫瑰、白玉棠、珍珠梅等)，应多疏剪老枝，使其不断更新，旺盛生长。

3. 修剪的方法和要求

(1) 高大乔木应于栽前修剪；小苗、灌木可于栽后修剪。

(2) 落叶乔木疏枝时应与树干平齐，不留残桩，灌木疏剪应与地面平齐。

(3) 短截枝条，应选择在叶芽上方 0.3～0.5cm 的适宜之处。剪口应稍斜向背芽的一面。

(4) 修剪时应先将枯枝、病虫枝、树皮劈裂枝剪去。对过长的徒长枝应加以控制。较大的剪、锯之伤口，应涂抹防腐剂。

(5) 使用枝剪时，必须注意上、下剪口垂直用力，切忌左右扭动剪刀，以免损伤剪口。粗大枝条最好用手锯锯断，然后再修平锯口。

4. 常见树木移植时的修剪方法(以杭州地区为例)

(1) 乔木

① 以疏枝为主，短截为辅者有：白蜡、银杏、山楂、广玉兰、桂花等；

② 以疏枝，短截并重者有：杨树、槐树、栾树、元宝枫、香樟等；

③ 以短截为主者有：柳树、合欢、悬铃木等；

④ 一般不剪者有：楸树、梧桐、臭椿等。

(2) 灌木

① 以疏枝为主，短截为辅者有：黄刺玫、山梅花、太平花、珍珠梅、连翘、玫瑰、小叶女贞等；

② 以短截为主者有：紫荆、月季、蔷薇、白玉棠、木槿、溲疏、锦带花等；

③ 只疏不截者有：丁香。

(六) 栽植

1. 散苗

将树苗按规定(设计图或定点木桩)散放于定植穴(坑)边，称为“散苗”。

(1) 要爱护苗木，轻拿轻放，不得损伤树根、树皮、枝干或土球。

(2) 散苗速度应与栽苗速度相适应：边散边栽、散毕栽完，尽量减少树根暴露时间。

(3) 假植沟内剩余苗木露出的根系，应随时用土埋严。

(4) 用作行道树、绿篱的苗木应事先量好高度将苗木进一步分级，然后散苗，以保证邻近苗木规格大体一致。

(5) 对常绿树，树形最好的一面，应朝向主要的观赏面。

(6) 对有特殊要求的苗木，应按规定对号入座，不要搞错。

(7) 散苗后，要及时用设计图纸详细核对，发现错误立即纠正，以保证植树位置的正确。

2. 栽苗

散苗后将苗木放入坑内扶直，分层填土，提苗至适合程度，捣实(不可伤及根部、也可采用灌水沉实法)固定的过程，称为“栽苗”。

(1) 栽苗的操作方法

① 露根乔木大苗的栽植法

一人将树苗放入坑中扶直，另一人用坑边好的表土填入，至一半时，将苗木轻轻提起，使根颈部位置与地表相平，使根自然地向下呈舒展状态，然后用木棒夯实，继续填土，直到比穴(坑)边稍高一些，再用力捣实一次。最后用土在坑的外缘做好灌水堰。

② 带土球苗的栽植法

栽植土球苗，须先量好坑的深度与土球高度是否一致，如有差别应及时挖深或填上，绝不可盲目入坑，造成来回搬动土球。土球入坑后应先在土球底部四周垫少量土，将土球固定，注意使树干直立。然后将包装材料剪开，并尽量取出(易腐烂之包装物可以不取)。随即填入好的表土至坑的一半，用木棍于土地四周夯实，再继续用土填满穴(坑)并夯实，注意夯实时不要砸碎土球。最后开堰。

(2) 栽苗的注意事项和要求

① 平面位置和高程必须符合设计规定。

② 树身上、下应垂直。如果树干有弯曲，其弯向应朝当地风方向。行列式栽植必须保持横平竖直，左右相差最多不超过树干一半。

③ 栽植深度，裸根乔木苗，应较原根颈土痕深 5～10cm；灌木应与原土痕齐；带土球苗木比土球顶部深 2～3cm。

④ 行列式植树，应事先栽好“标杆树”。方法是：每隔 20 株左右，用皮尺量好位置，先栽好一株，然后以这些标杆树为瞄准依据，全面开展栽植工作。

⑤ 灌水堰筑完后，将捆拢树冠的草绳解开取下，使枝条舒展。

(七) 栽植后的养护管理

1. 立支柱

较大苗木为了防止被风吹倒，应立支柱支撑；多风地区尤应注意，沿海多台风地区，往往需埋水泥预制柱以固定高大乔木。

(1) 单支柱：用固定的木棍或竹竿，斜立于下风方向，深埋入土 30cm。支柱与树干之间用草绳隔开，并将两者捆紧。

(2) 双支柱：用两根木棍在树干两侧，垂直钉入土中。支柱顶部捆一横档，先用草绳将树干与横档隔开以防擦伤树皮，然后用绳将树干与横档捆紧。

行道树立支柱，应注意不影响交通，一般不用斜支法，常用双支柱、三脚撑或定型四脚撑。

2. 灌水

水是保证树木成活的关键，栽植以后应立即灌水，栽后干旱季节必须经一定间隔连灌 3 次水，这对冬春比较干旱的西南、西北、华北等地区的春植树木，尤为重要。

(1) 开堰：苗木栽好后，先用土在原树坑的外缘培起高约 1.5cm 左右圆形地堰，并用铁锹等将土拍打牢固，以防漏水。栽植密度较大的树丛，可开成片堰。

(2) 灌水：苗木栽好后，无雨天气在 24 小时之内，必须灌上第一遍水。水要浇透，使土壤充分吸收水分，有利土壤与根系紧密结合，这样才有利成活。北方干旱地区无雨季节苗木栽植后 10 天内，必须连灌 3 遍水。

苗木栽植后，每株每次灌水水量因地区、季节、天气状况差异而不同。

3. 扶直封堰

(1) 扶直：浇第一遍水渗入后的次日，应检查树苗是否有倒、歪现象，发现后应及时扶直，并用细土将堰内缝隙填严，将苗木固定好。

(2) 中耕：水分渗透后，用小锄或铁耙等工具，将土堰内的土表锄松，称“中耕”。中耕可以切断土壤的毛细管，减少水分蒸发，有利保墒。植树后浇三水之间，都应中耕一次。

(3) 封堰：浇第三遍水并待水分渗入后，用细土将灌水堰内填平，使封堰土堆稍高于地面。土中如果含有砖石杂质等物，应挑拣出来，以免影响下次开堰。华北、西北等地秋季植树，应在树干基部堆成30cm高的土堆，以保持土壤水分，并能保护树根，防止风吹摇动，影响成活。

4. 其他养护管理

(1) 对受伤枝条和栽前修剪不理想的枝条，应进行复剪。

(2) 对绿篱进行造型修剪。

(3) 防治病虫害。

(4) 进行巡查、围护、看管，防止人为破坏。

(5) 清理场地，做到工完场净，文明施工。

(八) 非适宜季节的移植法

在当地适宜季节植树，成活率最有保证。但有时由于有特殊任务或其他工程的影响等客观原因，不能在适宜季节植树，只能在非适宜季节植树，为此必须探讨如何突破季节限制，并保证有较高的成活率，按期完成植树工程任务的移植技术。

1. 常绿针叶树(松、柏等)的移植法

(1) 先于适宜移植的季节(一般在春季)内，将树苗带土球掘好，提前运到工地的假植地区，装入大于土球的筐内，直径超过1m，规格过大的土球，应装入木桶或木箱。其四周培土固定，待有条件施工时立即定植。

(2) 如事先没有掘苗装筐准备时，可配合其他减少蒸腾的措施，直接掘苗运栽，但如果移植时树木正萌发2次梢或为旺盛生长期，则不宜移植。

直接移植时应加快速度，事先做好一切必要的准备工作，有利随掘、随运、随栽，环环扣紧，以缩短施工期限。栽后应及时多次灌水，并经常进行叶面喷水，有条件的，最好还应配合遮荫防晒。入冬，还要采取一些防寒措施，方可保证成活。

2. 落叶树的移植

(1) 预掘

在早春树木休眠期间，预先将苗木带土球掘好，规格可以参照同等干径粗度的常绿树，或稍大一些。草绳、蒲包等包装物应适当加密加厚。

(2) 做假土球

如只能选用苗圃已在秋季裸根掘起的苗木时，应人工另造土球，称“做假土球”或“做假坨”。方法是：在地上挖一圆形穴(坑)，将事先准备好的蒲包平铺于穴(坑)内，然后将树根放置在蒲包上。保持树根舒展，填入细土，分层夯实，注意不可砸伤树根，直至与地面齐平，即可做成椭圆形土球。用草绳在树干基部封口，然后将假坨挖出，捆草绳打包。

(3) 装筐

筐可用紫穗槐条、荆条或竹丝编成，其径股要密，径股紧靠。筐的大小较土球直径，都要高出20～30cm。装筐前先在筐底垫土，然后将土球放于筐的正中，填土夯实，直至距筐沿10cm高时为止，并沿边培土拍实，作为灌水之堰。大规格苗木，最好装木箱或木桶。

(4) 假植

假植地点应选择在地势高燥、排水良好、水源充足、交通便利、距施工现场较近又不影响施工的地方。

选好地址后，先按树种、品种、规格做出假植分区。每区内株距，以当年生新枝互不接触为最低限度，每双行间应留出通行卡车的宽度6～8m。先挖好假植穴(坑)，深度为筐高的1/3，直径以能放入筐为准。放好筐后填土至筐的1/2左右处拍实，最后在筐沿培好灌水堰。

(5) 假植期间的养护管理工作

① 灌水：培土后应连灌三次透水。以后根据情况经常灌水，其原则是既能保证苗木生长正常，又需控制水量，避免生长过旺。

② 修剪：为保证树势均衡，除装筐时应进行稍重于适合栽植期的修剪外，假植期间还应经常修剪，以疏枝为主，严格控制徒长枝，及时去蘖，入秋以后则应经常摘心，使枝条充实。

③ 排水防涝：雨季期间应事先挖好排水沟，随时注意排除积水。

④ 病虫防治：由于假植期间，苗木长势较弱，抵抗病虫的能力较差，加之株行距小，通风透光条件差，容易发生病虫害，应及时防治。

⑤ 施肥：为使假植期间的移植苗能正常生长。可以施用少量的氮素速效肥料(硫铵、尿素、碳铵等)，尽量采用叶面喷肥。

⑥ 装运栽植：一旦施工现场具备了植树施工条件，则应及时定植，其方法与正常植树相同，惟应注意抓紧时间，环环紧扣，以利成活。

具体应于栽前一段时间内，将培土扒开，停止灌水，风干土球表面，使之坚固，以利吊装操作，如筐面筐底已腐烂，可用草绳加固。吊装时在捆吊粗绳的地方加垫木板，以防粗绳勒入土球过深造成散坨。栽时连筐入坑底，凡能取出的包装物，应尽量取出，及时填土夯实。并及时多次灌水，酌情施肥，加强养护管理措施。有条件的还应适当遮荫，以利其迅速恢复生长，及早发挥绿化效果。

九、道路绿化与有关设施

(一) 道路绿化与架空线

1. 在分车绿带和行道树绿带上方不宜设置架空线。必须设置时，应保证架空线下有不小于9m的树木生长空间。架空线下配置的乔木应选择开放形树冠或耐修剪的树种。

2. 树木与架空电力线路导线的最小垂直距离应符合表2-3的规定。

树木与架空电力线路导线的最小垂直距离　　表2-3

电压(kV)	1～10	35～110	154～220	330
最小垂直距离(m)	1.5	3.0	3.5	4.5

(二) 道路绿化与地下管线

新建道路或经改建后达到规划红线宽度的道路，其绿化树木与地下管线外缘的最小水平距离宜符合表2-4的规定：行道树绿带下方不得敷设管线。

树木与地下管线外缘最小水平距离　　表2-4

管线名称	距乔木中心距离(m)	距灌木中心距离(m)	管线名称	距乔木中心距离(m)	距灌木中心距离(m)
电力电缆	1.0	1.0	污水管道	1.5	—
电信电缆(直埋)	1.0	1.0	燃气管道	1.2	1.2
电信电缆(管道)	1.5	1.0	热力管道	1.5	1.5
给水管道	1.5	—	排水盲沟	1.0	—
雨水管道	1.5	—			

（三）道路绿化与其他设施

树木与其他设施的最小水平距离应符合表2-5的规定。

树木与其他设施最小水平距离　　表2-5

设施名称	至乔木中心距离(m)	至灌木中心距离(m)	设施名称	至乔木中心距离(m)	至灌木中心距离(m)
低于2m的围墙	1.0	—	电力、电信杆柱	1.5	—
挡土墙	1.0	—	消防龙头	1.5	2.0
路灯杆柱	2.0	—	测量水准点	2.0	2.0

第三节　大树移植

我国用移植大树(指成年树)绿化城市的做法始于20世纪50年代，尤其是北京市在十年大庆(1959年)期间，曾大规模地进行过大树移植，并取得了成功。近年来，随着城市建设的发展和绿化施工水平的提高，大树移植在大中城市中已被广泛采用，许多城市的道路、广场绿地、公园、公共建筑和单位的庭园，都移植了多种规格相当大的树木，积累了不少经验。许多大树的移植成活率，都达到甚至超过95%。因此，大树移植成为加速绿化、美化城市的一个重要途径。

保证大树移植成活的技术要点是什么？在树木生命周期中已讲过，根系也有随年龄增长进行离心生长，同时吸收根呈离心死亡，而后向心更新的生长规律。因此，大树在可能运输的最大土团范围内，吸收根是不多的。为迅速见效和保持优美姿态，对树冠一般也不采取过重修剪，为保持地下部与地上部水分代谢的平衡，必须采取“断根缩坨”的措施。“断根缩坨”(也称回根法，古称盘根法)：应根据树种习性和生长状况判断成活难易，分1～3年于东、西、南、北四面一定范围开沟断根，每年只断全周1/3～1/2，断根范围一般以干周或干径的3～4倍作半径，成方或圆，向外开一宽20～40cm的沟，深度约50～70cm(视根的深浅而定)，最好只切断较细的根，留1cm以上的粗根(于土球壁处)，行环状剥皮，宽约19cm，涂抹约0.001%生长素(2.4-D或萘乙酸)，埋入肥沃表土，并灌水，促发新根。为防风吹倒，应立支柱。

扩坨起树：经1～3年，连续每年一次断根缩坨后，最后起大树。起时土坨(团)大小应比断根坨向外放宽10～20cm，因新根在这一范围内发生较多。对珍贵或衰弱的树，在修好土团后马上涂抹掺有上述浓度生长素的泥浆。

减少蒸腾：对落叶树应根据情况对树冠进行修剪；对常绿阔叶树也可适当修剪。但对常绿针叶树，因无潜芽可萌，只可适当疏枝、疏叶；对某些珍贵树种，也可通过对枝叶喷蜡来减少蒸腾。

一、带土球移植法

移植规格较大，即胸径一般在10～15cm之间的带土球树木，可用蒲包、草绳、塑料布等软质材料包装。此法比方木箱包装操作方法要简单一些，但假植时间不宜过长，最好随掘随栽，其操作方法如下：

（一）掘苗的准备工作

掘苗的准备工作与方木箱的移植准备工作相似。

（二）掘苗

1. 土球规格　挖掘土球直径的大小，一般应是树木胸径(距地面1.3m处)的6～8倍。

2. 支撑　掘苗前，用竹竿于树木分枝点以上，将苗木支撑牢固，以确保树木和操作人员的安全。

3. 划圈线　掘苗前以树干为中心，按规定之直径尺寸在地上划出圆圈，以圈线为掘苗之依据，沿线的外缘挖掘土球。

4. 掘苗　沟宽应能容纳一个人操作，一般沟宽60～80cm，垂直挖掘一直挖到规定土球高度为止。

5. 修坨　掘到规定深度后。用铁锹将土球表面修平，使上大下小，肩部圆滑，呈红星苹果型。修坨时如遇粗根，要用手锯或枝剪截断，切不可用铁锹硬铲而造成散坨。

6. 收底　自土球肩部向下修坨到一半的时候，就要逐步向内缩小，直到规定的土球高度，土球底的直径一般应是土球上部直径的1/3左右。

7. 缠腰绳　捆包土球所用之草绳，应预先浸湿，以免多次拉断，干后还能增强收紧强度。土球修好后应及时用草绳将土球腰部系紧，叫“缠腰绳”。操作方法是：一个人将草绳绕土球腰部拉紧，同时由另一个人随时用木锤或砖头敲打草绳，使草绳收得更紧，略嵌入土球。缠绕腰绳每圈应紧靠，宽度达20cm左右即可。

8. 开底沟　围好腰绳以后，应在土球底部向内刨挖一圈底沟，宽度在5～86cm左右。以便打包时，草绳兜绕底沿，不易松脱。

9. 修宝盖　围好腰绳以后。还须将土球顶部表面修整好，称“修宝盖”。操作方法是用铁锹将上表面修整圆滑，注意土球表近树干中间部分应稍高于四周，逐渐向外倾斜，肩部要修得圆滑，不可有棱角。这样在捆草绳时才能捆得结实，不致松散。

10. 打包　用蒲包、草绳等材料，将土球包装起来，称“打包”。这是掘苗后质量保障的最重要工序，操作方法如下：

(1) 用蒲包或塑料布等，将土球表面盖严不留缝隙。并用草绳和细麻绳稍加围拢，使蒲包固定。

(2) 以树干为起点，先用双股湿草绳拴系在树干上，然后稍倾斜绕过土球底沿，缠至土球上面近半圆处，经主干折回按顺时针方向呈一定间隔，一边绕拉草绳，一边用木锤或砖头顺序敲打草绳，使嵌拉得更紧些。每圈都应绕经树干基部，注意每道绳间相隔保持8cm左右，土质松散的还可以再密一些。捆绑时注意应将草绳理顺。不可使两根草绳互拧，经土球底沿时也应排均理顺，稍向内绕，以防草绳脱落。

(3) 纵向草绳捆好后，再在内腰绳稍下部，横捆十几道草绳。捆完后，还要用草绳将内外两股腰绳与纵向草绳穿连起来绑紧。

11. 封底　打完包以后，应在计划推倒树的方向，沿土球外沿挖一道弧形沟，然后轻轻将树推倒。这样可使树斜倒而不会碰穴沿损伤树干。用蒲包将土球底部挡严，并另用草绳与土球上纵向草绳串联、系牢。至此全部掘苗工序告终。

上述掘苗方法是以北京地区为例编写的。我国地域辽阔，各地自然条件差别很大，施工力量和操作习惯也不完全相同。植树季节空气湿度大的地区(如广州、厦门等地)，当地栽植土球适当缩小，也能成活，但运往旱地，往往不易栽活。因此土球大小，应以栽植地区而定。在一些土壤黏重的地区，往往不用蒲包，而只用草绳打包即可，甚至规格很大的树。在北京地区须用木箱包装，如用粗草绳或麻绳直接打包，效果也很好。南京地区，直接用草绳打包的方法很多，如有古钱式和五角式包装法(详见第二节植树工程)。

(三) 吊装运输

1. 吊装运输前要做好准备工作，主要有：

(1) 备好符合要求的吊车、卡车。

(2) 备好捆吊土球的长粗绳，并检查其牢固性，不牢固的绳索绝不可用。

(3) 备好防起吊绳索勒坏土球的隔垫木板、蒲包等。

(4) 起吊土球的粗绳，应先对折起来，对折处留 1m 左右打牢结，备用。

(5) 备些围拢树冠的蒲包、草绳、草袋等。

2. 一般带大土球的树木，要用吊车装车，并用载重 3t 以上的卡车运输。吊装前，用事先打好结的粗绳(最好不用钢丝绳，因钢丝绳既硬又细，容易勒伤土球)，将两股分开，捆在土球腰下部(约由上向下 3/5 处)。与土球接触的地方垫以木板，然后将粗绳两端扣在吊钩上，轻轻起吊一下。此时树身倾斜，马上用粗绳在树干基部拴系一绳套(称“脖绳”)，也扣在吊钩上，即可起吊装车。

3. 装车时必须土球向前，树梢向后，轻轻放在车厢内。用砖头或木块将土球支稳，并用粗绳将土球与车身牢牢捆紧，防止土球摇晃。

4. 对于树冠较大的苗木，应用细小的绳将树冠轻轻围拢，绳下垫上蒲包等物，以防止磨伤树的枝叶。

5. 运输途中要有专人负责押运，并与司机配合、保证行车安全。

6. 运到终点后，要向负责栽植施工人员交待清楚，有编号的苗木要保证苗木对号入座，避免重复搬运损伤树木。

(四) 卸车

1. 苗木运到施工现场后，要立即卸车。其方法大体与起吊装车时相同。

2. 卸车后，如不能立即栽植，应将苗木立直、支稳，决不可将苗木斜放或平倒在地。

(五) 假植

1. 苗木运来后，如短期内不能栽植者，则应假植。假植场地要计划好，要求交通方便，水源充足，地势高燥不积水，距施工现场较近，并选能够容纳全部需假植树木的地方。

2. 假植树木量较多时，应按树种、规格分门别类，集中排放，便于假植期间养护管理和日后运输。

3. 较大树木假植时，可以双行成一排，株距以树冠侧枝互不干扰为准，排间距保持在6～8m间，以便通行运输车辆。

4. 树木安排好后，在土球下部培土，至土球高度的1/3处左右，并用铁锹拍实；切不可将土球全部埋严，以防包装材料腐朽。必要时应立支柱，防止树身倒歪，造成树木损伤。

5. 假植期间要加强养护管理，最重要的措施是：

(1) 围护看管，防止人为破坏。

(2) 保持土球和叶面潮润，使树木假植期间树体水分代谢平衡；根据气候决定喷水，晴天每日约2～3次。

(3) 因假植树木密度大，通风透光条件不好，必须注意防治病虫害。

(4) 随时检查土球包装材料情况，发现已腐朽损坏的要及时修整，必要时应重新打包。有条件的最好装筐假植。

(5) 一旦施工现场有栽植条件，则应立即栽植。

6. 栽植

(1) 栽植前应根据设计要求定好位置，测定标高，编好树号，以便栽时对号入座，准确无误。

(2) 挖穴(刨坑)，树穴(坑)的规格应比土球的规格大些；一般以土球直径加大40cm左右，深度20cm左右；土质不好的则更应加大坑的规格，并更换适于树木生长的好土。

如果需要施用底肥，事先应准备好优质腐熟有机肥料，并和回填的土壤搅拌均匀，随栽填土时施入穴底和土球外围。

(3) 吊装入穴前，要按计划将树冠生长最丰满、完好的一面朝向主要观赏方向。吊装入穴(坑)时，粗绳的捆绑方法同前。但在吊起时应尽量保持树身直立。入穴(坑)时还要有人用木棍轻撬土球，使树立直。土球上表应与地表标高平，防止栽植过深或过浅，对树木生长不利。

(4) 树木入坑放稳后，应先用支柱将树身支稳，再拆包填土。填土时，尽量将包装材料取出、实在不好取出者可将包装材料压入坑底。如发现土球松散，则千万不可松解腰绳和下部的包装材料，但土球上半部的蒲包、草绳必须解开取出坑外，否则会影响所浇水分的渗入。

(5) 树放稳后应分层填土，分层夯实，操作时注意保护土球，以免损伤。

(6) 在穴(坑)的外缘用细土培筑一道30cm左右高的灌水堰，并用铁锹拍实，以便栽后能及时灌水。第一次灌水量不要太大，起到压实土壤的作用即可；第二次水量要足；第三次灌水后可以培土封堰。以后视需要再灌，为促使移栽大树发根复壮，可在第二次灌水时加入0.2‰的生根剂促使新根萌发。每次灌水时都要仔细检查，发现塌陷漏水现象，则应填土堵严漏沿，并将所漏水量补足。

二、大树裸根移植法

对于大规格的落叶乔、灌木，在落叶以后，至发芽以前这一休眠时期，完全可以裸根移植。其成本远低于带土移植，操作方法也简便易行。惟冬季大地封冻期间不宜进行。当地裸根移植落叶乔木规格多在胸径10～20cm左右。易成活的树种，规格也可以增大。北京地区曾裸根移植干径40～50cm的大国槐树，效果也很好。

（一）掘苗

1. 落叶乔木所掘根系直径一般是胸径的 8～10 倍。

2. 掘苗前应对树冠进行重剪。特别是对一些容易萌芽的树种，如悬铃木、槐、柳树、元宝枫等，甚至可以在定出一定的留干高度和一定的主枝后，将其上部全部剪去，称“抹头”。修剪时注意不要造成下部枝干劈裂。

3. 挖掘时，沿规定根幅外圈垂直向下挖掘。操作沟宽 60～80cm，以能容纳一个人在内操作为度。按规定规格挖至一定深度。挖掘过程中遇粗根时最好用手锯锯断，不可用铁锹硬铲造成劈裂等损伤。

4. 当全部侧根切断后，于一侧再深挖，轻摇树干，探明深层大根、主根部位，并切断，再将树身推倒切断。然后轻轻将根部土壤拍打抖落，如土质较硬，则要用尖镐顺着树根轻轻敲挖掉，但不可挖伤根皮和细小的须根。

（二）运输

1. 装车时要轻抬轻放，不可碰伤树根和擦伤树皮。树根应朝前，树梢向后。重量过大的，则须用吊车装卸。

2. 树木与车厢、绳索或其他硬物接触之处，应铺垫草袋、蒲包等物加以保护。

3. 如远途运输，应用苫布将树根盖严，以防风吹日晒，影响成活。必要时，途中应对根部喷水，保持树根潮湿。

4. 树木运到施工现场后，应按每株顺序轻轻卸车，决不准一推而下，损伤树木。

（三）假植

1. 树木掘起后，如不能及时装运，可在原坑内用土将树根埋严。

2. 树木运到施工现场，最好能立即栽植入坑。如不能立即栽植，则应用湿草袋、湿蒲包等物将根盖严，必要时还需用泥浆浸根保湿。如果存放日子较长，则须用湿土将树根埋严。

注意：裸根大树决不可长期假植，否则成活率将大大降低。

（四）栽植

1. 事先按设计图纸准确测定栽植位置和标高，按点挖穴(刨坑)。穴(坑)的规格应大于树根，穴(坑)底挖(刨)松、整平，如须换土、施肥，也应一并做好准备。

2. 栽前应检查树根，发现劈裂、损坏之处，应剪除；对树冠也应复剪一次，较大剪口应涂抹防腐剂。

3. 栽植深度，一般应较原土痕深 5cm 左右，分层埋土捣实，填满为止。

4. 较高大的树木，应在下风方向立支柱，支撑牢固，以防大风吹歪树身。

5. 最后用细土培好灌水堰。

（五）栽后的养护管理措施

1. 栽后应连灌三次水。以后视需要灌水并适时中耕，以保成活。

2. 修剪。发芽后注意选择有用的枝梢培养树形，以发挥更大的绿化效果。

3. 看管围护。新植裸根大树，必须注意防止人为破坏，一定要加强看管或采取围护措施。

4. 其他养护措施。如病虫害防治等，要求根据需要及时安排，以保证树木的成活和正常生长。

三、大树其他移植方法

大树除以上移植方法外，现在国内外尚有很多其他移植的好方法，可以根据条件，在施工中酌情采用。同时，还可以创造新的移植技术，以便进一步提高我国大树移植的技术。

(一) 大树移植机移植法

目前，在国内外已有使用带土球大树移植机的做法。其挖(刨)坑(穴)掘树部件主要是由 4 个匙状铲所组成，附于卡车或拖拉机后部。可事先在栽植地点挖好植树坑，然后将坑土运到掘苗地点，以便掘苗后回填空穴(坑)。起树前，把有碍操作的干基枝条锯除；松散树冠用草绳捆拢。其掘树操作程序有以下几个步骤：

1. 先将移植机停于要掘起的树旁，匙状铲对准树干中心部位置；
2. 启动开关，使 4 个匙状铲均匀的围住树干中心；
3. 使两对匙状铲分别插入地下最深部位；
4. 提起匙状铲，将树木收放在车身上。

1979 年美国大约翰移植机曾在北京进行过大树移植表演。据其资料介绍，这种移植机的主要工作参数为：

(1) 移植树木的最大胸径：25.4cm；
(2) 树的最高高度：视交通条件；
(3) 移植机的装配重量：5221kg；
(4) 收合运送时高度：407.7cm；
(5) 收合运送时宽度：242cm；
(6) 土球直径：198.1cm；
(7) 土球深度：144.8cm。

(二) 冻土(冰)球移植法

我国华北以北地区，冬季气候严寒，土壤封冻较深，可以利用冻土期挖掘冻土球移植，并利用冻结河道和雪地滑动运输，此法可以免去包装材料和大型机械运输，大大节省开支。

第四节　花坛施工和花卉种植

布置花坛是城市园林建设的重要组成部分，随着城市建设的发展及人们物质、文化生活水平的提高，对这方面的要求也必将不断提高。尤其在盛大节日期间，在街头巷尾、公园绿地以及机关单位的庭院之中，用各色各样的鲜花布置多种形式的花坛，万紫千红、花团锦簇，更能增添喜庆气氛。

花坛的种类和布置形式五花八门、丰富多彩。这里，我们将以花卉为主要植物材料，集中布置成以观赏为主要目的的园林设施，统称之为“花坛”。

花坛的布置，即花坛的施工方法，因需要和条件等因素，也相当丰富多样、有简有繁。简单的可以用种子直播，或定植一些管理粗放的宿根花卉，任其自由生长，宿根花卉在当地有的可能冬季要掘起收藏越冬，有的冬季也不必掘起，来年仍能自长开花。

另有用砖、木等材料，构筑成造型美丽的花篮、花瓶等式样，栽上适当的花卉。或以花卉为主，配置一些有故事内容的工艺美术品，如“天女散花”、“二龙戏珠”等，这种形式的花坛，习称为立体花坛。

布置花坛，是一项要求较高的绿化施工项目，要使花坛发挥良好的美化效果，必须做到：

（一）设计既艺术又科学

设计花坛时，要考虑花坛的形式、大小，与周围环境相协调统一，而且还应留出足够的观赏视距；选用的花卉种类、规格、花色等搭配要合理。花坛必须符合不同花卉种类的生长规律。只有这样，才能保证当时效果好，而且生长一段时期之后，效果更好。

（二）保证施工质量

花坛施工，一定要严格遵照设计规格，必须准确，图案线条必须清楚，栽花时必须保证质量。

（三）养护管理要精心、细致

花坛的养护管理工作，要非常精心细致，不可粗心马虎。否则不但不能发挥应有的观赏效果，甚至还可能成为园林中的败景。大部分花坛，主要是用草花，一般都很娇嫩，因此，必须及时浇水、施肥、修剪、除虫、除去残株及枯黄枝叶，还要加强维护看管，才能保证效果良好和观赏期的延长。

（四）后备应雄厚

布置花坛，特别是移苗布置花坛，是一项各方面花费人力、物力、财力较多的工作。就花卉来说，要求有充足的花卉材料来源，还要有足够的替换花苗，一旦有死亡残株，就须及时更换。因此，在做花坛设计时，就应计划好这方面的问题，特别是一些机关单位，更应量力而行；否则捉襟见肘，难于应付，就会十分被动。

布置花坛的时间，我国一般都以几个重大节日为重点，即在“五·一”劳动节，“七·一”党的生日以及“十·一”国庆节时进行。从季节上看正好是春、夏、秋三季，只要事先培育出适当的花卉，就可以保证花坛的用苗。在温带地区，一般“五·一”花坛所用的，多是越冬的一、二年生花卉或温室培养的花卉；“七·一”多用夏季开花的花草和一些木本花卉；“十·一”则可用秋季开花的草花和一些观花、观果、观叶、具有浓香的花卉，若布置模纹花坛，准备各种五色草是必不可少的。

一、平面花坛的施工

所谓“平面花坛”，系指从表面观赏其图案与花色者。花坛本身除呈简单的几何形式外，一般不修饰成具体的形体。这种花坛，园林中最为常见。

（一）整地

栽培花卉的土壤，必须深厚、肥沃、疏松。所以，开辟花坛之前，一定要先整地，将土壤深翻40～50cm，挑出草根、石头及其他杂物。如果栽植深根性花木，还要翻得更深一些；如土质很坏，则应全都换成好土。根据需要，施加适量肥性平和、肥效长久、经充分腐熟的有机肥作底肥。

平面花坛的表面，不一定呈水平状；花坛用地应处理成一定的坡度，为便于观赏和有利排水，可根据花坛所在位置，决定坡的形状，若从四面观赏，可处理成尖顶状、台阶状、圆丘状等形式；如果只单面观赏，则可处理成一面坡的形式。

花坛的地面，应高出所在地平面，尤其是四周地势较低之处，更应该如此。同时，应作边界，以固定土壤，成为最简易的花坛镶边，用砖埋成牙齿状即可；有条件的还可以用水刷石、水磨石、天然石块等修砌。花坛外围，最好立低矮的栏杆围护，以保护花坛免受人为的破坏。但应注意花坛镶边和围护都应与花坛本身和四周环境相协调，既不可过于简单、粗陋、破坏景观，又不能过于复杂、华丽而喧宾夺主。

（二）定点、放线

栽花前，按照设计图，先在地面上准确地划出花坛位置和范围的轮廓线，放线方法可灵活多样。现简单介绍几种常用的放线方法。

1. 图案简单的规划式花坛

根据设计图纸，直接用皮尺量好实际距离，并用灰点、灰线做出明显标记，如果花坛面积较大；可用方格法放线，即在设计图纸上画好方格，按比例相应地放大到地面上即可。

2. 模纹花坛

图形整齐、图案复杂、线条规则的花坛，称模纹花坛。布置模纹花坛的材料一般用五色草为主，再配置一些其他花木。

模纹花坛要求图案、线条准确无误，故对放线要求极为严格，可以用较粗的铅丝，按设计图纸的式样，编好图案轮廓模型，检查无误后，在花坛地面上轻轻压出清楚的线条痕迹。

3. 有连续和重复图案的花坛

有些模纹花坛的图案，是互相连续和重复布置的。为保证图案的准确性，可以用较厚的纸张(硬板纸等)，按设计图剪好图案模型，在地面上连续描画出来。

总之，放线方法多种多样，可以根据具体情况灵活采用。此外，放线要考虑先后顺序，避免踩乱已放印好的线条。

（三）栽植

1. 起苗

（1）裸根苗：应随栽随起，尽量保持根系完整。

（2）带土球苗：如果花圃土地干燥，应事先灌水。起苗时要保持土球完整，根系丰满；如果土壤过于松散，可用手轻轻捏实。起苗后，最好于阴凉处囤放一、两天，再运苗栽植。这样，可以保证土壤不松散，又可以缓缓苗，有利于成活。

（3）盆育花苗：栽时最好将盆退去，但应保证盆土不散。也可以连盆栽入花坛。

2. 花苗栽入花坛的基本方式

（1）一般花坛：如果小花苗就具有一定的观赏价值，可以将幼苗直接定植，但应保持合理的株行距；甚至还可以直接在花坛内播花籽，出苗后及时间苗管理。这种方式既省人力、物力，而且也有利于花卉的生长。

（2）重点花坛：一般应事先在花圃内育苗。待花苗基本长成后，于适当时期，选择符合要求的花苗，栽入花坛内。这种方法比较复杂，各方面的花费也较多，但可以及时发挥效果。

宿根花卉和一部分盆花，也可以按上述方法处理。

3. 栽植方法

栽花前几天，花坛内应充分灌水渗透，待土壤干湿合适后，再栽。运来之花苗应存放在荫凉处。带土球的花苗，应保持土球完整；裸根花苗在栽前可将须根切断一些，以促使新根速生，栽植穴(坑)要挖大一些，保证苗根舒展，栽入后用手压实土壤，并随手将余土耙(搂)平。栽好后及时灌水。

用五色草栽植模纹花坛时，应根据圃地记录，将不同品种的五色草区分开。因红草和黑草春季差别很小，要到秋季才能分出各自的颜色，所以特别注意不要弄乱。为使图案线条明显，一般都用白草镶作轮廓线。白草性喜干燥，耐寒性也比较强，所以在栽植白草的地方，最好垫高一些，以免积水受涝。模纹花坛应经常修剪整齐，以提高观赏效果。

4. 栽植顺序

(1) 单个的独立花坛，应由中心向外的顺序退栽。

(2) 一面坡式的花坛，应由上向下栽。

(3) 高、低不同品种的花苗混栽者，应先栽高的，后栽低矮的。

(4) 宿根、球根花卉与一、二年生花混栽者，应先栽宿根花卉，后栽一、二年生草花。

(5) 模纹式花坛，应先栽好图案的各条轮廓线，然后再栽内部填充部分。

(6) 大型花坛，可分区、分块栽植。

5. 栽植距离

花苗的栽植间距，要以植株的高低、分蘖的多少、冠丛的大小而定，以栽后不露地面为原则；也就是说，其距离以相邻的两株(棵)花苗冠丛半径之和来决定。当然，栽植尚未长成的小苗，应留出适当的空间。

模纹式花坛，植株间距应适当小些。

规则式的花坛，花卉植株间最好错开，栽成梅花状(或叫三角形栽植)排列。

6. 栽植的深度

栽植的深度，对花苗的生长发育有很大的影响，栽植过深，花苗根系生长不良，甚至会腐烂死亡；栽植过浅，则不耐干旱，而且容易倒伏，一般栽植深度，以所埋之土刚好与根茎处相齐为最好。球根类花卉的栽植深度，应更加严格掌握，一般覆土厚度应为球根高度的1～2倍。

二、立体花坛的施工

所谓立体花坛，就是用砖、木作结构，将花坛的外型布置成花瓶、花篮及鸟、兽等形状。有些除栽有花卉外，配置一些有故事内容的工艺美术品(如“天女散花”等)所构成的花坛，也属于立体花坛。

(一) 结构造型

立体花坛，一般应有一个特定的外形。为使外形能较长时间的固定，就必须有坚固的结构。外形结构的做法是多样的，可以根据花坛设计图，先用砖堆砌出大体相似的外形，外边包泥，并用蒲包或棕皮将泥土固定，也可先将要制作的形象，用木棍作中柱，固定在地上，再用竹条或铅丝编制外形，外边用蒲包垫好，中心填土夯实。所用土壤中最好加一些碎稻草，为减少土方对四周的压力可在中柱四周砌砖，并间隔放置木板。外形做好后，一定要用蒲包等材料包严，防止漏土。

(二) 栽花

立体花坛的主体植物材料，一般用五色草布置。所栽植的小草由蒲包等材料的缝隙中插进去；插入之前，先用铁钎子钻一小孔，插入时注意穗苗根要舒展。然后用土填严，并用手压实。栽植的顺序一般应由下部开始，顺序向上栽植。栽植密度应稍大一些，为克服植株(茎的背地性所引起的)向上弯曲生长现象，应及时修剪，并经常整理外形。

花瓶式的瓶口或花篮式的篮口，可以布置一些开放的鲜花，立体花坛基座四周，应布置花草或布置成模纹式花坛。

立体花坛布置好后，每天都应喷水，一般一天喷两次；天气炎热，干旱时，应多喷几次。所喷之水，要求水呈雾状，避免冲刷。

三、花坛的养护管理

花坛的艺术效果，取决于设计、花卉品种的选配以及施工的技术水平。但是，能否保证生长健壮、开花繁茂、色彩艳丽，在很大程度上要取决于日常的养护管理。

(一) 浇水

花苗栽好后，在生长过程中要不断浇水，以补充土中水分之不足。浇水的时间、次数、灌水量则应根据气候条件及季节的变化灵活掌握。如有条件还应喷水，特别是对模纹式花坛、立体花坛，要经常进行叶面喷水。由于花苗一般都比较娇嫩，所以喷水时还要注意以下几方面的问题：

1. 每天浇水时间，一般应安排在上午 10 时前或下午 2～4 时以后。如果一天只浇一次，则应安排傍晚前后为宜；忌在中午气温正高、阳光直射的时间浇水，因这时土壤温度高，一浇冷水，土温骤降，对花苗生长不利。

2. 每次浇水量要适度，既不能水过地皮湿，而底层仍然是干的；也不能水量过大，土壤经常过湿，会造成花根腐烂。

3. 水温要适宜。一般春、秋两季水温不能低于 10℃；夏季不能低于 15℃。如果水温太低，则应事先晒水，待水温升高后再浇。

4. 浇水时应控制流量，不可太急，避免冲刷土壤。

(二) 施肥

草花所需要的肥料，主要依靠整地时所施入的基肥。在定植的生长过程中，也可根据需要，进行几次追肥。追肥时，千万注意不要污染花、叶。施肥后应及时浇水。

对球根花卉，不可使用未经充分腐熟的有机肥料，否则会造成球根腐烂。

(三) 中耕除草

花坛内的杂草与花苗争肥、争水，既妨碍花苗的生长，又影响美观。所以，发现杂草就要及时清除。另外，为了保持土壤疏松，有利花苗生长，还应经常中耕、松土。但中耕深度要适当，不要损伤花根，中耕后的杂草及残花、败叶要及时清除掉。

(四) 修剪

为控制花苗的植株高度，促使茎部分蘖，保证花丛茂密、健壮以及保持花坛整洁、美观，应随时清除残花、败叶，经常修剪。

一般草花花坛，在开花时期每周应剪除残花 2～3 次。

模纹花坛，更应经常修剪，以保持图案明显、整齐。

对花坛中的球根类花卉，开花过度应及时剪去花梗，以便消除枯枝残叶，并可促使子球良好发育。

（五）补植

花坛内如果有缺苗现象，应及时补植，以保持花坛内的花苗完美无缺。补植花苗的品种、规格都应和花坛内的花苗一致。

（六）立支柱

生长高大以及花朵较大的植株，为防止倒伏、折断，应设立支柱，将花茎轻轻绑在支柱上。支柱的材料可用细竹竿或定型塑料杆。有些花朵多而大的植株，除立支柱外，还应用铅丝编成花盘将花朵托住。支柱和花盘都不可影响花坛的观瞻，最好涂以绿色。

（七）防治病虫害

花苗生长过程中，要注意及时防治地上和地下的病虫害，由于草花植株娇嫩，所施用的农药，要掌握适当的浓度，避免发生药害。

（八）更换花苗

由于草花生长期短，为了保持花坛经常性的观赏效果，要经常做好更换花苗的工作。

第五节　草坪的施工和养护

各国的现代化城市都非常重视发展草坪、地被植物。凡是土壤裸露的地面，都应通过铺栽草坪等覆盖起来。地面铺上草坪就像盖上一块绿色地毯，茵茵绿草给人以和平、凉爽、亲切、舒适的感觉，对人们的生活环境起到良好的美化作用。同时还可以起到防止水土流失、避免尘土飞扬、保护环境卫生、吸收有害气体、消除大气污染、减少噪声、调节气温、增加空气中的相对湿度、缓和阳光辐射、保护人们的视力等作用。因此，随着我国社会主义建设和城市现代化的发展，大力发展草坪，将成为城市绿化建设中愈来愈重要的组成部分。为此有必要学习草坪的种植施工与养护管理技术。

一、草坪的施工

（一）整地

栽种草坪，必须事先按设计标高，整理好场地，主要操作内容包括挖(刨)松土地、整平、整理、施肥等，必要时还要换土。对于有特殊要求的草坪，如运动场草坪，还应设置排地下水设施。

1. 土壤准备

草坪植物根系分布的深度一般在20～30cm的范围内，如果土质良好，有时草根可以深入地下1m以上。在这种条件下，地下部分自然表现良好。可见深厚、肥沃的土壤对草坪的生长、发育大有好处。所以，种植草坪的土壤，厚度以不少于40cm为宜，并须翻耕疏松，为草坪植物的生长创造良好的生活条件。

对含有砖石等杂质的土壤，虽然对草坪植物生长没有多大影响，但妨碍管理操作。所以应将杂物挑(拣)出来。必要时应将30～40cm厚的表土全部过筛。

碱性土或者含有石灰，以及受过污染等的土壤，有害于草坪生长，则应将40cm厚的表层土，全部刨松运走，另换砂质壤土，以利于草坪植物的生长发育。一般草坪适合在微酸、中性或微碱性土中生长，江南过酸之土应撒施石灰中和。

2. 施底肥

为提高土壤肥力，最好施一些优质有机肥料作基肥。但不要用马粪，因其中含有大量杂草种籽，会造成以后草坪中野草孽生，后患无穷。

施肥量：每亩约可施农家肥 2500～3000kg，或麻渣 1000～1500kg。如须施磷肥可每亩施过磷酸钙 10～15kg。不论施哪种肥料，都应粉碎、撒匀或与土壤搅拌均匀，撒后翻入土中。

3. 防虫

为防治地下害虫，保护孽根，可于施肥的同时，再施以适量农药，必须注意撒施均匀，避免药粉成块状，影响草坪植物成活。

4. 整平

完成以上工作以后，按设计标高将地面整平，并注意保持一定排水坡度(一般采用 0.3%～0.5%的坡度)。场地当中，千万不可出现坑洼之处，以免积水。最后用碾子轻轻碾压一遍。

体育场草坪对于排水的要求更高，除应注意搞好地表排水(坡度一般可采用 0.5%～0.7%)以外，还应设置地下排水系统。有些地段采用盲沟排水法，具体做法是：挖沟 1m 左右，沟宽 1m 左右；沟内自下而上分层填入小卵石、粗砂、细砂，并在细砂上垫 30cm 左右的土。盲沟之间相隔 15m 左右。两端与排水干管相通。

整地质量好坏，是草坪建立成败的关键之一。必须认真对待，绝不可马虎从事。这在过去的实践中是有很多经验教训的。

(二) 种植

1. 播种

利用播种繁殖形成草坪，如北京地区的羊胡子草和结缕草、江南地区的高羊茅草和黑麦草均可用此法。其优点是施工投资最小，从长远看，实生草坪植物的生命力较其他繁殖法要强；缺点是杂草容易侵入，养护管理要求较高，形成草坪的时间比其他方法更长。

(1) 选种：播种用的草籽必须要选用草种正确，发芽率高，不含杂质(特别是绝对不能含野草种籽)。羊胡子草的草籽，最好用隔年的陈籽，结缕草则必须用新种子。

(2) 播种量：播种前必须做发芽试验，以便确定合理的播种量。一般情况下，羊胡子草每亩播种量 5～6kg，结缕草需 14～15kg。

(3) 种子处理：为使草籽发芽快、出苗整齐，播种前应做种子处理。结缕草可用 0.5%NaOH(火碱)溶液浸泡 24 小时，捞出后再用清水冲洗干净，最后将种子放在阴凉、干燥处，晾干外皮，即可播种。羊胡子草籽的处理方法有二：一为流水冲洗 96 小时；一为用 40～50℃的温水浸种，并随时用棍搅拌，水凉后用清水冲洗，以除去种皮外面的蜡质，晾干种皮，即可播种。

(4) 播种时间：主要根据草种与气候条件来决定。播种草籽，自春季至秋季均可进行。冬季不过分寒冷的地区，以早秋播种为最好；此时土温较高，根部发育好，耐寒力强，有利越冬。以北京地区为例，以夏末初秋(8 月下旬～9 月上旬)最适合，此时雨季刚过、土壤墒情较好，气温尚高，有利草籽发芽，而且一般杂草都已发芽，可于播种前清除，以免和草坪竞争；草籽出芽后还有一段生长时间，次年开春就能迅速萌发盖满地面。增强了与野草的竞争能力，可以很快地形成草坪。而其他时间，都有些不易解决的问题：如春季天气干旱，土壤湿度小，气温低，不利草籽发芽，且和野草共生，管理非常费工；而雨季高温多雨虽有利于草籽发芽，但遇暴雨会冲刷草籽造成出苗不匀的现象。播种过晚

(迟于 9 月中旬)，导致生长期太短，不利于越冬，影响来年的生长发育。由于各地气候条件不同，应因地制宜地选择本地区最适宜的播种时间。草坪在冬季越冬有困难的地区，只能采用春播。但春播苗多易直立生长，播种量应稍多些。

(5) 播种方法：一般采用撒播法。先在地上做 3m 宽的条畦，并灌水浸地；水渗透稍干后，用特制的钉耙(耙齿间距 2～3cm)，纵横搂沟，沟深 0.5cm；然后将处理好的草籽掺上 2～3 倍的细砂土，均匀地撒播于沟内。最好是先纵向撒一半，再横向撒另一半，然后用竹扫帚轻扫一遍，将草籽尽量扫入沟内，并用平耙搂平。最好用重 200～300kg 的碾子碾压一遍(潮而黏的土，不宜碾压)。为了使草籽出苗快、生长好，最后在播种的同时混施一些速效化肥。北京地区每平方可施硫胺 25g，过磷酸钙 50g，硫酸钾 12.5g。

(6) 后期管理：播种后应及时喷水，水点要细密、均匀，从上而下慢慢浸透地面。第 1～2 次喷水量不宜太大；喷水后应检查，如发现草籽被冲出时，应及时覆土埋平。两遍水后则应加大水量，经常保持土壤潮湿，喷水不可间断。这样，约经一个多月时间，就可以形成草坪了。此外，还必须注意围护，防止有人践踏，否则会造成出苗严重不齐。

2. 栽植法(或称种草法)

利用裸根栽植草根或草茎(有分节的)的方法，繁殖草坪。此法操作方便，费用较低，节省能耗，管理容易，能迅速形成草坪。

(1) 栽植时间：自春至秋均可进行，为及早形成草坪，一般栽植时间宜早不宜迟。选择草源地：草源地一般是事前建立的草圃，特别是分枝能力不强的草种以保证草源充足供应。在无专用草圃的情况下，也可选择杂草少、生长健的草坪作草源地。草源地的土壤，如果过于干燥，应在掘草前灌水，水渗入深度应在 10cm 以上。

(2) 掘草：掘起匍匐性草根，其根部最好多带一些宿土，掘后及时装车运走。草根堆放要薄，并放在阴凉之地，必要时可以搭棚存放，并经常喷水保持草根潮湿，一般每平方米草源可以栽种草坪 5～8m^2。

掘非匍匐性的羊胡子草，应尽量保持根系完整丰满，不可掘的太浅造成伤根。掘前可将草叶剪短，掘下后可去掉草根上带的土，并将杂草挑净，装入湿蒲包或湿麻袋中，及时运走。如不能立即栽植，也必须铺散存放于阴凉处，并随时喷水养护。此草一般每平方米草源可栽草坪 2m^2。

(3) 栽草：①羊胡子草的栽植方法，将结块草根撕开，剪掉草叶，挑净杂草，将草根均匀的铺撒在整好的地面上，铺撒密度以草根互相搭接，基本盖严地面即可，覆细土将草根埋严，并用 200kg 重的光面碾子碾压一遍。然后及时喷水，水点要细，以免将草根冲露出来。第一次喷水量要小，只起到压土的作用即可，如发现草根被冲出，应及时覆土埋严；以后喷水要勤，保持土壤经常潮湿，以利草根成活生长。这样，一般 2～3 周就可以恢复生长了；②匍匐性草的栽植方法：匍匐性草类，其茎有分节生根的特点，故根、茎均可栽植形成草坪。常用点栽及条栽两种方法：

点栽法：点栽比较均匀，形成草坪迅速，但比较费人工。栽草每两人为一个作业组，一人负责分草并将杂草挑净；一人负责栽草。用花铲挖(刨)穴(坑)，深度和直径均为 5～7cm；株距 15～20cm，按梅花形(三角形)将草根栽入穴内，用细土埋平，用花铲拍紧，并随时顺势搂平地面，最后再碾压一次，及时喷水。北京地区常采用畦灌的方法：事先按地势高低，在合适的地方做好畦埂，高 15cm 左右；经常灌水保持草地潮湿，很快就可以形成草坪。

条栽法：条栽比较节省人力，用草量较少，施工速度也快，但草坪形成时间比点栽的要慢，操作方法很简单，先挖(刨)沟，沟深5～6cm，沟距20～25cm，将草鞭(连根带茎)每2～3根一束，前后搭接埋入沟内，埋土盖严，碾压，灌水。以后要及时挑除野草。北京地区一般需经第二年，草坪才能形成。

3. 铺草块

就是用带土成块移植铺设草坪的方法，此法可带原土块移植，所以形成很快。除冻土期间一年四季均可施工，尤以春、秋两季为好，各草种均适用，缺点是成本高，且容易衰老。

(1) 选择源地：铺草块用的草源地一定要事前准备好。所选的草源地，要交通方便，土质良好，容易挖掘运输，并且杂草要少。掘草前应加强养护管理，如去净杂草、施肥等。草源地与草坪的面积比例一般不足1：1，即$1m^2$草源地尚不能够铺足$1m^2$草坪。所以草源地一定要充足，并留有余地。

(2) 掘草块：在选好的草源地上，事先灌足一次水，待水渗透后便于操作时，人工可用平铣或用带有圆盘刀的拖拉机，将草源地切成纵30cm×横20～25cm的长块状，切口约10cm深，然后用平铣或平铲起出草块即成。注意切口一定要上下垂直，左右水平，这样才能保证草块的质量。草块带土厚度约5～6cm或稍薄些。

(3) 运输及存放草块：草块掘好后，可放在宽20cm×长100cm×厚2cm的木板上；每块木板上放草块2～3层。装车时用木板抬。运至铺草坪现场后，应将草块单层放置，并注意遮阳，经常喷水，保持草块潮湿，并应及时铺栽。

(4) 铺草块：铺草块前，应检查场地是否整平等准备工作情况，必须将一切现场准备工作做完后方可施工。铺草块时，必须掌握好地面标高，最好采用钉桩拉线的方法，作为掌握标高的依据；可每隔10m钉一木桩，用仪器测好标高，做好标记，并在木桩上，拉紧细线绳。铺草时，草块的土面应与线平齐，草块薄时应垫土找平；草块太厚则应适当削薄一些。铺草块应和砌墙一样，使缝隙错落互相连接。草块边要修整齐，相互挤严，外不露缝；草块间填满细土，随时用木板拍实。要求草块与草块、草块与地面紧密连接。应随时检查，一定要保证铺平，否则将来低洼积水，会影响草坪生长。最后用500kg的碾子碾压，并及时喷水养护，约10天左右即可形成。铺草时，发现草块上带有少量杂草的，应立即挑净，如杂草过多，则应淘汰。

二、草坪的养护管理

草坪施工只是草坪建设的第一步，因为施工只用较短时间就可完成任务，而施工过后要使草坪成活、长好，则需日复一日，年复一年，少则几年，长则几十年的养护管理工作。有人认为草坪无非是"草"，只要好一点的生活条件就可以长好。实践证明，这种认识是不对的。要想达到绿草如茵、寸土不露的效果，就必须对草坪进行良好的养护管理。

(一) 草坪养护管理的质量标准

一级：

(1) 覆盖度达95%以上；

(2) 基本无杂草；

(3) 生长茂盛、颜色正常、不枯黄；

(4) 华北地区每年修剪 4 次以上；华东地区需达 8～10 次之多；

(5) 无病虫害。

二级：

(1) 覆盖度达 90%以上；

(2) 基本无杂草；

(3) 生长正常，不枯黄，颜色正常；

(4) 华北地区每年修剪 2 次以上；华东地区应达 6～8 次之多；

(5) 基本无病虫害。

三级：

达不到二级标准的，均属三级。

(二) 浇水

草坪植物一生不能缺水，干旱地区必须经常为草坪补充水分。所以在施工前就应查明和备好水源和适宜的供水设施，最好有人工降雨等喷灌设备。

新植的草坪，除雨季外，每周浇水 2～3 次，水量要足，保证渗入地下 10cm 以上。夏季天气炎热，最好不要在烈日当头的中午浇水，因骤然之间，温差变化太大，影响草坪植物的正常生长。

对于建成年代较长，已经正常生长的草坪，视当地气候状况，最好于每年开春发芽前，和秋草枯黄停长(北方于土地土冻前)时，各浇一次足水。前者称“春水”；后者称“灌冻水”。第二次灌水对次年生长，安全越冬，作用都很大。在草坪生长季节，如遇干旱也要定期灌水。

(三) 施肥

植物需要足够的土壤营养条件，才能保证正常生长发育，城市土壤往往质地很差，尽管施工时有的已经施了些底肥，由于植物每年吸收，肥力会逐渐减退，故应经常补充。有的草坪，种植时未施基肥，则更需施肥，才能保证草坪植物生长茂盛，颜色鲜绿，草坪植物在生长期最需要的是氮肥，其次是磷、钾肥，甚至某些微量元素也很重要。要根据情况，确定肥料种类、施肥量和施肥方法。

1. 施堆肥

(1) 堆肥的制作：用厩肥、人粪尿、树叶、草、壤土或河泥土堆积需经过多次翻捣，使之充分腐熟。注意厩肥不可用马粪；壤土不可用表层土，因它们含杂草种籽过多。施用前，应过一次筛，选用细碎之肥。

(2) 施用时间：从晚秋至早春，整个休眠时期均可使用。

(3) 施肥量：每亩 1000～1500kg。每隔 2～3 年施一次。

(4) 施肥方法：先将草叶剪去(剪下的草叶仍可做堆肥材料)，将肥料均匀的撒施于草坪表面。坑洼处可以用肥料垫平，施肥后喷水压肥。

2. 施化肥

主要在生长季作追肥用。一般施法为喷施(根外追肥)，即将选好的化肥按比例(硫铵 1：20、尿素 1：50)加水稀释，喷洒于叶面，即可起到施肥的作用；也可以将化肥按规定用量加少量细土混合均匀后撒施于草坪上。追施化肥的次数，应灵活掌握，一般每年 2～3 次即可。每次施肥后应适量喷水使其均匀的渗入土中。但水量不宜过大、过猛，造成肥料流失。对刚修复的草坪，一般在剪后一个星期，不能施化肥，否则会使剪口枯黄。

(四) 修剪(滚草)

1. 修剪目的

(1) 通过修剪可以使草坪平坦、低矮，有的还可以剪成美丽的花纹，增加观赏效果。

(2) 促使分蘖，增加草坪的密度。

(3) 通过多次修剪，还可以消灭某些双子叶杂草(不使结籽)，保证草坪的纯度。

2. 剪草工具

最好用剪草机修剪，剪草机有人力的、机动的和电动的，可根据需要和条件选用。小面积草坪也可以用镰刀或绿篱剪修剪，但效果不如剪草机剪的整齐。

3. 修剪次数与剪法

修剪次数，目前尚无统一认识。一般对生长旺盛的草应多剪几次；对生长较弱的草则应少剪。最好是当草坪高度超过 10～15cm 时就应修剪，否则过高剪后会留下黄茬。修剪高度以留茬 4～5cm 为宜，剪草前应先清除草坪中的石块、树枝等杂物，以免损伤剪草机。剪草时间最好是在清晨草叶挺直的时候，中午草叶发蔫很难剪齐。剪草时要按顺序进行，保持草坪的清洁整齐。剪下的草叶要及时清理(可做堆肥用)。北方地区还有在杂草结籽前(“立秋”后的 18 天前)修剪一次的习惯；这样更有利于消灭杂草。因农谚有“立秋十八天，寸草都结籽”一说，此时剪除了杂草结籽部分，自然可以消灭以种子繁殖的杂草。

(五) 除杂草

杂草是草坪的大敌，草坪若管理不善，一经杂草侵入，轻者影响观瞻；重者会造成全部报废。可见消除杂草，是草坪养护管理中极为重要的一项工作，特别是新种植的草坪，除清杂草的工作更为重要。应在杂草还幼小的时候进行认真的消灭，才能收到良好的效果。据试验，北京春季点栽的野牛草草坪，注意及早除杂草的，到秋季覆盖率达 100%，而对照地仅达 5%。

危害草坪的杂草分两大类：一类为单子叶杂草；另一类为双子叶杂草。以其生存年限，又可分为一年生、二年生及多年生杂草。在一年中间，杂草危害以夏季最为严重。

当前我国除杂草，主要靠手工操作，常人工用小刀连根挖出。像江南的香附子等，深根性恶性杂草很难除尽。草坪质量要求高的，如果杂草太多，只好挖除另行重建。由于人力除草太费工，近年试验化学除草。化学除草剂的种类、配方，应根据杂草种类、天气状况、气温高低等因素来决定。

市场上供应的化学除莠剂品种很多，据试验有几种效果较好，简介如下，供参考：

1. 20%二甲本氯乳剂，对双子叶杂草有较强的杀伤力

杀杂草作用，主要是通过茎、叶或草根吸收后，输送到杂草的全身，扰乱其生理机能。典型的受害症状是茎叶扭曲，继而枯亡；同时对杂草的种子发芽也有一定的抑制作用。施用方法，据北京在野牛草草坪上试验，当春季发现出现双子叶杂草时，可喷此药，每平方米施药量为 1～2ml；据杭州市园文局试验，用 750～1000 倍液(随气温高低而定，高时应稀)对香附子也有显著杀伤作用，另试验 2.4-D，用此浓度也可。此药对各种双子叶植物均有害，故千万不可与树木、花卉的枝叶接触。

2. 5%可湿性西马津粉

据北京试验观察，野牛草对西马津有很强的抵抗力，相反，此剂还能延长草坪的绿色时期。西马津杀杂草能力很强，所以是野牛草草坪上除杂的理想除莠剂。

均匀的喷施西马津以后，草坪地面成为一层药膜。杂草种子发芽后，一经吸收药液，传入叶片，杂草就会丧失光合能力，以致不能制造养分，饥饿而死亡。所以说，西马津具有“封地”的作用。

西马津每亩用量150～300g，喷洒要均匀。

3. 25％可湿性扑草醚粉(或乳剂)

据北京试验，在野牛草草坪上，每亩用量1～1.5kg，可以稀释喷洒，也可以混细土均匀撒放于地面。

据杭州市园文局试验，扑草净等其他制剂都有效。还可用混合配方，以2.4-B5份与扑草净2份混合800～1000倍液；或以2.4-D1份与除草醚1份混合360～500倍液，对早熟禾、香附子及部分宽叶杂草，都有明显效果。

总之，应用除莠剂灭草坪中的杂草，是一重要途径，还应多方学习，广泛试验加以推广，一切需经小面积试验，然后大面积应用。目前看来，施用除莠剂和关键措施是要求撒布均匀；如果施用不匀，药量少的地方，药力不足，杂草仍能发生；而药力过大之处，甚至会杀死草坪植物。所以在施用时，如果采用喷洒法，应适当加大水量稀释。如果掺细土撒施(毒土)则应加大掺土量。在夏秋高温季节施用，只要进行2～3次化学除草，即可基本控制杂草的蔓延。具体施用时间，应选晴朗无大风天，每天9时后至下午4时前为宜。雨季只要24小时内不下雨，就可喷施，施药应及时，一般对杂草幼苗期作用大，宜及时施用。除草剂对各种植物均有害，故应避免与树木、花卉接触；对人、畜也有毒，要注意安全。还要做到药、机专用，专库保管。喷洒药剂时，为避免药液沉淀，应随时搅拌。只要不断总结提高，草坪化学除莠定会很快发展。

(六) 养护

由于我国人口多、草坪少，草坪大家都很喜欢，但养护管理较差。因此，保护草坪，防止践踏，是草坪养护管理中一项极为重要的工作。经常性的践踏，会使草坪生长不良，成片死亡，严重影响覆盖度，外观呈黄斑虎皮状，影响美观。即使是比较耐践踏的草种，也不能长期忍受反复践踏，所以应加强管理。人多的地方，在非开放期，草地边上应设栏杆，内拉网绳加以围护；新植草坪及不耐踏的草坪(如羊胡子草坪)，绝对不准游人进入。

(七) 草坪的更新复壮

草本植物的生命期限终究是比较短促的，若要尽量延长草坪的使用年限，就有一个更新复壮的问题。因此必须采取必要的技术措施，尽量延长草坪植物的生命年限，让它们尽量多为城市绿化服务几年。现介绍以下几种更新复壮法：

1. 带状更新法

野牛草、结缕草等具匍匐茎、分节生根的草，可挖除每隔50cm宽一行，并将地面整平，过1～2年就可长满，然后再挖走留下的50cm。这样循环往复，四年就可全面更新一次。

2. 一次更新法

发现草坪已经衰老，可以全部挖掘出来，重新栽种，只要加强养护管理。很快就能复壮起来。多余的草根，还可以作为草源地，扩大草坪面积。

3. 断根法

用特制的钉筒(钉长10cm左右)，来回钻扎草坪，将地面扎成小洞，断其老根，洞内施入肥料，促使新根生长；采用滚刀每隔20cm将草坪切一道笼，划断老根，然后施肥，达到更新复壮的目的。

(八) 排水

草坪内不能长时间积水浸泡，雨季一定要注意及时排除积水，在草坪施工的时候就要考虑排水坡度，同时还应随时用细土填平低洼处。

(九) 防治病虫害

草坪植物病虫害一般不多，但有时也可能发生地下虫害和一些其他虫害及病害。如有发现，应对症下药及时除治，避免蔓延危害。

草坪是城市园林绿化建设中不可缺少的一个组成部分，要建设和保持优良的草坪，是一件艰苦的工作，其要求之严，不低于其他园林植物。目前，我们各方面都缺少经验，但只要通过大家的共同努力，一定能够实现城市“泥土不露天”的口号。

第六节　树木的养护管理

一、概述

(一) 养护管理的意义

园林的树木养护管理，在城市绿化建设中占据极其重要的地位。因为园林树木的种植施工和城市绿地的初步建成，毕竟用不了很多时间，而施工以后随之而来的则是经常而长期的养护管理工作。所以，人们形容树木的种植施工与养护管理的关系是：“三分种植，七分养护”。

养护管理严格说来，包括两方面的内容：一是“养护”，根据不同园林树木的生长需要和某些特定的要求，及时对树木采取如施肥、灌水、中耕除草、修剪、防治病虫害等园艺技术措施。另一方面是“管理”，如看管围护、绿地的清扫保洁等园务管理工作。对于城市绿化养护管理工作的要求，北京地区目前执行的一个树木养护质量标准，可供其他地区参考：

1. 一级

(1) 生长势好

生长超过该树种规格的平均年生长量(平均年生长量待调查确定)。

(2) 叶片健壮

① 叶片正常，落叶树，叶大而肥厚；针叶树，针叶生长健壮，在正常的条件下不黄叶、不焦叶、不卷叶、不落叶；叶上无虫粪、虫网、灰尘。

② 被虫咬食叶片最严重的每株在5%以下(包括5%，以下同)。

(3) 枝干健壮

① 无明显枯枝、死杈；枝条粗壮，越冬前新梢已木质化。

② 无蛀干害虫的活卵、活虫。

③ 介壳虫最严重处、主干、主枝上平均每100cm就有1头(活虫)以下(包括1头，以下同)。较细的枝条平均每尺长内在5头活虫以下(包括5头，以下同)，株数都在2%以

下(包括2%，以下同)。

④ 无明显的人为损坏，绿地、草坪内无堆物堆料、搭棚或侵占等；行道树下，距树干1m内无堆物堆料、搭棚、围栏等影响树木养护管理和生长的东西；1m以外如有，则应有保护措施。

⑤ 树冠完整美观，分枝点合适，主、侧枝分布匀称并且数量适宜、内膛不乱、通风透光。绿篱等，应枝条茂密，完满无缺。

(4) 缺株在2%(包括2%，以下同)以下

2. 二级

(1) 生长势正常

生长达到该树种该规格的平均生长量。

(2) 叶片正常

① 叶色、大小、厚薄正常。

② 较严重黄叶、焦叶、卷叶、带虫粪、虫网、蒙灰尘叶的株数在2%以下。

③ 被虫咬食的叶片最严重的每株在10%以下。

(3) 枝、干正常

① 无明显枯枝、死杈。

② 有蛀干害虫的株数在2%以下。

③ 介壳虫最严重处，主干平均每100cm就有2头活虫以下，较细枝条平均每尺长内在10头活虫以下，株数都在4%以下。

④ 无较严重的人为损坏，对轻微或偶尔发生难以控制的人为损坏，能及时发现和处理。绿地、草坪内无堆物堆料、搭棚、侵占等，行道树下距树1m以内，无影响树木养护管理的堆物堆料、搭棚、围栏等。

⑤ 树干基本完整，主侧枝分布匀称，树冠通风透光。

(4) 缺株在4%以下

3. 三级

(1) 生长势基本正常

(2) 叶片基本正常

① 叶色基本正常。

② 严重黄叶、焦叶、卷叶、带虫粪、虫网、灰尘叶的株数在10%以下。

③ 被虫咬食的叶片，最严重的每株在2%以下。

(3) 枝、干基本正常

① 无明显枯枝、死杈。

② 有蛀干害虫的株数在10%以下；

③ 介壳虫最严重处，主枝主干上平均每100cm有3个活虫以下；较细的枝条平均每尺内在15头活虫以下，株数都在6%以下。

④ 对人为损坏能及时进行处理、绿地内无堆料、搭棚侵占等。行道树下无堆放石灰等对树木有烧伤、毒害的物质，无搭棚、围墙、圈占树等。

⑤ 90%以上的树木树冠基本完善、有绿化效果。

(4) 缺株在6%以下

4. 四级

凡符合下列条件，均为四级。

(1) 有一定的绿化效果。

(2) 被严重吃光的树叶(被虫咬食的叶片面积、数量都超过一半)的株数，在2%以下。

(3) 被严重吃光树叶的株数，在10%以下。

(4) 严重焦叶、卷叶、落叶的株数，在2%以下。

(5) 严重焦梢株数，在10%以下。

(6) 有蛀干害虫的株数，在30%以下。

(7) 介壳虫最严重处，主枝主干上平均每100cm有5头害虫以下，较细枝条平均每尺内20头活虫以下，株数都在10%以下。

(8) 缺株在10%以下。

树木养护质量标准分为四级，是根据当前生产管理水平的权宜之计。当然，城市绿化树木的养护管理水平都应达到一级标准，这个目标应是城市绿化养护管理的奋斗目标。

二、灌水与排水

所有树木在整个生命过程中都不能离开水分。各种树木对水分的需要各不相同，有的喜欢湿，如红树生长在海湾低湿地；有的喜欢湿润，耐水浸，怕干旱，如美杨(钻天杨)、柳类、枫杨等；有的稍耐干旱，如槐、臭椿、洋槐等；有的耐干旱，如侧柏等。但即使耐干旱的树种也都必须在一定的水分供应状态下才能生长。要使树木长得健壮，充分发挥绿化效果，首先就要满足它们对水分的需要。就是说，在树木的整个生命过程中，不能缺水，水分过少会影响其生命活动，但水分也不能过多，否则会使树遭受水涝危害。

(一) 灌水对树木生活的影响

1. 水分对树木的作用

(1) 水是细胞原生质的主要成分之一。活的细胞原生质含水量高达40%以上，植物细胞，必须在水分供应适合的情况下才能生存；才能伸长分裂；才能进行新陈代谢作用而使树木生长发育。

(2) 水分能保持树木叶片的一定姿态。树叶的正常姿态是由细胞膨压所维持的，这在很大程度上是由细胞内所含水分决定的。正在抽枝展叶的树木，当砍倒以后，嫩梢叶片就很快发生萎蔫。这是因为断离了树根，失去了水分供应所造成的。保持树木水分代谢平衡，是保证生理活动正常进行的先决条件。也就是说，只有在正常条件下才能进行光合作用和蒸腾作用。从绿化功能上讲，树木、花、草只有保持正常状态才能发挥其应有的功能效果。

(3) 水有调节树体体温的作用。树木借助于蒸腾作用，使水分在植物体内不断流动，在运送溶于水中养料的同时，能够散发带走树体的部分热量，调节了树体体温。在强光照射下，一般也不会引起“日灼”(或日烧)。同时，由于植物的蒸腾作用，蒸发水分，对于改善城市的小气候条件(降温增湿)也有很好的作用。

(4) 水是植物体内的主要溶剂。植物体内的生化变化都要在水分的参与下才能进行。如矿物质的吸收，代谢产物在植物体内的合成与运行等。光合作用的原料，除CO_2外就是水，又如淀粉、蛋白质、脂肪的水解过程，都必须有水分的参与。

(5) 水分代谢作用。水分对植物的生理活动是极为重要的。但是植物吸收水分并不是只为了供给自身的需要。植物不断地从生长环境中吸收水分，同时又不断地把水分散放到环境里去。植物进行蒸腾作用时，叶子表面的气孔是开放的。这样叶子细胞里的水分就不断地蒸发到空气中去，同时又必须不断地从根部吸收水分以补充失去的水分。如此循环往复。保持水分平衡，就叫作水分代谢作用。据调查，在通常情况下，植物吸收1000份水，只有2份用于其自身需要而被固定合成为有机物，而绝大部分在植物体内停留一定时间后就蒸发出去了。

由此可见，植物体内物质的一切复杂变化中(包括同化和异化作用)水分不仅是媒介，而且是调剂化学变化的重要物质。在生理上水将植物体的各种器官联系成统一的整体，以保证正常生命运动进行。同时，通过水分也与居住环境条件建立了联系，保证了植物与环境的统一。

2. 植物体内的水分状态

水分在植物体内有极大的作用，除干燥的种子含水量较少(约10%～12%)外，大多数植物器官的含水量都非常高。同时还由于外界环境条件的影响和植物各部分、各器官的生理机能不同，造成不同种类的植物及其各器官的含水量，有很大差异。

(1) 不同环境的影响：水生植物的含水量达鲜重的90%以上，沙漠中生长的耐旱植物，含水量约60%～70%。生长于潮湿环境的树木含水量高，阴性树比阳性树含水量高。

(2) 不同种类和年龄的影响：草本植物比木本植物含水量高。同种类，幼年期较成年期含水量高。

(3) 不同器官的影响：树叶的含水量约80%以上；根毛嫩梢约60%～80%；树干40%～50%；休眠芽40%上下；干的种子约含10%～12%。由此可见，凡生理活动较为活跃的器官，其含水量就较高。综上所述，可以看出水分对植物生命活动的影响是何等重要。

(二) 灌溉

1. “灌溉”的含义

生活在土壤上的树木，当土壤含水量适合树木吸收需要时，生长得最好。相反，土壤含水量很少，不足于树木吸收之需要，则树木生长就差。短期水分亏缺，会造成“临时性萎蔫”，树叶表现出发蔫。一旦补充了水分，树叶又会恢复过来，而长期缺水，超过树木所能忍耐的限度后，就会造成“永久性萎蔫”，即缺水死亡。树木(其他植物也是如此)生长所需要的水分，主要是由根部从土壤中吸收的。当土壤含水量不能满足树根的吸收量时，或在地上部分的水量消耗过大的情况下，都应设法人工供水，这种人工补充水分供应的措施，叫“灌溉”。

2. 灌水的顺序、季节和时间

抗旱灌水往往受设备及人力的限制。因此，必须分轻重缓急来进行。对新栽的树木、小苗、灌木、阔叶树需要优先灌水。因为新植树木、小苗、灌木的树根较浅，抗旱能力较差。阔叶树蒸发量大，其需水量大，所以要优先。对去年以前定植的树木、大树、针叶树可后灌。

在我国南方，夏季高温季节，久旱无雨时，易引起树叶发黄或早落，应注意灌水。对叶质纤细的羽毛枫等树木，缺水时可于日落后、日出前进行叶面喷水。华北、西北地区，冬季少雪，春旱多风，雨季前应多灌水。

夏季是树木生长的旺季，需水量很大。但中午阳光直射，天气炎热时，一般不能灌水。因中午土温正高，一灌冷水，土温骤降，造成根部吸水困难，引起生理干旱，甚至会出现临时萎蔫。夏季中午，叶面喷水也不好。至于其他季节问题不大，南方冬季则应中午灌水。

3. 灌水量

对于灌水量应适当掌握。水量太少，多次过浅，使根趋于地表分布，且表土易干燥，起不到抗旱作用。相反，灌水量太大，多次大水漫灌，会使土壤板结，通气不良，影响树根生长；同时土壤中的肥料就会随水流失，甚至在有些地方由于水分过多的渗入，当蒸发时会把深层的可溶性盐碱带到土面上来，造成土壤反碱，这样会长期影响树木生长，特别是在北方地势低洼之处，更应注意这个问题。所以最好采取小水灌透的原则，使水分慢慢的渗入土中，有条件的应推广喷灌和滴灌技术。

总之，树木因树种习性，不同年龄时期，不同物候期需水不同。在不同的气候、土壤条件下，需水量也不同。因此必须根据树木生长需要，因树、因地、因时制宜地进行合理灌溉。

4. 灌水方法和质量要求

(1) 灌水年限

树木定植成活以后，一般乔木需要连续灌水数年。华北等旱地约需 3～5 年，灌木至少5年；江南沿海多雨地区可酌减。土质不好之处或树木因缺水而生长不良以及干旱年份，则应延长灌水年限，直到树木根系扎深，不灌水也能正常生长时为止。

(2) 一年中灌水次数

因树木类别、当地气候和土壤特点而异。名贵树、果木，每年应多次灌水；一般树木应争取每年最必要时灌水一次。我国长江以南地区，雨水较多，仅夏季干旱，每年灌水次数较少；华北冬春与初夏均干旱，每年灌水次数较多，如北京一般年份，全年灌水 6 次。时间应安排在 3、4、5、6、9、11 月各一次。气候较旱的年份和土质不好或因缺水生长不良者，应增加灌水次数。西北旱地，每年灌水次数，则应更多些。

(3) 灌水量

因树种、植株大小、生长状况、水源、气候、土壤等不同，应依据树木的需水量和环境条件决定灌水量，既要满足树木生长需要，也要考虑节约用水。

(4) 可用的水源

① 自来水。

② 井水。

③ 河湖池塘水一般可用。

④ 工业及生活用水。

为了节约用水，有人建议用工业生产和人民生活中排放的污水做灌溉用。但是，目前尚无条件作净化处理，必须经过化验，确实不含有害、有毒物质的水才能用。否则决不可作灌溉用。

(5) 常用的引水方式

① 人工担水或水车运水（人力水车、机动水车）。

② 胶管引水。

③ 渠道引水：明渠、暗渠。

④ 自动化管道引水：指喷灌、滴灌的管道引水。

(6) 灌水方式

① 单堰(或叫树盘、水圈)灌溉：每株树开一单堰，适用于株行距较远、地势不平的绿地和人流较多的行道树。此方法灌溉可以保证每株树都能均匀地灌足水。

② 畦灌(连片堰)：几株树连片开成大而长的堰，进行灌水的方法，叫"畦灌"。适用于株行距较密、地势平坦、水源充足、人流较少的地方。畦灌水量足，但必须保证堰内地势平坦，否则水量不均匀。

③ 喷灌：即用水管引水进行人工降雨。

④ 滴灌：用细水管引水到树根部，用自动定时装置控制水量和时间，保证水分定时一滴滴地滴入树根，这是一种正在推广中较合理节水的灌水方式。

(7) 质量要求

① 灌水堰一般应开在树冠垂直投影范围，不要开得太深，以免伤根，堰壁培土要结实，以免被水冲塌；堰底地面平坦，保证渗水均匀。但对于树冠特别宽大或过于窄小的树种，如龙柏、桧柏等以及四周有铺装的情况下，开堰规格则应灵活掌握。

② 水量足，灌得匀是最基本的质量要求，若发现塌陷漏水现象应及时用土填严，再补灌一次。

③ 待水全渗入土表面稍干后，应及时封堰(盖细土)或中耕。中耕和封堰切断了土壤毛细管，有利保墒，否则水分会很快蒸发；通过中耕还可以把堰内的杂草清除。

(三) 排水

树木一生中虽离不开水分，但水分太多，对树木也很不利，因土壤含水过多，达饱和状态时，所有空隙都被水分占满，土中空气都被排挤，造成缺氧，使根系的呼吸作用受到阻碍，影响吸收的正常功能，轻则生长不良，时间一长还会使树根窒息、腐烂致死。同时，土壤内缺氧，使有益细菌的活动受到抑制，影响有机物的分解；而且由于根系进行无氧呼吸，会产生酒精等有害物质，使蛋白质凝固。所以在地势低洼处，在雨季期间要做好防涝工作，平时也要防止积水。这是极为重要的树木养护工作项目。

不同树种、同种不同年龄的树木，对水涝的抵抗能力不同。杨、柳类等抗涝能力强，特别是垂柳，受到水浸后能在树干上长出不定根来，进行呼吸和吸收，所以特别抗涝。而臭椿、桃等极不耐涝，稍有积水就有受害的表现。一般不耐涝的乔灌木，在积水中泡 3～5 天树叶就会发生变黄脱落的现象。尤其是不流动的浅水，加上日晒增温，危害则更大，甚至死亡。另外幼龄苗和老年树也很不抗涝，所以要特别注意防范。

常用的几种排涝方法：

1. **地表径流法** 开建绿地时，就应考虑排水问题，需将地面整成一定坡度，以保证雨水能从地面顺畅流到河、湖、下水道而排走。这是绿地最常采用的排涝方法，既节省费用又不留痕迹。地面坡度一定要掌握在 0.1%～0.3%，要求不留坑洼死角。

2. **明沟排水** 在表面挖明沟，将低洼处的积水引至出水处(河、湖、下水道)。此法适用于大雨后抢救性排除积水，在地势高低不平，实在不好实现地表径流的绿地，明沟的宽窄视水情而定，沟底坡度一般以 0.2%～0.5%为宜。

3. **暗沟排水** 在地下埋设管道或用砖砌筑暗沟将低洼处的积水排出。此法可保持地面原貌，又便交通，节约用地，惟造价较高。

三、施肥

（一）施肥的作用

树木定植后，在一个地方生长多年甚至上千年，主要靠根系从土壤中吸收水分与无机养料，以供正常生长的需要。由于树根所能伸及范围内，土壤中所含的营养元素（如氮、磷、钾以及一些微量元素）是有限的，即使肥力很高的土壤，也不能取之不尽用之不绝。吸收时间长了，土壤的养分就会降低，不能满足树木继续生长的需要。若不能及时得到补充，势必造成树木营养不良，影响正常生长发育，甚至衰弱死亡。所以，栽培树木，在定植后的一生中，都要不断地补充养分，提高土壤肥力，以满足其生活的需要。这种人工补充养分或提高土壤肥力，以满足植物生活需要的措施，称为“施肥”。城市植被少，仅有的枯枝落叶多被扫除。因此常普遍缺肥，应将树叶经灭病虫处理后就近埋入根部，或集中沤制肥料备用。

通过施肥主要解决3个问题：

（1）供给树木生活所必需的养分。

（2）改良土壤性质。特别是施用有机肥料，可以提高土壤温度；改善土壤结构，使土壤疏松并提高透水、通气和保水性能，有利于树木根系生长。

（3）改善土壤微生物的繁殖与活动。创造有利条件，进而促进肥料分解，改善土壤的化学反应，使土壤盐类成为可吸收状态，有利树木生长。

（二）施肥的生理学基础

树木对于肥料的需要，随树种、年龄、生长发育情况和季节、土质、水分、气候等条件的不同而有很大的差异。如树木幼、青年期，增高加粗很快，需要大量的氮素肥料，对其他元素需肥量也较大；而在壮年期，开花结实，则需要大量的磷肥及其他肥料。

在温带地区，春、夏季树木生长旺季，需肥量大；秋季随树木生长逐渐停止，需要量则缓慢减低，到冬季则几乎停止。

因此，施肥工作要根据上述条件综合考虑，做到因树、因时、因地制宜，才能达到事半功倍的效果。否则，就会产生适得其反的结果。

1. 土壤条件对根系吸收肥料的影响

树木所需肥料主要是从土壤中吸收的，因此树根吸收肥料的机能与土壤条件有着密切的关系。

（1）土壤温度的影响：土壤温度过低或过高对树根吸收肥料都有影响。低温减弱了树根的生理活动，特别是呼吸强度的减弱，根部对肥料的吸收就会受到抑制。高温则会使树根新陈代谢的协调性受到破坏，从而妨碍正常的生长和呼吸作用，因而对养分的吸收也受到抑制。

（2）土壤水分的影响：土壤水分是矿质盐类的溶剂，大部分矿质养分必须溶解在水中呈溶液状态，才能被树木吸收。因此，缺水时不仅影响矿质的运输，而且阻止根系对矿质的吸收。

（3）土壤溶液酸碱度的影响：土壤溶液酸碱度对各种矿质盐类的溶解影响很大，例如铁和锰在碱性溶液中呈不溶状态，就不可能被树根吸收，从而造成树木缺绿症。酸性过强会促进很多金属离子的分解度，造成土壤溶液过浓，产生对树根的毒害作用。

2. 树木本身的因素对根系吸收肥料的影响

(1) 树木种类的影响：不同的树种对矿质盐的吸收能力差异很大。如：耐盐碱的柽柳，能在较高浓度的土壤溶液中，吸收它所需要的营养物质；又如臭椿、苦楝、紫穗槐等树种，也能在较高盐分的土壤上生长，且能正常吸收养分；有的喜欢生长在石灰质丰富的土壤上，称"喜钙植物"，如白蜡树等。这是由于各树木长期适应特定环境的结果，从而对矿质盐类的吸收也有不同。

(2) 树木年龄的影响：树木因年龄的变化表现出强弱不同的生理活动状况。在生长旺盛时期吸收矿质多；生长衰弱时期吸收少；衰老趋于死亡时，则往往损失了吸收能力。同时对矿质元素的选择也有差别：一般苗期对氮素需要量最大；而进入结果期就增加了对磷、钾的吸收量。

(三) 肥料的种类与施法

1. 基肥

以有机肥为主，可供较长时期吸收利用的肥料，如粪肥、堆肥、绿肥、饼肥等，经过发酵腐熟后，按一定比例，与细土均匀混合埋施于树的根部，使其逐渐分离，供树吸收之需要。

一般基肥的肥效较长，对多数园林树木来说，不必每年都施，可以根据需要，隔几年施一次。冬季寒冷地，基肥以秋施为好，因为这可使所伤之根容易愈合并促发新根，有利于提高贮藏营养水平。因劳力不足等原因，也可于冻前施。冬季温暖地，多习惯于冬春施。

树根有较强的趋肥性，为使树根向深、广处发展，故施基肥要适当深一些，不得浅于40cm；范围随树龄而异。幼、青年至壮龄树，常施于树冠投影外缘部位，衰老树应施在树冠投影范围内为宜。

施肥的常用方法有：

(1) 穴施：在树冠正投影的外缘挖数个分布均匀的洞穴，将肥施入后，上面覆土适踩，使与地面平。这种方法操作方便省工，对壮龄前的草坪适用。

(2) 环施：沿树冠正投影线外缘，开挖30～40cm宽的环状沟，将肥料施入沟内，上面覆土适踩，使其与地平。这种方法可保证树木根系吸肥均匀，适用于青、壮龄树。

(3) 放射性沟施：以树干为中心，距干不远处开始，由浅而深，挖4～6条分布均匀呈放射状的沟。沟长稍超出树冠正投影的外缘。将肥料施入沟内，上覆土适踩使与地平。这种方法可保证内膛根也能吸收肥分，对壮、老龄树适用。

以上三种施肥方法，最好轮流采用，以使相互取长补短，使树木受到最大的好处。

2. 追肥

在树木生长季节，根据需要加施速效肥料，促使树木生长的措施，称"追肥"。园林树木施追肥，因城市环境卫生等原因，一般都用"化肥"或"菌肥"，不宜用粪稀等。若用，应于夜间开沟施埋。

施追肥可以采用以下两种方法：

(1) 根施法：按适合的施肥量，用穴施法把肥料埋于地表下10～20cm处，然后灌水，或结合灌水将肥料施于灌水堰内，随水渗入，供树根吸收利用。

(2) 根外追肥：将化肥按一定的比例兑水稀释后，用喷雾器喷施于树叶上。由于直接由地上叶片吸收利用，也可以结合打药混入喷施。

3. 施肥次数

因树木需要与可能条件(肥源、劳力)而异，一般新栽树木1～3年内施肥1～3次。除基肥外，有必要追肥1～2次；江南多在5月中至月下习惯追施粪尿。观花树木，应在花期前后各追施一次，至于结合生产的果木等，则应按物候变化，适时多次施用以不同的肥料。

4. 施肥时的注意事项

(1) 有机肥料要充分发酵、腐熟；化肥必须完全粉碎成粉状。

(2) 施肥后(尤其是追化肥)，必须及时适量灌水，使肥料渗入。否则，会造成土壤溶液浓度过大，对树根不利。

(3) 根外追肥，最好于傍晚喷施。

(4) 城市绿地施肥不同于农村，在选择确定施肥方法、肥料种类以及施肥量时，都应考虑到市容与卫生方面的问题。

四、园林树木的修剪

(一) 修剪的概念

修剪的定义，有广义和狭义之分。狭义的修剪是指对树木的某些器官(如枝、叶、花、果等)加以疏删或短截，以达到调节生长，开花结实的目的。广义的修剪包括整形。所谓“整形”，是指用剪、锯、捆扎等手段，使树木长成栽培者所期望的特定形状。现习惯将二者都称为“整形修剪”。

(二) 修剪的目的与作用

树木修剪在养护管理中占有重要地位，是关键性的技术措施之一。其作用有：

1. 促控生长

树木地上部分的大小与长势如何，决定于根系状况和从土壤中吸收水分、养分的多少。通过修剪可以剪去地上部不需要的部分，使养分、水分集中供应留下的枝芽，促使局部的生长；修剪过重，则对整体又有削弱作用，这叫“修剪的双重作用”。但具体是促还是抑，因修剪的方法、轻重、时期、树龄、剪口芽的质量而异。因而可以通过修剪来恢复或调节树势；既可促使衰弱部分壮起来，也可使过旺部分弱下来。对潜芽寿长的衰老树或古树，适量重剪，结合施肥浇水，促潜芽萌发，可以更新复壮。

2. 培养树形

我国园林中的树木，多采用自然树形，为维持这些树形，需要适当修剪。对于上有架空线，下有人流、车辆交通等行道树，则需要整修成适合的树形。还有因园林艺术上的需要，整形成规则或不规则的特种形体。

3. 减少伤害

通过修剪可以剪去生长位置不恰当的密生枝、徒长枝或带有病虫的枝条，以保证树冠内部通风透光，也可避免相互摩擦而造成的损伤。夏季多风雨，尤其沿海有台风侵袭的地区，为减轻迎风面积，可以对树冠进行疏剪或短截，以免被风吹倒。

4. 调节矛盾

在城市中，由于市政建筑设施复杂，常与树木发生矛盾，特别是行道树，上有架空线，下有管道、电缆等。还有是否影响车辆交通问题，如有些树枝触挂电线、下垂枝妨碍车行等，都要靠修剪来解决。

5. 促使开花结果

对于观花、观果或结合花、果生产的树种，可以通过修剪，调节营养生长与花芽分化，促使其提早开花结果，获得稳定的花果产品或提高观赏效果。

一些乔木，通过修剪可以保证树干通直。更换伐除时，可成为有利用价值的好木材。

（三）整形修剪的依据与类别

1. 整形修剪的依据

（1）根据园林的功能要求：园林中应用树木的目的不同，对修剪的要求就不同。有些同种树木，可以有不同的应用，其修剪也不同。从园林艺术上要求，有自然式的、几何式的，修剪也不同。

（2）根据树木的分枝规律与生长特征：树木的分枝方式不同，所形成的树体骨架不同，其冠形也不同。而且分枝方式随着树龄增大而改变，树形也就改变。不同类别的树木（乔木、灌木、藤木），有潜伏芽和无潜伏芽的，其生长、更新特点不同。同类树木，不同树种或品种，其枝芽特性（如萌芽力、成枝力、顶端优势等）不同，修剪反应也就不同，另外树木对光照要求、枝条硬度与分枝角度（对大风的反应）、树皮厚薄对日灼的反应等，与修剪都有关系。

（3）根据树木与环境的关系：如行道树受街道走向、两旁建筑、架空线等影响的情况不同，修剪也就不同。孤植树与成片林修剪也不同。

2. 整形修剪的类别

（1）自然形修剪：各种树木都有它的一定树形。一般说来，自然树形能体现园林的自然美。以树木分枝习性、自然生长形成的冠形为基础进行的修剪，叫“自然形修剪”。中干明显的树种，如雪松、银桦等，对中央领导枝不能截头；构成庭园景色的某些针叶树，要求干基枝条不光秃（不脱脚），对下部枝不应剪去，只对扰乱树形的枝条、病虫枝、枯枝、过密枝等做些整修。对观形、观叶的孤赏树，均可按此法修剪。为此，必须了解主要自然树形的类别。

现简介如下（表 2-6）：

表 2-6

类别			树形	代表树种
乔木类	针叶乔木		圆柱形	塔柏、杜松、龙柏、落羽松
			卵圆形	松柏（壮年期）
			尖塔形	雪松、桧柏（幼、青年期）南洋杉、金松
			圆锥形	落叶松
			盘伞形	油松（老年期）
	阔叶乔木	有中央领导枝的	圆柱形	美杨、新疆杨、木麻黄
			圆锥形	毛白杨
			卵圆形	加杨、连香树、菩提树
			塔形	塔形杨
		无中央领导枝的	倒卵形	洋槐
			球形	榆、樱桃、梅
			倒钟形	国槐、榉树
			馒头形	馒头柳
			伞形	龙爪槐、垂枝桃

续表

类别		树形	代表树种
灌木类	针叶树种	丛生形 偃卧形	翠柏、千头柏 鹿角桧、偃桧、偃松
	阔叶树种	圆球形 丛生形 拱枝形	黄刺玫、桃叶、珊瑚 玫瑰、杜鹃、茶梅 连翘、溲疏

当然，在自然界中，树木具有各式各样的树形姿态，其中还有很多中间类型，不太容易划清界限，上表的划分只是大概情形，表中没有的树种，只要与上述天然树形大体近似，就可参照。

有的树种如核桃等，按自然生长具有中央领导干，幼、青年期树冠呈圆锥形，但可在苗期改变中央领导干的顶端优势(进行定干)，使其长成半圆形。又如悬铃木等树木，按自然生长，幼、青年期也是呈圆锥形的，经定干和对主枝的修剪，可以整成杯状形。这种根据树木枝芽特性进行适当改造的修剪，有人叫"理想式整姿"，也有的叫"自然式与人工形体混合式修剪"。为简化并和果树树形分类法相一致，我们把按自然生长习性(有中干或无中干)整修成各种树形(如杯状形、开心形、中干形、多领导干形、丛球形等)的剪法，统称为自然形修剪。

(2) 造型修剪：为了达到造型的某种特殊目的，不使树木按其自然形态生长，而是人为地将树木修剪成各种特定的形态，称"造型修剪"，又称"人工形体式修剪"。这在西方园林中的应用较多，常将树木剪成各种整齐的几何形体(正方形、球形、圆锥形等)或不规则的人工体形，如鸟、兽等动物形，亭、门等绿雕形以及为绿化墙面将四向生长的枝条整成扁平的坦壁式。

造型修剪因不合树木生长习性，需经常花费人工来维持，费时费工，非特殊需要，应尽量不用。我国最常见的是绿篱的几何形体修剪，少见有绿雕塑的修剪。

(四) 园林树木修剪的时期与方法

1. 时期

分为休眠期修剪与生长期修剪，前者于树液流动前行之。其中有伤流的树应避开伤流期。抗寒力差的，宜早春剪。易流胶的树种，如桃、槭等，不宜在生长季剪。生长季修剪还包括剥芽、摘心、去残花、摘果等。

2. 方法

(1) 剥芽：在树木萌芽生长的初期。徒手剥去枝干无用的芽，叫"剥芽"(又叫抹芽、摘芽)。

剥芽时，应注意选留分布方向合适的芽，对有用的芽注意保护不可损伤。为了防止留下的芽受到意外的损伤，影响以后发枝，每根上应多保留1～3个后备芽，待发枝后再次选择疏剪。

(2) 去蘖：除去主干上或根部萌发的无用枝条，叫"去蘖"。在蘖枝尚幼嫩时徒手去蘖。已经木质化的，则应用剪子剪或用铲子铲，但要防止撕裂树皮或遗留枯桩。去蘖应尽早，在江南园林树木养护中，将去蘖归入"剥芽"。

3. 疏枝

把无用的枝条，于枝基齐着生部位剪去，称“疏枝”。

乔木疏枝，剪口应与着生枝干平齐，不留残桩，丛生灌木疏枝应与地面平齐。簇生枝及轮生枝需全部疏去者，应分次进行，即间隔先疏去其中的一部分，待伤口愈合后，再疏去其他的枝条，以免伤口过大影响树木生长。

4. 短截

截去枝条先端的一部分或大部分，保留基部枝段的剪法，叫“短截”。

剪去的部分与保留的比例，根据不同需要而定。剪口的位置应选择在适合的芽上约0.5cm处，空气干燥地宜适当长留；潮润地区可短留。剪口应成斜面并要平齐光滑，选择的剪口芽一定要注意新发枝条适合的方向。

对多年生枝的短截，叫回缩(或缩剪)，多在更新复壮时采用。

另外，在树木生长季节，除去枝条先端嫩梢，称“摘心”，也属短截范围。

5. 锯截大枝

对于比较粗大的枝干，进行短截或疏枝时，多用锯进行。操作比较困难，必须注意以下几个问题：

(1) 锯口应平齐，不劈不裂——对落叶乔木，为避免锯口劈裂，可先在确定锯口位置稍向枝基外由枝下方向上锯一切口(江南叫“打倒锯”)。切之深度为枝干粗的1/5～1/3(枝干越成水平方向切口就越应深一些)，然后再在锯口从上向下锯断，就可以防止枝条劈裂。也可分两次锯，先确定锯口外侧15～20cm处，按上法锯断，再在锯口处下锯。最后修平锯口，涂以保护剂。

对常绿针叶树如松等，锯除大枝时，应留1～2cm短桩。

(2) 在建筑及架空线附近，截除大枝时，应先用绳索，将被截大枝捆吊在其他生长牢固的枝干上，待截断后慢慢松绳放下。以免砸伤行人、建筑物和下部保留的枝干。

(3) 基部突然加粗的大枝，锯口不要与着生枝平齐，而应稍向外斜，以免锯口过大。

(4) 欲截去分生两个大枝之一，或截去枝与着生枝粗细相近者，不要一次齐枝基截除，而应保留一部分，宜交侧生分根以上的部位截去，过几年待留用枝增粗后，再将暂留枝段全部截除。

(5) 较大的截口，应抹防腐剂保护，以防水分蒸发或病虫侵蚀及滋生。目前多用的调和漆，效果并不好；国外有专用的伤口保护剂，我们也正在研制。

6. 抹头更新

对一些无主轴的乔木如柳、枫、栾树等，如发现其树冠已经衰老，病虫严重，或因其他损伤已无发展前途者，其主干仍很健壮者，可将树冠自分叉点以上全部截除，使之重发新枝，叫“抹头更新”。主枝基部完好者应保留并剥芽，不使萌生枝簇生枝顶，出现分叉处积水易腐等毛病。

一般灌木，也可用此法。但不适于萌芽力弱的树种。

(五) 不同栽植类型树木的修剪要点

1. 成片树林的修剪

(1) 对于杨树、油松等主轴明显的树种，要尽量保护中央领导枝。当出现竞争枝(双头现象)，只选留一个；如果领导枝枯死折断，树高尚不足10m者，应于中央干上部选一强的侧生嫩枝扶直，培养成新的中央领导枝。

(2) 适时修剪主干下部侧生枝，逐步提高分枝点。分枝点的高度应根据不同树种、树龄而定。同一分枝点的高度应大体一致，而林缘分枝点应低留，使呈现丰满的林冠线。

(3) 对于一些主干很短，但树已长大，不能再培养成独干的树木，也可以把分生的主枝当作主干培养。逐年提高分枝，呈多干式。

2. 行道树的修剪

行道树以道路遮荫为主要功能，同时有卫生防护(防尘、减轻机动车废气污染等)、美化街道等作用。行道树所处的环境比较复杂，首先多与车辆交道有关系；有的受街道走向、宽窄、建筑高低所影响；在市区，尤其是老城区，与架空线多有矛盾，在所选树种合适的前提下，必须通过修剪来解决这些矛盾，达到冠大荫浓等功能效果。

为便利交通车辆，行道树的分枝点一般应在 2.5～3.5m 之上。其中上有电线者，为保持适当距离，其分枝点最低不得低于 2m，主枝应呈斜上生长，下垂枝一定要保持在 2.5m以上，以防枝刮车辆。郊区公路行道树，分枝点应高些，视树木长势而定，其中高大乔木的分枝点甚至可提到 4～6m 之间。同一条街的行道树，分枝点最好整齐一致，起码相邻近树木间的差别，不要太大。

为解决与架空线的矛盾，除选合适的树种外，多采用杯状形整枝来避开架空线。每年除进行休眠期修剪外，在生长季节与供电、电讯部门配合下，随时剪去触碰线路的枝条。树枝与电话线应保持 1m 左右，与高压线保持在 1.5m 左右的距离。

为解决因狭窄街道、高层建筑及地下管线等影响，所造成的街道树倾斜、偏冠，遇大风雨易倒伏带来的危险，应尽早通过适当重剪倾斜方向枝条，对另一方向枝只要不与电线、建筑有矛盾，则行轻剪，以调节生长势，能使倾斜度得到一定的纠正。

总之，行道树通过修剪，应做到：叶茂形美遮荫大，侧不妨碍扫瓦，下不妨碍车人行，上不妨碍架空线。

(1) 杯状形修剪法

多用于架空线下，典型杯状形源于桃树的整形，其模式结构叫：“三杈六股十二枝”。即在定干后，选留 3 个方向合适(相邻主枝间角度呈 120°，与主干约呈 45°)的主枝。再于各主枝的两侧各选留 2 个近于同一平面的斜生枝，然后同样再在各二级枝上选留 2 个枝，分数年完成。行道树采用杯状形整枝，一般不必这样严格，可视情况根据树种而有变化。

① 无主轴的树种(以新植槐树为例)

先定分枝点高度。一般不要太高，尤其栽在架空线下的，有 2～2.5m 即可。最高不超过 3m。靠快车道一侧的分枝点可稍高一些。

选主枝：在分枝点以上选择分部均匀、生长健壮的主枝 3～5 个，并短截，其余的可以全部疏去。同一条路或相邻近一段路上的行道树，主枝顶部要找平。如确定栽后离地面 3m 剪齐，则分枝点高的主枝，要多剪去一些；而分枝点低的主枝多留一些。

剥芽：主枝上萌出新芽后，应及时剥芽，以集中养分供应选留的芽，促使侧枝生长。第一次可选留 5～8 个芽；第二次留 3～5 个芽。注意留芽方向要合理，分布应均匀。

疏枝与短截：次年发芽前选留侧枝，全株共选 6～10 个；注意选方向适合，分布均匀，向四方斜生者，并按一定长度短截。以便发枝整齐，形成丰满匀称的树冠。

② 有中干可改造的树种(以江南常用的法桐为例)

定干和培养骨干枝：根据架空线和道路交通等情况，春植时于3.5m左右处截头定干。萌芽后用分期剥芽和疏枝的办法，选主枝3～5个。落叶后将主枝在30～50cm处，选留侧芽有芽处短截；应通过调整主枝长度，使剪口芽处在同一平面上，以利以后长势均衡。次年夏季要对主枝进行剥芽和疏枝。因幼年法桐，顶端优势较强，在主枝呈斜生的情况下，其上侧生芽和背下芽均易转向直立生长，剥芽时可间剥过密芽，而暂时保留直立枝，以抑下芽转直，促枝侧向生长。第三年冬，于主枝两侧发生的侧生枝中，选1～2个作延长枝，并在30～50cm外选有侧面芽处短截。疏除原有暂留的直立枝、交叉枝。如此修剪，约3～5年即可构成杯状形树冠。

扩大树冠增枝叶：树体骨架构成后，树冠扩大很快，要注意整体均衡。此期可适当保留内膛枝，有空间处，新梢可长留，疏过密枝、直立枝、促发斜生枝，增加遮荫效果；对影响架空线和建筑物的枝条按规定进行疏、截。

回缩更新：由于受地下土壤、管线、路基的影响、当树冠长到最大限度后，开始衰退或受周围的限制。应逐年在生长良好、部位合适的带头枝处短截，回缩更新。

(2) 具中干形修剪法：选具中干的树种，在上无架空线处应用。

① 圆锥形：中央领导干强的树种，如杨树、银杏等，在上边没有架空线的条件下，为促使树身高大，起到更大的绿化效果，应尽量保证中央领导枝的生长。第一次修剪多在定植前进行，方法如下：

定分枝点：分枝点高度按树木规格大小而定。一般郊区多用高大乔木，分枝高度可提到4～6m，甚至更高些。

保持顶端优势：对主轴明显，中央领导枝明显的杨树、白蜡、银杏等，如果主尖完好应保留不动；如主尖已受损伤，可选择一直立生长的侧枝或壮芽，在其上方将损伤的主尖截去，并把其下部的侧芽除去，以免形成竞争枝，出现多头现象。

选留主枝：主轴强的杨树等，每年在主轴上形成一层枝条，修剪时每层留3个左右，全株留9个，其余全部疏去。注意保留的主枝要相互错开，分布均匀，并加以短截。一般应使所留各层主枝下部稍长，上部稍短。最下层30～35cm，中间一层20～25cm，最上一层10～15cm，所留主枝与领导枝成角为40°～80°，剪成后长成圆锥形。

② 圆头形或卵形：中干较弱的树种，如立(旱)柳等，各层主枝的间距较小，中央领导枝也比较短，一般两层主枝共留5～6个即可。以后长成圆头形或卵形树冠。

3. 灌木的修剪

(1) 新植灌木的修剪

灌木一般都裸根移植，为保证成活，一般应做强修剪。一些带土球移的珍贵灌木树种(如紫玉兰等)可适度轻剪。移植后的当年，如果开花太多，则会消耗养分，影响成活和生长，故应于开花前尽量剪除花芽。

① 有主干的灌木或小乔木，如碧桃、榆叶梅等，修剪时应保留一定高度较短主干，选留方向合适的主枝3～5个，其余的应疏去，保留的主枝短截1/2左右；较大的主枝上如有侧枝，也应疏去2/3左右的弱枝，留下的也应短截。修剪时注意树冠枝条分布均匀，以便形成圆满的冠形。

② 无主干的灌木(又称“丛木”)，如玫瑰、黄刺玫、太平花、连翘、金钟花、棣棠等，常自地下发出多数粗细相近的枝条，应选留4～5个分布均匀、生长正常的丛生枝，

其余的全部疏去，保留的枝条一般短截1/2左右，并剪成内膛高、外缘低的圆头型。

(2) 灌木的养护修剪

① 应使丛生大枝均衡生长，使枝株保持内高外低，自然丰满的圆球形。对灌丛中央枝上的小枝应疏剪；外边丛生枝及其小枝则应短截，促使多年斜生枝。

② 定植年代较长的灌木，如果灌丛中老枝过多，应有计划的分批疏除老枝，培养新枝，使之生长繁茂，永葆青春。但对一些特殊需要培养成高大株型的大型灌木，或茎干生花的灌木(多原产热带，如紫荆等)，均不在此列。

③ 经常短截突出灌丛外的徒长枝，使灌丛保持整齐均衡。但对一些具拱形枝的树种(如连翘等)，所萌生的长枝则例外。

④ 植株上不作留种用的残花、废果，应尽量及早剪去，以免消耗养分。

(3) 观花灌木的修剪时间

必须根据树木花芽分化的类型或开花类别、观果要求来进行。

① 夏秋在当年生枝条上开花的灌木，如紫薇、绣球、木槿、玫瑰、月季等，其花芽当年分化当年开花，应于休眠期(花前)重剪，有利促发壮条，促使当年分化好花芽并开好花。

② 春季在隔年生枝条上开花的灌木(为夏秋分化型)，如梅花、樱花、金银花、迎春、海棠、碧桃等，春花芽在去年夏秋分化，经一定累积的低温期于今春开花。应在开过花后1～2周内适度修剪。结合生产的果木，多在休眠期(花前)修剪，为使花朵开得大也可在花前适当修剪。

其中观花兼观果的灌木，如金银木、水枸子、荚蒾类、构骨等，应在休眠期轻剪。

4. 绿篱的修剪

主要应防止下部光秃，外表有缺陷，后期过大。

(1) 绿篱的高度类型：依目前习惯拟分为：

矮篱：20～25cm； 中篱：50～120cm；

高篱：120～160cm； 绿墙：160cm以上。

(2) 绿篱修剪常用的形状：一般多用整齐的形式，最常见的有圆顶形、梯形及矩形。另外还有栏杆式、玻璃垛口式等。

(3) 修剪方法：绿篱定植后，应按规定高度及形状及时修剪，为促使干基枝叶的生长，最好将主尖截去1/3以上，剪口在规定高度5～10cm以下，这样可以保证粗大的剪口不暴露。最后通过平剪和绿篱修剪机，修剪表面枝叶，注意绿篱表面(顶部及两侧)必须剪平。

其他灌木篱应按灌木修剪法，其中萌生能力强的灌木，如金叶女贞、栌木、火棘等，可于秋后全部抹头割除，次年重发。

(4) 修剪时间：华北等地，绿篱养护修剪每年最少一次。其中黄杨等阔叶树种，一般在春季(4～5月)进行；针叶树种多于3～9月进行；有条件的可以多剪几次。在江南，因其生长较快，每年需修剪2～4次；一般一至三季度剪2～3次，四季度1次，为迎接节日，应在节前10日修剪为宜。

5. 藤本修剪法

因多数藤本离心生长很快，基部易光秃，小苗出圃定植时，宜只留数芽重剪。吸附类

(具吸盘，吸附气根者)引蔓附壁后，生长季可多短截下部枝，促发副梢填补基部空缺处。用于棚架，冬季不必下架防寒者，以疏为主，剪除根、密枝；在当地易抬梢(尚未木质化或生理干旱)者，除应种在背风向阳处外，每年萌芽时就剪除枯梢。钩刺类，习性类似灌木，可按灌木去除老枝的剪法，蔓枝一般可不剪，视情况回缩更新。

(六) 树木修剪的程序

概括起来就是“一知、二看、三剪、四拿、五处理”。

一知：参加修剪工作的人员，必须知道操作规程，技术规范以及一些特殊的要求。

二看：修剪前应绕树仔细观察，对剪法做到心中有数。

三剪：一知二看以后，根据因地制宜，因树修剪的原则，做到修理修剪。

四拿：修剪后挂在树上的断枝，应随时拿下，集中在一起。

五处理：剪下的枝条应及时集中处理，不可拖放过久，以免影响市(园)容和引起病虫扩大蔓延。

(七) 常用的修剪工具

1. 枝剪：剪截 3～4cm 以下枝条用。

2. 高枝剪：剪高处细枝用。

3. 手锯：锯截不大粗的枝条用。

4. 刀锯：锯截较粗的枝条用。

5. 快马锯：锯截粗大的枝干用。

6. 小斧与板斧：砍树枝用。

7. 大平剪：整修绿篱用。

8. 平铲：去蘖、剥芽用。

9. 梯子或升降车：上树修剪用。

10. 安全带：劳保用具。

11. 安全绳：劳保用具。

12. 大绳：吊树冠用(北方俗称“桄子”)。

13. 小绳：吊细枝用。

14. 安全帽：劳保用具。

15. 工作服、手套、胶鞋等其他劳保用具。

(八) 安全措施

1. 操作时思想要集中，严禁说笑打闹；上树前不准饮酒。

2. 每个作业组，都要选派有实践经验的老工人，担任安全质量检查员，负责安全、质量的监督、检查、技术指导及宣传教育工作。

3. 劳保用具是保证工人操作安全的必需品，工作中必须要按规定穿戴好工作服、安全帽，系好安全带、安全绳等劳保用具和用品。

4. 攀登高大树木需使用梯子时，必须选用坚固的梯子，并要立稳。单面梯应用绳将上顶横档和树身捆住，人字梯在中腰直拴绳并注意开张合适角度。

5. 上树后，应系好安全带，手锯一定要拴绳套在手腕上。

6. 刮五级以上大风时，不可上树操作。

7. 截除大枝时，必须由有经验的工人指挥安全操作。

8. 在行道树上修剪作业时，必须选派专人维护现场，树上、树下要相互配合联系，以免砸伤过往行人和来往车辆。

9. 患有高血压、心脏病者不准上树。

10. 修剪用的操作工具必须坚固好用，木把要光滑，不要因工具不好而影响操作，甚至误工。

11. 一棵树修完后，不准攀跳到另一棵，而应下树重上。

12. 在高压线附近作业时，应特别注意安全，避免触电，必要时应请供电部门配合。

13. 几个人同在一棵树上操作时，要有专人指挥，注意协作配合，避免误伤同伴。

14. 使用高车上树修剪前，要检查好高车的各个部件；一定要支放平衡，操作过程中要有专人随时检查高车的情况，发现问题及时处理。

15. 上树后必须系好安全绳，安全绳要拴在不影响操作的牢固的大树枝上，随时注意收放。

五、病虫害的防治

随着广大园林工作者在植物病虫害防治方面认识水平和科技水平的提高，从“以防为主，综合治理”，“有害生物综合管理(IPM)”，强化生态意识，无公害控制，到目前要求共同遵循“可持续发展”为准则，这是在认识上逐步提高的过程。理念上的调整，从保护园林植物个体、局部，转移到保护园林生态系统以及整个地区的生态环境。

(一) 园林植保的定位

既要满足当时当地某一植物群落和人们的需要，还要满足今后人与自然的和谐，生物多样性，保持生态平衡和可持续发展的需要。要求达到：有虫无害，自然调控；生物多样性，相互制约；人为介入，以生物因素为主，无碍生态环境，免受病虫危害。

(二) 检疫防疫

检疫防疫是一个国家一个地方行政机构利用法规措施，禁止或限制危险性病害、虫害和杂草人为地从境外或省、市区外传入或传出；或者在传入以后，限制其传播扩散的一个重要措施。

这种措施的目的在于保障园林植物生产。因此，在引种开发不同观赏树种，或在相互交换不同品种或栽培种的过程中，首先要周详地检查，注意病虫传入或传出；在发现有新的病虫出现时，要及时采取有效措施，直到能完全控制为止。当然，本地区的特殊病虫，也千万不能随着苗木出圃、植物的转让而危害其他地区。

(三) 园艺防治

1. 栽培措施

这是植物保护的一项基本措施。新开辟的土地要了解周围环境，例如锦葵、扶桑、石榴都会有相互传播的蚜虫和叶螨。栽培中既要注意遮阳，又要保证有足够的光照；既要合理施肥、浇水，又要注意植物本身的徒长，以及各类病虫的侵染、突发等。

2. 土壤消毒

不论是园土、培养土、“山泥”以及其他介质都要适当处理，如堆、沤制培养土及各类有机物，都要充分发酵，并经高温消毒或药剂消毒，以杀死病菌、虫卵或繁殖体。

(1) 高温消毒：可在伏天把培养土摊在水泥地上曝晒 2～3 天；可杀死土壤线虫和病原物，使有益微生物得到较好保留，可溶性肥料有所增加。

(2) 药剂消毒一般可用 50 倍的甲醛稀释液，均匀地洒布在土壤内，再用塑料薄膜覆盖，约两星期后取走覆盖物，将土壤翻动耙松后进行播种或移植。用硫磺粉消毒，每千克干土用硫磺粉 1g，加入后上下翻拌混和，硫璜粉还有增加土壤酸度的作用。

3. 田间卫生

要经常清除植物周围的杂草。双子叶杂草常是斜纹夜蛾、贪夜蛾和地老虎等害虫的藏身繁殖之所，菊科杂草、蒿类是绿盲蝽等的基本宿主，禾本科杂草会引起大小叶蝉、负蝗的危害。杂草种类多，很多是蚜虫和害螨的过渡寄主。

应用除草剂清除杂草，要非常小心谨慎，除要避免直接伤害园林植物外，还要防止致畸，防止嫩芽、叶的扭曲变形。为此，盛放和喷洒激素除草剂的工具一定要专用，不能算错稀释倍数和用量。随时处理已受病虫严重危害并已成为传播病虫原的个体植物。切勿施用未经发酵腐熟的堆肥、厩肥、饼肥和植物残体，以免诱发多种病虫。

(四) 生物防治

生物防治就是利用一种(有益)生物来控制另一种(有害)生物的防治措施。生物防治见效虽较缓慢，但对花卉植物、害虫天敌均较安全，无药害、污染之虞，对于园林景观植物病虫害防治的可持续发展更有重要意义。

1. 以虫治虫

就是保护利用害虫天敌来克制害虫。首先要在园林植物群落中增植一些蜜源植物和鸟嗜(种子、果实)植物。天敌资源很丰富，对优势天敌可引迁、引进繁殖，还可助迁、招引、饲养、购买释放等，最常见的捕食性天敌有草蛉、瓢虫和食蚜蝇等。

(1) 草蛉：草蛉不论成虫、幼虫均能捕食蚜虫、介壳虫、螨类和多种鳞翅目成虫的卵。草蛉已能人工饲养并大量繁殖释放。草蛉在自然界也常出现，如看到有丝柄的卵要保护它，在野外见到可小心地采回放在花卉的枝叶上，这就叫作引迁。

(2) 瓢虫：瓢虫在北方称花大姐。瓢虫的成虫、幼虫都是吃蚜虫、介壳虫、螨类的能手；可饲养释放，也可引迁。

(3) 寄生性天敌：另外还要保护利用寄生性天敌。如一种扁角跳小蜂(*Anicetus benificus*)可防治红蜡蚧，还有一种寄生蜂(*Aphidus matricarae*)是桃蚜的有效寄生天敌，对防治专由桃蚜传播的病毒病很重要。

2. 以菌治虫

就是利用致病微生物来抑制害虫，其中有细菌、真菌。在细菌中有多种芽孢杆菌，最主要的是苏云金杆菌，Bt 乳剂即是苏云金杆菌制剂。真菌中的虫生真菌菌种也很多，应用较广泛的如白僵菌，可抑制多种危害园林花卉的食叶性害虫，如多种鳞翅目幼虫。还有一种虫霉菌，可使蚜虫、叶蝉、叶螨等感染后，自然流行，大批死亡。以菌治虫，对人、畜、植物都很安全，且药效持久，不伤害天敌，不污染环境等。应用方式，粉剂可直接喷粉；乳剂或浓缩发酵液，加水 100～200 倍喷雾均可。

3. 以病毒治虫

在危害园林花卉的害虫中，有多种害虫的病毒已经研究，可予利用。如一些蓑蛾、刺蛾、毒蛾、尺蛾以及斜纹夜蛾等幼虫的核型多角体病毒(NPV)，利用其自然感病或人工饲养感染病毒病的虫尸，经粗提、加工厂的病毒制剂，均取得良好效果。另外白粉蝶幼虫体上还有一种质型多角体病毒(CPV)，也是可以利用的专一性的病毒。目前，对各种病毒原尚不能工业化生产，但在较小面积或范围内，可检收自然感染的病毒虫体予以利用，既有效又很易行。

4. 以螨治螨

国内外对捕食螨（又称益螨）的研究和利用，多年来受到广泛重视。在国际上最有名的是智利小植绥螨（*Phytoseiulus peosimieis*）；在上海地区经研究应用，最有成效的是拟长毛钝绥螨（*Amblyseius pswdolongis pinosus*）。智利小植绥螨的特点是捕食量大，繁殖力强，耐寒性好；大量繁殖后可冷藏滞育，再定点释放。

（五）物理机械防治

1. 光、色诱杀

(1) 光诱杀：采用60.96cm（24英寸）黑光灯，在收集漏斗口处应有较长的接筒，下接毒瓶，瓶内可放置有较强熏杀作用的敌敌畏或三氯甲烷（用棉花吸附）。叶蝉、盲蝽、蝼蛄、金龟子等都能诱杀。一般每隔1～2星期诱杀一次，每次1～2天即可。

(2) 色诱杀：采用黄色粘胶板，放置在栽培地内，可以诱粘到大量的有翅蚜虫。另外，还可采用银白锡纸反光拒栖迁飞蚜虫等。

2. 此外，对个体较大的害虫，或卵粒集中的卵块、卵囊、虫茧等采用人工捕捉，可取得事半功倍之效，这亦是城市园林植物防治病虫危害的一项切实可行的措施。

（六）植物性药物防治

植物性药物最大优点是安全和无药害，尤其对花卉，施用后不影响花色。例如除虫菊浸出膏、烟草制剂（硫酸精等）、鱼藤制剂（鱼藤精等）、菜籽饼水等。

（七）化学药剂防治

在园林植物害虫的综合治理中，化学防治是一项必不可少的措施。

1. 化学防治的优点

(1) 见效快，作用大：化学防治能及时抑制猖獗危害的有害生物种群，效果比较稳定、彻底，如密闭填空熏蒸能消灭全部有害生物活体。

(2) 广谱性，多功能：不论单用、混用，可同时解决多种有害生物。其功能，对有害生物有胃毒、触杀、熏蒸、拒食、忌避、不孕（抑制繁殖）的作用，在植物体上有内渗、内吸和内导的作用，有不少药剂还兼有多种其他功能作用。

(3) 剂型多，使用方便：化学药剂的剂型有粉剂、可湿性粉剂、乳剂、溶液、气雾剂、烟雾剂、片剂、颗粒剂以及微胶囊剂等。使用方法：有喷粉、喷雾、弥雾、涂茎、灌注、堵塞、根吸、土埋、根际土壤深施、毒饵、浸泡、熏蒸以及施肥混用等。

2. 化学防治的弊端

(1) 影响生态环境：如大量应用，对空气、土壤和水质会引起不同程度的污染；在植物体内有时有残留物，对食用、药用、香料用的组织器官有不良气味，使用不当会毒害鱼池及传粉昆虫（蜜蜂、食蚜蝇等）。

(2) 伤害天敌：如广泛连续应用广谱性化学药剂，对多种寄生蜂、寄生蝇、草蛉、瓢虫等有杀伤作用。

(3) 使害虫产生抗药性：如单纯依赖化学药剂，并重复使用同一药剂，会造成害虫再度猖獗，还会使潜在害虫上升为主要害虫。

当然，以上弊端，如果药剂选择、施用方法合理，不但可以缩小，也可完全避免。

3. 化学防治的要求

首先是不能影响生态环境；其次，防治要求达到高效、低毒、安全、经济、方便。要取得理想效果，必须根据花卉植物和不同病虫种群的特点，扬长避短，选择合适的药剂剂型和合理的施用方法。

药物对植物的影响是不同的，有的有刺激植物生长的作用，有的会扰乱其生理活性。如石榴对杀螟硫磷极敏感，在常用浓度及剂量的情况下，也会造成大量落叶；又如，同样是一些蔷薇科木本花卉，用乐果和氧化乐果，前者往往会造成药害，而后者却很安全。所以在选用农药并确定其浓度和用量时，以谨慎为宜。在不熟悉或无把握的情况下，应先少量试用为好。

（八）简易防治法

简易防治法，就是就地取材、行之有效的一些简单易行的防治病虫害方法。这对家庭养花业余爱好者来说，很有现实意义。现列举几种原料易得、人人会做的方法供大家在防治植物花卉病虫害时参考。

1. 菜籽饼水：对很多土壤害虫，如跳虫、根粉蚧、蛴螬、地老虎、蝼蛄、金针虫等，都有良好的效果。只要将制备好的菜籽饼水浇入根部，有害生物就会“脱土而出”，死于土面。

制备方法：先将菜籽饼敲碎，再将1kg菜籽饼泡入10～15kg的清水中；浸泡的时间，夏季1天，春秋季1～2天；用时用手揉搓几下，滤去渣滓，即可泼浇在有土壤害虫发生的根际土内或苗床内。

2. 烟灰水：烟草含有烟碱(又称“尼古丁”)，对害虫的毒力很强，对蚜虫、蓟马、盲蝽象、叶蝉、叶甲和蚂蝗等都有效。

制备方法：用自行种植的烟叶或烟厂碎烟叶粉1kg，浸泡在10kg左右的开水中，盖住容器盖子，等不烫手时，用手反复揉搓几次后，捞去烟叶渣，另将0.4～0.5kg生石灰化在5kg左右的水中，待成石灰乳后，滤去渣滓与烟叶水并在一起，临用时再用粗布一起过滤一遍，再把总水量加到35kg左右，即可应用；使用时喷洒在有蚜虫、蓟马等害虫的植物上。其有效成分是烟碱、石灰，起加快和提高药效的作用。如不用烟叶也可用吸剩下的烟头，可用烟灰缸内的烟头50～100只，连同烟灰加水200～300ml，浸泡一昼夜后，反复捣烂，用稀纱布滤去渣滓后喷施。

3. 肥皂水：肥皂水对害虫的防治作用，主要是堵塞害虫的呼吸器官(气孔)，使害虫窒息而死。另外因肥皂水表面张力小，容易粘附各种虫体，为此对多种细小害虫，如蚜虫、蚧虫等均有防效。

配制方法：用一般洗衣肥皂1份，加水50～60份，先将肥皂用小刀切成薄片，放入盆或桶等容器内，再用热开水冲入搅拌，待溶化冷却后即可喷施。

4. 洗衣粉水：洗衣粉又称肥皂粉，另外还有多种洗涤精等都有治虫作用，治虫原理和肥皂一样。如连续喷洒几次，还可将一些害虫的排泄物或已造成的煤污洗净，对吹绵蚧等有很好的防治效果。配制方法：洗衣粉1份，加水300～400份，将洗衣粉加入水中，稍加搅拌或振荡，待均匀溶化后即可喷施。

5. 蛋油乳剂：以蛋清为乳化剂，将油类乳化分散在水中。蛋清又是一种胶粘剂，不仅具有堵塞有害生物气孔的作用，还能使细小害虫粘着固定而死。晴天中午效果最好。配制方法：鸡(鸭)蛋(去蛋黄食用，留蛋清)1 只，普通食用油 2～3ml，水 200ml。先配成蛋清水，再加入食油，上下振荡，在液面看不到油花时，即可喷施，不宜存放。

6. 皂荚水：皂荚树很普遍，其老熟荚果中含有皂苷素和生物碱，治蚜虫的效果很好。

配制方法：用 1 份皂荚加 10～15 份水，先将皂荚捣烂，再加适量水，用手揉搓去掉渣滓，用时将余水全部加入，即可喷施。

7. 面糊水：面糊水有很强的粘固作用，可用来防治叶螨类害虫。如在晴热天气时，阳光下喷施，对叶螨的防治效果很好。

配制方法：用 1 份面粉加 50～60 份水，先将面粉调湿，再用开水冲熟、稀释，不能结块有疙瘩；待冷却后即可在中午喷施。此外，还可在煮大米粥、小米汤或稀饭时盛一点稀汤出来喷用，同样有效。

必须注意：市售化学浆糊成品不能应用，因有防腐剂石碳酸，对花卉植物易产生药害。

8. 浆糊粉：工业浆糊粉是由藻类植物淀粉加工制成的粘胶，用来防治螨类，效果很好。

配制方法：1 份浆糊粉加 100～200 份水，先用少量水将浆糊粉调成糊状，用时再将其余的水稀释成均匀的浆糊粉水后喷施。

9. 槿桐叶水：木槿和青桐的叶内含有大量胶质，在少量水内揉搓，即有能牵连的黏液出现，槿桐黏液防治叶螨有很好的效果。

配制方法：1 份木槿或青桐叶加 3～5 份水，先将槿桐叶尽量扯碎，反复揉搓；再用双手将叶渣拧挤净黏液后去掉，然后用适量水稀释。一般 50g 鲜叶，可制备 200ml 黏液，可喷直径约 20cm 的盆栽花卉 5 盆左右。

10. 苦楝水：苦楝树又名紫花树，全国各地都很普遍。在苦楝叶、果内含有苦味质、苦楝素，可防治蚜虫、蓟马、叶蝉等害虫。

制备方法：先将苦楝叶捣碎后挤出汁液，去掉叶渣，再加入 10～15 倍水后即可喷施。苦楝果应先捣烂，再放入非食用锅内煮开，滤去果皮、果核等渣滓，再加入适量的水后即可喷用。

11. 乌桕或蓖麻叶水：乌桕和蓖麻叶对害虫有麻醉、击倒的作用，且各地多有种植，取材容易，对蓟马等“五小”害虫有良好防治效果。

制备方法：用 1 份乌桕叶或蓖麻叶，加 5 份水。制备时先将叶撕碎、捣烂，再加入清水搅拌，滤去渣滓，即可喷施在有虫盆花上；可连续喷几次，无任何副作用。

以上简易防治方法，对一般害虫都有良好的防治效果，其最大的优点是可就地取材，能应急，无药害，不污染环境，不伤害天敌，可因地制宜地选用。

(九) 园林病害防治

1. 坚持预防为主、综合防治的方针，把病害消灭在未发生之前或初发阶段，且不给生态环境、人畜安全等造成危害。

2. 加强植物检疫工作，将国内在局部地区已经发生的病虫草害，封锁在一定范围内，阻止其进一步的扩展。

3. 生物防治是无公害防治的主要内容之一，生物防治是利用自然因子，即天敌的一种防治病害的方法。其主要利用的是抗性生物的拮抗作用和交叉保护作用。

(1) 拮抗作用：是指一种生物的存在和发展，限制了另一些生物的存在和发展的现象。在微生物之间广泛的存在。如：增产菌制剂，部分酵母菌制剂等。

(2) 交叉保护作用：是指利用低致病力(*hypovirulence*)的病原或无致病力的菌株的相近种或其他腐生菌，预先接种或混合接种在寄主植物上，可以诱发寄主对病原菌的抗病性。如：弱毒株系的利用等。

4. 作业防治与抗病育种：这是一种最经济、最基本的病害防治方法。在植物种植作业活动中，有目的地创造有利于植物体生长发育的环境条件，提高抗病力。同时，创造不利丁病原物活动、繁殖和生存的环境条件，最大限度地减轻病害发生的程度。

(1) 育无病苗木：栽培中选择无病苗木、种子和其他繁殖材料。

(2) 地卫生：清除病残体、杂草等。

(3) 理修剪：根据树体密度、株行距等，采取合适的树型等，达到通风透光的目标。

(4) 合理施肥及排灌。

(5) 选育抗病品种。

5. 物理防治：是指利用热力处理或辐射或外科手术等方法来防治病害的方法。

6. 化学防治：是指利用杀菌剂等对病原物直接杀伤，来防治病害或减轻病害损失的方法。对病原物有毒害作用的化学物质即为杀菌剂。

化学防治的原理一般分为 4 种：

(1) 保护作用：在病原物侵入寄主之前，使用杀菌剂阻止病原物的侵入，从而达到防治病害的作用。

(2) 治疗作用：当病原物已经侵入或寄主开始发病时，使用化学药剂处理植物，使寄主体内的病原物被破坏或抑制，或增强寄主的抗病力，使寄主植物恢复健康的作用。

(3) 免疫作用：是将化学药剂引入寄主体内，以增强植物对病原物的抵抗能力，从而达到限制或消除病原物侵染的作用。

(4) 钝化作用：金属盐、氨基酸、维生素、植物生长素、抗生素等物质进入寄主植物体后，能影响病毒的生物学活性，起到钝化病毒的作用。

7. 防治方法：

(1) 喷雾：可用湿粉、乳油和水剂等，均可用水稀释成一定浓度的药液，进行喷雾。

(2) 喷粉：粉剂可使用此法。

(3) 种苗处理。

(4) 土壤处理。

(5) 浸果洗果等。

8. 病原物的抗药性及防止

抗药性的产生是复杂与严重的。特别是内吸性杀菌剂，长期使用时，均可产生。会降低防治效果和增加成本。

(1) 交互抗性：即病原物对一种杀菌剂产生抗药性后，对作用机制类似的其他杀菌剂也有抗药性的现象。如：抗多菌灵的病原物也抗甲基托布津。

(2) 抗药性的防止方法：一是轮流、交替用药，不要长期使用一种药剂。再是适时适期用药。适当添加合适的添加剂。

9. 菌剂的合理使用

(1) 药剂防治与其他防治措施的配合。

(2) 提高使用技术，包括合理选药、用药次数和用量、时期、喷药技术等。

(3) 药剂的混用和连用。

10. 常用杀菌剂的类别

(1) 保护剂

波尔多液：是由硫酸铜与石灰混合而成的天蓝色胶状液。波尔多液是偏碱性的，应随配随用，长时间放置天蓝色胶状逐渐沉淀与分离，药效就会降低。

石灰硫磺合剂(石硫合剂)：由石灰及硫磺加水熬制而成，呈红棕色的透明液体，有刺鼻的硫磺味，可溶于水，是一种强碱性药液，除能杀菌外还能杀螨。

有机硫杀菌剂：为广谱保护剂，属二硫代氨基甲酸盐一类的衍生物。防治对象较广，包括锈病等多种真菌病害。毒性低，对人畜安全。药害少，甚至略有刺激增产作用(如代森锌对小麦)。品种较多，最常用的是代森锌、代森锰、代森锰锌都相类似，此外还有赛欧散，又称福美双。

三氯甲硫基类杀菌剂：这类药剂的主要品种如灭菌丹、克菌丹、敌菌丹等，可用为铜、汞药剂的代用品，防治多种果树病害，保护效果好而药害少。用于对铜素敏感的植物上，如桃、李等尤为适用。

(2) 内吸剂(治疗剂)

苯骈咪唑类杀菌剂：为内吸杀菌剂，广谱、高效、低毒，可用于防治多种类群的真菌病害，但对锈病、霜霉病、疫菌病无效。喷雾所用有效成分浓度约在1000～2000倍，对人畜较安全。但内导性能并不很强，喷雾时仍需注意均匀周到。残毒期不长，一般不过一周至两周，因此需每隔若干天再喷一次，具体施用浓度及喷药间隔日期依病害种类和天气状况而异，使用时需查阅手册或按技术指导行事。代表性药剂如多菌灵(又名苯骈咪唑44号)。此外，常用的还有托布津、甲基托布津、乙基托布津等，它们的化学结构虽与多菌灵有所不同，但它们都是在植物体内转化成多菌灵而发生药效的。

三唑类杀菌剂：为高效内吸杀菌剂，是锈病、黑穗病、白粉病的特效药，但对霜霉病、疫菌病等无效。以粉锈宁为例，喷雾浓度有效成分只需100mg/kg左右，每666.7m^2用药总量有效成分10g即足。用于拌种时每50kg种子只需有效成分15～20g。内吸和上导力均强，拌种后不久，药剂即达到植株周身，残效期长达1～2个月。生长期植株喷雾，如时期得当，只需喷1或2次即可保证效果。同类药剂还有百坦(Baytan，又名羟锈宁)、百科(Baycor)等。

(3) 铲除剂

这是一些强力杀菌剂，用于铲除休眠期植株表面的病原物、种苗表面消毒、仓库和工具的消毒及土壤消毒等，不能用于生长期间的植株。常用的如福尔马林(40%甲醛)、二氯化汞、硫酸铜、氯化苦等。有些药剂，低浓度可作保护剂或治疗剂，高浓度可作铲除剂。如石硫合剂用波美0.3°～0.5°液便是保护剂，用于防治生长期中植物白粉病，而5°液便是铲除剂，用于铲除休眠期树木枝干上的病原物。

(4) 免疫剂

这类药剂被吸收后并不直接抑制或杀伤病原物，而是改变植物的生理状况，增强其抗病性或耐病性，从而起到减轻病害，增加产量的作用。据国内新近研究，NS83增抗剂便属这类药剂。对有些药剂来说，内吸治疗和内吸免疫两种机制可能兼而有之，两者常不易分清。

六、古树名木的养护管理

我国是著名的文明古国，有着光辉灿烂和风格独特的古代文化，同时历代遗留了许多古树名木，有些至今仍生存在风景名胜区、古典园林、坛庙寺院及居民院落之中，特别是一些历史名城中更为丰富。山东莒县浮来山有商代银杏，树龄3000余年；在我国台湾省阿里山有号称东亚最大的巨树——红桧(台湾扁柏)，树龄2700年，树高60m左右；陕西黄陵县的轩辕侧柏树龄2700年；山东黄县有周代银杏，树龄约2500年；西藏有巨柏，树龄2300年；陕西临潼县河村小学内有汉槐，树龄约2000年；山东曲阜县颜庙有约2000余年的古白皮松；陕西勉县诸葛墓园内有两株“汉桂”，树龄约1700年，等等。这些古老树木是活着的历史文物，其本身的存在就可作人们吊古、瞻仰的对象。历代人们都十分珍视这些古树名木。有的城市街道都以它们来命名，如北京的“五棵松”等。但在十年浩劫中，这些活着的历史文物也遭到破坏或无人管理，枯死现象严重，例如，明末崇祯皇帝在景山上吊的槐树已不存在。如何保护中华民族的文化遗产，挽救这些活着的历史文物，已经成为我们园林工作者必须研究的课题。

古树名木的养护，应根据树木衰老期向心更新的特点来进行。

(一) 不要随意改变环境条件

古树在某一环境条件下已生活了几百年，甚至数千年，说明这种环境条件对它是很合适的，因此不能随意改变。在其周围进行其他建设(如建厂、建房屋、建厕所、挖方、填方)时，应首先考虑到是否会对古树名木有不良影响。有影响的，必须退让，或采取相应的保护措施。否则一旦由于轻视或疏忽等原因较大地改变了这一局部地区的光照、土壤理化性质等条件，就会影响其正常的生活，甚至死亡而成千古恨。

(二) 养护管理措施必须符合树木自身的生物学特性

各种树木都有其特定的生活习性，例如肉质根的树木，一般忌土壤溶液浓度过大，若一旦投以大水大肥，则树木不但不能吸收利用，反而会引起死亡。故在采取一些必要的养护措施时，必需小心谨慎，符合树木的生物特性。

(三) 防止土壤板结，改善通气条件

城市人口集中，人流量大，日久天长，造成树根周围土壤板结，隆起的根部被擦伤。由于表土层变硬，隔绝内外气体交换，使透气性能逐日减退、严重地妨碍树根的吸收作用，进而降低新根发生和生长的速率及穿透力，致使树木早衰或死亡。据观察一些公园绿地内的古树名木成批枯死，多少都与土壤板结有关。应采取改善土壤通气的措施，最好于适当部位深翻，加粗质有机肥，这样既有利通气又有利好菌的繁衍。在树的一定范围用围栏隔离游人防止践踏等，也是防止根际土壤板结的重要措施。

(四) 改善肥水条件

古树长期生活在同一地点，经多年选择吸收，若无外来补充，土壤活力及其理化性能大为减退。为改善古树的生活条件，应根据树木的需要和当时的具体情况，按其物候进行适当的施肥、灌水，保证树木的正常生长。对于冠顶和外围已树老焦梢的衰老树木，其吸收根系多数仅限于冠幅投影范围之内，采取改土、施肥、灌水等措施，也应在此范围，根据树的衰败程度，在树冠半径内以距树干的1/2～2/3处以外进行，过远则无效。

（五）防治病虫

古树的机体衰老有些与病虫危害有关；而树木衰老之后又易受致命的病虫害侵袭，如危害古松、古柏的小虫、甲囊类害虫就是明显的例证。它们只侵入生长衰弱的树木，一当侵入危害，就很难救治了。所以对于古树除加强肥水管理外，还要及时防治病虫害，避免侵袭致死。

（六）治伤、补残

在古树漫长的生活过程中，难免遭受到一些人为的或自然的损伤。由于伤口腐蚀感染，损伤部位就会扩大蔓延，以致危及树木的生命。故此对于损伤的部位要及时采取必要的救治措施。如有时一些古树干上会发生空洞，特别是古槐更为常见。树洞内藏污纳垢，不但影响树木的生长发育，而且对于观瞻和游人安全都会产生妨碍。所以发现树木空洞除有观赏价值外，一般应及时填补。时间最好在愈合组织迅速活动之前进行。填补树洞的材料主要是用麻刀灰砌补。先清除已腐朽的部分，并且利刀刮净，空洞的内壁涂以防腐剂。太深的洞，里面可以填砌砖石，但对腐朽严重的应改内钉木片等。外抹麻刀灰，最外抹青灰或水泥。为尽量和原树皮颜色相近，可在灰泥中调色或粘贴同种死树之皮，以提高观赏价值。

（七）更新修剪

对具潜芽且寿命长的树种(如槐、银杏等)当树木枝条衰老枯梢时，可以用回缩修剪来更新。有些树种根颈处具潜芽，树枯之后仍然能萌蘖生长者，可将树干锯除，进行更新。但对有观赏价值的干枝，应保留，使用喷防水剂等维护措施。对无潜芽或寿命短的树种，主要通过结合换土，修剪根系(切断 1cm 以下粗根系)，刺激发生新根更新，再加强肥水管理即可很快复壮。

（八）支撑保护

一些古树(如桧柏)树姿奇特，枝干横生，别有情趣。但由于树冠生长不平衡，容易引起负荷不平衡，发生倾斜或倒伏的问题；古树名木身高大者，“树大招风”，加上树干空朽，常导致吹倒树身，造成死亡或扭裂。所以对生长不均衡的树木主干，延长较长的枝杈，都应加设立支柱和于树干适当部位钉桩，以防风折。

（九）建立档案

对所有的古树名木，应给它们建立生长情况的档案，每年记明养护管理措施及生长情况，以供以后养护管理时参考。

（十）巧作桩景

对于一些已经枯死，根深不易倒伏的古树，如桧柏等，可以加以适当的修饰整理，以观其姿或于根旁栽植吸附或缠绕大藤木，使之成为有特殊艺术效果的桩景，加以利用。但对密植古树林中的死树，不宜用缠绕大藤木攀附，因易攀附到活树上去。

总之，对于古老树木的养护管理，目前还没有一套完整的理论与技术，有待园林工作者不断摸索与总结。

七、园林树木的其他养护管理

前几节列举了一些重要的养护管理措施，另外还有一些项目也必须注意，只有采取综合的养护管理措施，才能保证树木的正常生长发育。

（一）及时防治树木病虫害

绝大多数园林树木，在其一生中都可能遭受病虫的危害，影响树木的正常生长发育，甚至造成死亡。所以，防治病虫是园林树木养护管理中的一项极为重要的措施，是巩固和提高城市园林绿化一项不可缺少的重要工作。它不仅直接影响城市园林树木的生长发育和绿化功能效果，而且与生产活动、环境保护、市容、卫生和人民生活都有密切关系。

园林树木病虫害防治，必须贯彻以“预防为主”和“治早、治小、治了”的原则，采取慎重的科学态度，对症下药，综合防治，以保证树木不受或少受病虫危害；同时要注意保护环境，减少农药污染，多用生物防治。

（二）防治风灾

夏秋季一般多强风，尤其沿海地区多台风，树木枝杈常遭风折，又由于雨水多，土壤潮湿松软，大风骤起或风雨交加，更易造成树木被吹倒的现象。轻者影响树木生长，重者造成死亡，甚至还会造成人身伤亡或其他破坏事故。因此在夏季多风季节来到之前，应采取一些防风措施。如绑立支柱、疏剪树冠、截头压冠等。

1. 修剪树冠

对浅根性乔木或因土层浅薄，地下水位高而造成浅根的高大树木，以及长在迎风处树冠过大的高树，应及时适当加以疏剪删枝，以利于透风，减少负荷。对高处过长枝条和被害虫危害过的枝条，也应截除，必要时甚至可以截去主枝，压低树冠，以增强抗风能力。

2. 培土

栽植较浅的树木，应于根部培土，加厚土层。

3. 支撑

必要时，在下风方向立木棍或水泥柱等支撑物，但应当注意支撑物与树皮之间要垫一些柔软的东西，以防擦破树皮。

在江南沿海地区，应有台风防治措施。除按上述预防外，台风过后，应立即派出专人调查刮倒之树木和危害交通、电讯、民房等情况，以便及时采取紧急措施。对歪倒树木应进行重剪，然后扶正，用草绳卷干并立柱、加土夯实；对已连根拔起的树，视情况处理或重栽。

（三）中耕除草

树木根部杂草丛生，会与树木争夺水分、养分。特别是对新栽的乔灌木和浅根性树种，不但影响树木的正常生长发育，而且杂草丛生影响观瞻。所以及时消除杂草也是园林树木养护工作的重要项目之一。对生长树木根部的杂草，我们主张用中耕的方法连根锄掉并埋入土中，腐烂后即成肥料。没有草的地方也要在雨后或灌水后，适时将地表锄松，提高土壤透气性和保墒能力，有利树根生长。草荒严重，也可用化学除草，但应注意选择适当的除草剂，以免发生药害。对干旱缺草坪的地方，应考虑利用有观赏价值的野草。

（四）防日灼

在我国南方，对新栽1～2年(胸径3cm左右)的乔木、珍贵树种、树皮光滑较薄的树种，都要在夏旱来到之前，用草绳卷干，一般卷到分枝点。干矮的，除主干外，还应卷一部分主枝，以防日灼。其中对珍贵树种，应选用1%的硫酸铜溶液或石灰水刷干，然后卷干。草绳如有松散脱落应及时整好，发现霉烂者应及时更换。另外，凡不耐旱的树种，栽植后都应将主干和主枝涂白或喷白，以防树皮晒裂。

（五）洗尘

由于空气污染，裸露地面尘土飞扬等原因，城市树木的枝叶上，多蒙有烟尘，堵塞气孔，影响光合作用。在无雨或少雨季节应定期喷水冲洗。夏秋酷热天，宜早晨或傍晚进行冲洗。

（六）伐、挖死树

由于树木衰老、病虫侵袭、机械损伤、人为破坏，以及其他原因，造成一些树木死亡。对那些已无可挽救，也无保留必要的树木，应在尚未完全死亡之前，尽早伐除。这样可避免树对行人、交通、建筑、电线及其他设施带来危害，减少病虫潜伏与蔓延，又增加了可利用的木材。否则会影响市容和造成危害。伐前应调查其死亡原因，观察四周环境，仔细分析砍伐过程可能对建筑、电线、交通、行人等造成的安全问题，经申请报批，即可进行伐除。街道、居民院内的死树需砍伐时，应在有经验的老工人参与指导下，按符合安全的程序(如先锯枝、后砍干)和措施(如吊枝落地)进行。伐后对残桩也应尽早挖掘清理，并填平地面。

（七）围护、隔离

多数树木喜欢土质疏松，透气良好的土壤，因长期的人流践踏，造成土壤板结，会妨碍树木的正常生长，引起早衰；特别是根系较浅的乔灌木和一些常绿树，反应更为敏感。对这类树木在改善通气条件后，应用围篱或栅栏加以围护，但应以不妨碍观赏视线为原则。为突出主要景观，围篱要适当低些；造型和花色宜简朴，以不损宾夺主为佳，围护也可用绿篱等形式。

（八）看管、巡查

为了保护树木免遭或少受人为破坏，一些重点绿地应设置看管和巡视的工作人员，如吸收退休工人参加等。他们的主要职责如下：

1. 看护所管绿地，进行爱护树木的宣传教育，发现破坏绿地和树木的现象，应及时劝阻和制止。

2. 与有关部门配合，协同保护树木，同时保证各市政部门(如电力、电讯、交通等)的正常工作。

3. 检查绿地和树木的有关情况，发现问题及时向上级报告，以便得到及时处理。

第三章　园林土建分项工程的施工管理

第一节　园林建筑工程

一、园林建筑工程的内容

园林建筑是指在园林中有造景作用，同时供人游览、观赏、休息的建筑物。它是一门内容广泛的综合性学科，它要最大限度地利用周围环境，在位置的选择上要因地制宜，取得最好的透视线与观景点，并以得景为主。

1. 园林建设的分类

(1) 园林建筑按基本用途可分为

① 游息建筑：有亭、廊、水榭等；

② 服务建筑：有大门、茶室、餐馆、小卖部等；

③ 水体建筑：包括码头、桥、喷泉、水池等；

④ 文教建筑：有各式展览、阅览室、露天演出场地、游艺场等；

⑤ 动、植物园建筑：有各式动物馆舍、盆景园、水景园、温室、观光温室；

⑥ 各类园林小品：如院墙、影壁、园灯、园椅、雕塑、花钵、花架、漏窗等。

(2) 按使用功能分类

① 点景游息类：亭、廊、树、船、楼、阁、厅、堂、轩、馆、塔等；

② 文教宣传类：展览馆、博物馆、纪念馆、阅览室、陈列室、动物馆舍、温室、露天剧场等；

③ 文娱体育类：游艺室、音乐厅、体育馆、游泳场、游船码头、儿童游乐场等；

④ 服务类：茶室、餐厅、小卖部、摄影服务部、公共厕所、电话亭等；

⑤ 管理类：办公室、仓库、生产暖房等；

⑥ 其他类：园椅、园桌、园凳、照明灯具、栏杆、导游牌、园门、园窗、花台、花坛、树池、廊架、喷泉、雕塑等。

(3) 按传统建筑形式分类

① 亭：三角亭、方亭、六角亭、八角亭、圆形亭、扇面亭、双亭等；

② 廊：平廊、爬山廊、水廊、直廊、曲廊、回廊、半廊、复廊、双层廊等；

③ 榭：水榭、花榭等；

④ 舫：仿古船建筑置于水中，也称旱船、不系舟；

⑤ 厅堂：传统园林中的主建筑，常见形式有方厅、船厅、鸳鸯厅、四面厅等；

⑥ 楼阁：传统园林中高层建筑，常用于登高望远观景用，也兼有服务功能；

⑦ 馆：传统园林中形式较随意的建筑；

⑧ 其他：如轩、斋、舍、塔等。

园林建筑是中国园林中的一个重要因素。在长期的实践中，无论在单体、群体、总体布局以及建筑类型上，都紧密地与周围环境结合。追崇自然，与自然环境相协调是中国园林建筑的一个准则。园林建筑的主要特色在于“巧”（即灵活）、“宜”（即适宜）、“精”（即精美）、“雅”（即指建筑的格调要幽雅）。这四个字实际上是代表了园林建筑从设计到施工要遵循的原则和指导思想。

古代建筑中常使用在视觉中心两侧具有相同分量的构图，即称为均衡。均衡分为对称及不对称。一般而言，中国传统建筑中，宫殿、庙宇、住宅等喜用对称均衡，而在园林中，喜用不对称均衡构图。均衡构图给人一种稳定、安全、舒适的感受，是建筑构图中最重要的法则。而在生物界，不论是动物还是植物，在个体构造上都是对称的。但人类赖以生存的自然山川、河流以及植被群落等生存环境却都是不对称的，园林建筑从属于自然风景，则以不对称构图为主，以更好地与大自然协调。在园林中，突出的应是山水景观，而建筑只是配角，起到一个陪衬和渲染的作用，尺度不宜过大，否则会适得其反，喧宾夺主，破坏了景观。

园林建筑就其所用的承重构件材料和结构形式来分，主要有：砖木结构、混合结构、钢筋混凝土框架结构、轻钢结构及中国古建筑物的木结构。砖木结构多见于古代园林中的楼、阁、亭等。而混合结构是指建筑物的墙柱用砖砌、楼梯用钢筋混凝土结构、屋顶为木或钢筋混凝土，这种形式目前在园林建筑中使用较为广泛。我国的古建筑已有几千年的历史，是我国文明史的瑰宝。古代木建筑物的木梁、木柱、椽、檩为承重构件，它们是采用独特的技法结构而成，目前在一些古建筑的修复、仿古建筑的建造中应用较多。

二、建亭造廊

园林中有造景作用同时供人游览、观赏、休息的建筑物，称为园林建筑。

1. 园林建筑的不同含义

东方和西方对园林建筑一词的理解是不同的。以中国为代表的东方自然山水园林是由山、水、植物和建筑组成的。专用于园林的如园亭、园廊、台、水榭、园桥等固然是园林建筑，其他如厅堂、殿宇、寺塔等只要在园林中起造景作用有得景效果的也是园林建筑。西方的园林建筑一般是指不包括主体建筑的小型建筑物以及人造喷泉、花台、装饰雕塑、园灯、座椅等。伊斯兰园林和西方园林一样，主体建筑不在园林建筑之列。

中国的现代园林建筑在使用功能上与古代园林建筑已有很大的不同。公园已取代过去的私园，成为主要的园林形式。园林建筑越来越多地出现在公园、风景区、城市绿地、宾馆庭园乃至机关、工厂之中。

2. 选址

园林建筑位置必须根据人对自然景物(包括建筑在内)的观察研究来确定，要符合自然和生活的要求，务求“得体合宜”。如在高崖绝壁松杉掩映处筑奇观精舍，在林壑幽绝处建山亭，在双峰夹峙处置关隘，在广阔处辟田园等。即使同一类型建筑物，也要根据环境设计成不同的风格。例如北京景山上的五座亭，正中山顶上是三重檐四角攒尖顶，两侧为重檐八角攒尖顶，再下两亭为圆形攒尖顶。又如舫，帝王宫苑颐和园中的石舫与苏州宅园中的舫在规模、用料、装修上都大不相同。

园林建筑的位置要兼顾成景和得景两个方面。如颐和园中的佛香阁既是全园的主景，又可在上俯瞰整个湖区，是成景和得景兼顾的范例。通常以得景为主的建筑多建在景界开阔和景色的最佳观赏线上，以成景为主的建筑多建在有典型景观的地段，而且有合宜的观赏视距和角度。

3. 借景

巧于因借也是中国园林建筑设计的重要原则。“因”为“因势”，就是将建筑和自然环境的地形地貌很好地结合起来；“借”为“借景”，就是把园内或园外的佳景借到自己观景范围里来，从各种视点充分欣赏到每一景物。因此，园林建筑设计要突破一般建筑格局，不拘泥对称也不拘泥朝向。有时为了一棵树，可以去掉半间屋；为了一块石，廊子可以弯过；为了借墙外之景，墙上可以开个洞窗等。“俗则屏之，佳则收之”，充分发挥各个角度景观的情趣。园林中常用的借景手法有远借、邻借、仰借、俯借和因时而借5种。

在中国古典园林中，位于天然风景区的别墅、山庄或大型宫苑，由于环境自身广阔而富于变化，建筑物除了适应自然地形高低曲折之外，也常采取单纯明确的构图。而在小规模的城市宅园里，则要靠建筑空间和自然空间的穿插变化，才能使人感到步移景异，置身于山石花木的图画之中。因此，园林建筑自身的空间处理或复杂或单纯，必须根据环境的特点来考虑。

4. 成景

中国园林以自然景观为主体，但园林建筑常是造景的中心，或对自然景观起画龙点睛的作用。北京圆明园四十景，承德避暑山庄七十二景，多数以建筑或在建筑中所得的景观为题。中国自然山水园林发挥了建筑的作用，使园林景区的划分、空间的安排等都显得层次分明、序列明确，给人更深的印象。北京颐和园的长廊本身是一景观，还起组织导游路线的作用。大型园林中的“园中园”建筑群，如颐和园中的谐趣园，可自成景区，使空间划分更富情趣。中国园林中一墙一垣、一桥一廊无不求充分发挥它们的成景、点景的作用。而且中国园林建筑上大都有匾额楹联，室内还有与景点意境相呼应的诗画。这些诗画和书法艺术对欣赏体会园林艺术和造园家创造环境的匠心，能起到点题和引导的作用。

5. 风格

中国园林素有南方风格和北方风格之分。南方园林以江南宅园为代表，北方园林以帝王宫苑为代表。两者除了规模和自然条件的不同以外，主要差别还表现在建筑形式上。北方的园林建筑厚重沉稳，平面布局较为严整，多用色彩强烈的彩绘，构造近乎“官式”；南方的园林建筑一般都是青瓦素墙，褐色门窗，不施彩画，用料较小，布局灵活，显得玲珑清雅，常有精致的砖石木雕作装饰。

三、建筑小品

园林小品是指园林中供休息、装饰、照明、展示和为园林管理及方便游人之用的小型建筑设施。一般没有内部空间，体量小巧，造型别致，富有特色，并讲究适得其所。这种建筑小品设置在城市街头、广场、绿地等室外环境中便称为城市建筑小品。园林建筑小品在园林中既能美化环境，丰富园趣，为游人提供文化休息和公共活动的方便，又能使游人从中获得美的感受和良好的教益。

1. 分类

园林建筑小品按其功能分为5类：

(1) 供休息的小品。包括各种造型的靠背园椅、凳、桌和遮阳的伞、罩等。常结合环境，用自然块石或用混凝土做成仿石、仿树墩的凳、桌；或利用花坛、花台边缘的矮墙和地下通气孔道来做椅、凳等；围绕大树基部设椅凳，既可休息，又能纳凉。

(2) 装饰性小品。各种固定的和可移动的花钵、饰瓶，可以经常更换花卉。装饰性的日晷、香炉、水缸，各种景墙(如九龙壁)、景窗等，在园林中起点缀作用。

(3) 结合照明的小品。园灯的基座、灯柱、灯头、灯具都有很强的装饰作用。

(4) 展示性小品。各种布告板、导游图板、指路标牌以及动物园、植物园和文物古建筑的说明牌、阅报栏、图片画廊等，都对游人有宣传、教育的作用。

(5) 服务性小品。如为游人服务的饮水泉、洗手池、公用电话亭、时钟塔等；为保护园林设施的栏杆、格子垣、花坛绿地的边缘装饰等；为保持环境卫生的废物箱等。

2. 创作要点

园林建筑小品具有精美、灵巧和多样化的特点，设计创作时可以做到“景到随机，不拘一格”，在有限空间得其天趣。园林建筑小品的创作要求是：(1)立其意趣，根据自然景观和人文风情，作出景点中小品的设计构想；(2)合其体宜，选择合理的位置和布局，作到巧而得体，精而合宜；(3)取其特色，充分反映建筑小品的特色，把它巧妙地熔铸在园林造型之中；(4)顺其自然，不破坏原有风貌，做到涉门成趣，得景随形；(5)求其因借，通过对自然景物形象的取舍，使造型简练的小品获得景象丰满、充实的效应；(6)饰其空间，充分利用建筑小品的灵活性、多样性以丰富园林空间；(7)巧其点缀，把需要突出表现的景物强化起来，把影响景物的角落巧妙地转化成为游赏的对象；(8)寻其对比，把两种明显差异的素材巧妙地结合起来，相互烘托，显出双方的特点。

四、古建筑的分类

古代建筑因其造型、位置、使用功能等因素的不同，可分为殿、祠、厅、堂、馆、斋、楼、阁、庐、轩、台、榭、廊、舫、亭等各种形式，其形式的主要特征及使用范围如下：

1. 殿

中国古时候将厅堂高大者称为殿，有“天子之堂曰殿”、“释道祀其神灵三室曰殿”的说法。即古代君王治政执事之处或供奉佛像之处皆可称“殿”，如北京故宫的太和殿、中和殿、保和殿、养心殿等，佛教庙宇中的“大雄宝殿”等。另外，在古代皇家园林中较大的建筑物也可称为殿。例如北京颐和园的仁寿殿、德辉殿、排云殿，承德避暑山庄的澹泊敬诚殿，圆明园的凝晖殿、勤政亲贤殿、正大光明殿等。

因此，确切地说，一般属于比较高大的古代厅堂建筑都可以称之为“殿”。

殿常为两层以上的重檐建筑，体量大，层高高，在建筑群体中位于主轴线的中心主帅位置，气势宏伟。在古建筑中，殿一般为建筑面积、体量、规模最大，装饰最豪华的建筑物。

2. 祠

祠常为奉祀先人的建筑物，我国较为著名的古祠有四川成都的武侯祠，杜甫草堂的工部祠，山西代县的杨忠武祠，杭州三潭印月的先贤祠也属于此类建筑。其他尚有岳庙中的忠烈、启忠两祠、于谦祠、张苍水祠。祠的建筑形式相对于殿来说则是显得层高、体量都较小，且大都为单层建筑。

3. 厅堂

按古书记载，厅为房屋之大堂，而堂则为“宫室之正屋，所以为治事及行礼之地也”，又有说“堂者，当也，谓当正向阳之屋。”虽然厅、堂在功能及含意上有细微区别(古代厅写为廳，即官府治事之处)，但是就形式和位置而言，都是指居中向阳、高大开敞的屋。

厅堂的造型一般为外形四方，相对一般民居层高较高的建筑物，主要功能为治事、会客、礼祭和举行各种仪式的场所。形式有一般厅堂、鸳鸯厅和四面厅。鸳鸯厅为厅内中部以屏风、门罩、隔扇等将厅分为南北两半，南部供冬春、北部供夏秋休憩；厅四周设回廊、长窗、隔扇，使人坐厅内可观四面景色的称“四面厅”，在杭州龙井、郭庄都可以看到此类建筑。

4. 斋

古代的斋，是为斋戒之所，也就是守戒屏欲的地方，故斋一般作为书房学舍，环境要求幽深僻静，式样无严格规定，凡是藏而不露，较为封闭，可以屏绝世虑，隐修秘居的场所，均可称之为斋。

如承德避暑山庄的松鹤斋、颐和园的澄爽斋、北海公园的静心斋等，都属于此类建筑。

5. 馆

“馆”由食和官组成，原为古代做官之人游宴之处，《园冶》中称“散寄之居曰馆……客舍为假馆。”也就是说，馆可以作为暂时寄居或接待宾客的房舍。所以，现代人将游客暂住之所称为“宾馆”、“旅馆”，供人饮食之所称为“餐馆”。

馆的规模不定，可以很大，也可以随意布置，一般是由一组建筑组成，因为它的使用功能为游人暂居之处，故一般都较注意环境的布置，或幽雅清静，或景观宜人，使游人感觉舒适惬意为上。

此类建筑的代表有颐和园的听鹂馆、宜芸馆，圆明园的如意馆、杏花春馆，《红楼梦》中的潇湘馆，杭州有西泠印社的题襟馆，柳浪闻莺的闻莺馆等。

6. 楼

楼是指古代两层以上的屋，“说文”中说“重屋曰楼”，一般的楼均为两层，面阔为3～5间，屋顶可以是硬山、歇山，也可以是简单的二坡民居式。

楼的主要功能为登高望远，往往建造在高坡、水边或远景宜人之处，如武汉的黄鹤楼、苏州拙政园的倒影楼、桂林七星岩的月牙楼等，在杭州亦有楼外楼、望湖楼。

楼的规模一般不大，也不如厅堂建筑那样富丽堂皇，要求造型宽敞精细，装修简洁，很少用斗栱；观景的一面常为长窗，外设栏杆或设阳台亦可，室内一般不设吊顶，以求高敞，楼梯一般在室内，也有依山而筑，在山体上砌踏步而上的，则更显曲折雅趣。

7. 阁

阁为我国传统楼房的一种名称，与楼相似，但建筑形式常为重檐式，四面开窗，平面必为方形或正多边形，较楼的造型更为轻巧。底层一般为虚空，二层作正途用，四周常设栏杆或隔扇。

阁的功能也为登高望远用，故常设置在某一范围的制高点上，常作为某一范围内的标准性建筑。具体如武汉的行吟阁，颐和园的佛香阁，山西大同的普贤阁，苏州拙政园的浮翠阁。浙江省金华婺州公园中的望江阁，是标准的南方形式的正方形阁。其他还有杭州西泠印社的四照阁，花港观鱼的藏山阁，都属于典型的阁。此外，中国古时也有将藏书楼称为阁的，如北京的文渊阁、宁波的天一阁、杭州的文澜阁、庙宇建筑中的藏经阁等。

8. 庐

庐是指典型的村民居舍。古书称“在野曰庐，庐者，田中之屋也。”意为田野中的房屋称庐。后引申为村屋与山屋之通称。古建筑中的斋堂楼阁造型华丽、精美，而庐却反其道而行之，它体量矮小，外形朴实无华，常以茅草覆顶，曰“茅庐”，柴门土墙，竹篱瓜架，一派田园村野之气。三国志上的“刘备三顾茅庐”中诸葛亮的住所，就是指这种建筑。

9. 轩

轩的形式类似于古代一种有围棚的车子，车前高后低的称“轩”，前低后高的称“轾”。一般建筑在比较高的位置，体量不大，形式开敞，有些厅堂前设卷棚顶部分也被称为轩。例如圆明园中的课农轩、君子轩；杭州虎跑景区“虎跑泉”正面的叠翠轩、三潭印月的迎翠轩等，都属于此类建筑。

10. 台

台是一种高而平的建筑物，古代帝王所建之台，通称为灵台，古称“土高曰台”，可见，古代的台是用土堆积而成。台侧有条石起磡或砌作虎皮石磡，台边饰以石栏杆，以作围护。台的功能为眺望或游玩；古代之烽火台，则为报警所用。台分水台、旱台两类，水台常为垂钓、赏月，旱台则为赏景观日出用，水台如富春江严子陵钓台、杭州平湖秋月的平台；旱台如黄山的清凉台、杭州的初阳台，为观日好去处。

11. 榭

《园冶》中称：“榭者，藉也。藉景而成者，或水边，或花畔，制亦随态。”榭一般为筑在台上的敞屋，位置在水际花间；在水面上的称水榭，目前所见基本为水榭，榭的平面常为长方形，高仅一层，柱间常设矮栏坐凳，或设短窗，供游人休憩赏景，凭栏倚水。例如避暑山庄的水心榭，中山陵水榭，桂林杉湖岛冰榭，桂林芦笛岩水榭，杭州玉泉山水园水榭等。

12. 廊

廊为连接建筑物、分隔庭院、上有覆盖的走道；另也将房屋的前后左右屋檐遮盖但无墙体或隔扇封闭之部分称为廊，常为两柱或一柱一墙设置，柱间距 2～3m，高约 3m，上架桁梁，柱间设万川挂落，下设栏杆或坐凳、美人靠，但不宜装窗，廊宽常为 1.2～2m，形式蜒蜿曲折，高下随意。廊的主要功能为连接各种形式的建筑，使室外环境与住宅相连接，遮阳挡雨，导游造景，分割空间，美观实用。北方的廊常做一些彩绘，南方的廊常做一些雕刻。

廊有多种类型，常见的有爬山廊、水上廊、沿墙廊、高低廊、桥廊、曲廊等，因其一般较长，为避免枯燥单调，常在建造上“依势而曲，或蟠山腰，或穷水际，通花渡壑，蜿蜒无尽……”。在梁枋处施以彩画，有花鸟虫鱼、历史故事、神话传说、吉祥图案等，供游人边走边赏，忘却疲劳。

较为著名的有颐和园长廊，四川大足摩崖石刻檐廊，无锡锡惠公园垂虹廊，苏州拙政园波形廊，四川峨眉山伏虎寺前的桥廊等，杭州亦有花港观鱼廊、三潭曲廊等。

13. 舫

舫通称为旱船或不系舟，系仿船而造成的水中建筑物，宽度一般为 3m 左右，分船头、中船厅、后梢棚楼三部分，船头长约 2m，中舱为 2.5m，以隔扇分成内外舱，两旁装槛窗可启闭，后梢棚楼与阁相似，四面开窗，与中舱相通，有小梯可上下。舫体大都平行于湖岸设置，在船头或船尾一侧设平桥与岸相连，以便登临。也有船头伸入水中或全舫设在水中的。

常见的舫有颐和园的清宴舫，苏州狮子林的画舫，苏州拙政园的香洲，华清池的九龙汤旱船，杭州的曲院风荷湛碧楼茶室画舫等。

14. 亭

亭为停息凭眺之所，平面一般为方、圆、八角、六角、四角、三角、扇面、海棠诸形，小巧玲珑，四面敞开，通风透光，属于一种敞开式小品建筑。亭的原意为停留，主要功能为路人停息、躲雨避日用，但古建筑中的亭子特别强调装饰，所以还能起到点缀园景的作用。

建亭的材料古代多为木、竹、砖、石、青瓦、玻璃瓦和茅草等，现代也有用钢筋混凝土建筑的，亭顶有单檐、重檐、三重檐、攒尖、歇山、单坡、平顶、穹窿顶、双层等形式。亭的设置位置随意性极大，古人称“安亭有式，立地无凭”。古代亭子上常设斗栱、挂落、雀替、美人靠(吴王靠)、藻井、花式门窗洞等；但亭子最主要强调的是体型美，因此在设计时要注意空间比例的和谐。亭子数量众多，如：杭州镜湖厅四方重檐亭、花港六角重檐牡丹亭、植物园花圃六角单檐休息亭、灵峰探梅梅花亭、花港歇山式碑亭、三潭扇面亭、太子湾茅草亭、三潭开网三角亭、黄龙洞三角亭、各类景区碑亭等。

第二节　园路工程和铺装

一、园路的概述

园路工程我国已有悠久的历史。我国古典园林中的道路，也多以砖、瓦、卵石、碎瓷片等组成各种图案，既经济实用，又美观大方。在现代园林中，除继承传统的铺路手法外，还出现了不少用新材料、新工艺建筑的新路面，为园林增色不少。

（一）园路的作用

园路是园林的脉络，它联系着全国的各个景点，是构成园景的重要因素，具体作用如下：

1. 引导游览

园路能组织园林风景的动态序列，它能引导人们按照设计的意愿、路线和角度来欣赏景物的最佳画面、能引导人们到达各功能分区。

2. 组织交通

园路对于园林绿化、维修养护、商业服务、消防安全、职工生活、园务管理等方面的交通运输作用也是必不可少的。

3. 组织空间，构成景色

园林中各个功能分区、景色分区往往是以园路作为分界线。园路有优美的曲线，丰富多彩的路面铺装，两旁有花草树木，还有山、水、建筑、山石等，构成一幅幅美丽的画面。在园路设计时要做到“因景设路”、“因路设景”，使游人感到处处有景，“步移景异”。

4. 奠定水电工程的基础

园林中的给排水、供电系统常与园路相结合，所以在园路设计时，也要考虑到这些因子。

（二）园路的类别

园路的分类方法很多，常用的分类法有以下几种：

1. 依游览通行的功能分类

(1) 主要园路

主要园路连接全国各个景区及主要建筑物，除了游人较集中外，还要通行生产、管理用车，所以要求路面坚固，宽度在4m以上。路面铺装以混凝土和沥青为主。

(2) 次要园路

次要园路连接着园内的每一个景点，宽度在2～4m，路面铺装的形式比较多样。

(3) 游憩小路

这类小路可以延伸到公园的每一个角落，供游人散步、赏景之用，不允许车辆驶入，其宽度多为0.7～1.2m。

2. 按铺装材料分类

(1) 整体路面——包括水泥混凝土路面和沥青混凝土路面，这类路面也叫胶结路。

(2) 块料路面——包括各种天然块料和各种预制块料铺装的路面。

(3) 碎料路面——用各种碎石、瓦片、卵石等组成的路面。

(4) 简易路面——由煤屑、三合土等组成的路面。多用于临时性或过渡性园路。

（三）园路的组成

园路的组成有两种类型，一是街道式，一是公路式。

1. 平面组成

(1) 车行道：用来通行车辆。由于荷载大、磨耗多，所以要求耐压、耐磨损的材料作路面，如水泥路面、沥青路面、条石路面等。路面要有纵横坡，有利排水。

(2) 人行道：为保证游人能安全地游览赏景，当人、车分道时，人行道应高出车行道15cm。因荷重没有车行道大，所以铺面材料可以与车行道相同，也可以与车行道不同。对于交通量较大的地方，如公园出入口，路面材料要适当加厚。

(3) 路肩：在公路式道路中，路两旁不加铺设的部分。其作用是稳固路面，保证行车安全、路肩要有一定肩度和排水能力，其宽度在1～2.5m之间。

(4) 路牙：又称边缘石或侧石。用以分隔车行道及人行道，及满足排水的需要。路牙要有足够的强度，以抵挡车辆的冲击，路牙的断面形式一般为长方体。

(5) 绿带：当风景区中道路路面较宽时，常用绿带来分隔车行道和人行道，或用绿带来分隔车行道中的机动车和非机动车及上下行驶车道。

(6) 边沟：位于道路的一侧或两侧，边沟的作用在于排除路面积水。因为路面积水如果不能及时排除，往往会渗入路基，造成路基被毁。

(7) 暗沟：在面积较小的园林中不可能设立明沟，要改用暗沟，暗沟一般断面较小，排水量不大，更要注意排水方向。

2. 断面组成及坡度

园路断面由路基、基层、结合层和面层4个部分组成。而路面包括结合层、基层、面层3部分。

(1) 路基：是整个道路的基础，要求有一定的强度和稳定性。因此，作路基的土壤要求密实、透水。

(2) 路面：

① 结合层：其作用是加强路面表面及排除园路积水。

② 基层：它的作用是把面层所受到的压力传到路基，因此基层要求耐压，不受外界环境影响。

③ 面层：面层在园路的最表面，直接承受载重和磨损。

3. 园路的坡度

(1) 道路的横坡：道路的横坡即路面横向坡度，又称路拱。其作用是使路面上的水迅速排向边沟。道路横坡坡度一般为2%～3%。

(2) 园路的纵坡：在园林中，园路常作为利用自然地形排水的辅助设施，为确保园路能在雨季承担有效排除地表水的功能，一般都有一定的纵向坡度设置。常规的园路纵坡坡度一般为0.3%，最大不得超过12%。

二、园路的线型设计

(一) 平曲线设计要点

1. 要保证游人能够顺利、安全地进入各风景游览点，即首先是满足功能要求。

2. 根据地形地物来选择经济合理的线路，即满足经济要求。

3. "沿路设景，因景设路"，创造步移景异、引人入胜的景观效果，即满足赏景要求。

4. 曲线的连接要优美、流畅，即满足园林的艺术要求。

5. 要考虑到各因素的相互关系。如赏景、安全行车、经济、美观等，即满足综合性要求。

(二) 平曲线上的安全视距

为保证车辆在弯道上行驶安全，遇到特殊情况来得及刹车，而不致于发生碰撞及其他交通事故，这就需要有一段安全视距。安全视距就是自踩刹车到停止的这段距离。这一距离与路面所构成的三角形就叫视距三角形。在视距三角形内不能有阻碍视线的物体存在。安全视距的长度因车速、道路宽度和路面情况而异，一般采用30～75m。

(三) 纵断面线型设计

1. 基本概念

(1) 纵断面：沿着道路中心线所作的剖面。它能表示沿线的地形、土壤等变化情况。

(2) 园路纵坡：沿着中心线所产生的倾斜面就是园路的纵坡。

(3) 竖曲线：介于两纵坡之间的曲线称为竖曲线，它有凹凸两种。

(4) 台阶：当人行园路纵坡坡度在12%以上时须设台阶。台阶的高度为13～15cm，最高不得高于25cm，最低不得低于10cm。台阶的宽度在30～35cm较为合适，最窄不得小于26cm。

在设置台阶的部位，原则上也应考虑无障碍设计，对于供残疾人使用的坡道坡度不得大于8%，坡长不得超过10m，坡道宽必须大于1.2m，回车及弯道宽大于2.5m，休息平台宽度大于1.8m。路面的两侧应设置栏杆，栏杆高度一般为1.3～1.6m。

2. 纵断面设计要求

(1) 根据造景要求，随地形的变化而起伏变化。

(2) 在满足造园艺术要求的前提下，尽量利用原地形，以保证路基的稳定，并减少土方量。

(3) 园路与相连的城市道路应有平顺的衔接。

(4) 园路应结合园内地面水的排除，并与各种地下管线密切配合。

三、园路的结构

(一) 园路的结构

1. 面层结构

(1) 典型的道路面层图式(图 3-1)

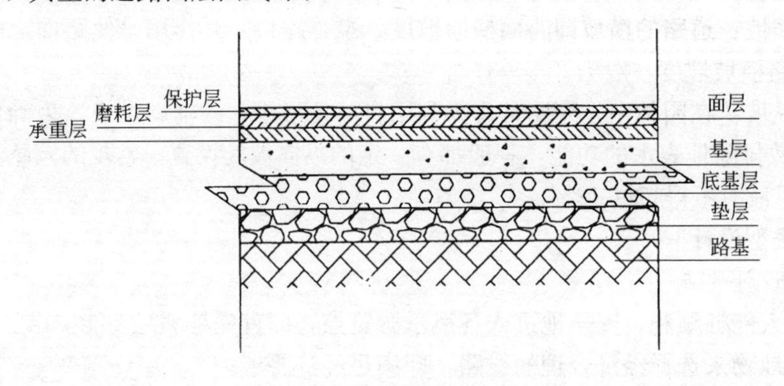

图 3-1　典型的道路面层结构

路面面层结构的组合形式是多种多样的(表 3-1)。

常用园路结构图　　表 3-1

适用范围	类　型	结　　构
一　般	石板嵌草路	2 3 1. 80～100 厚石板、自然块石，砼块 2. 50 厚黄砂 3. 素土夯实 注：石缝 30～50 嵌草
古典小庭	卵石嵌花路	1 2 3 4 1. 70 厚预制混凝土嵌卵石 2. 50 厚 M2.5 混合砂浆 3. 一步灰土 4. 素土夯实
厅堂廊	方砖路	1 2 3 1. 500×500×10 C15 混凝土方砖 2. 50 厚粗砂 3. 150～250 厚灰土 4. 素土夯实 注：胀缝加 1×0.95 橡皮条

园路由于交通量小、荷载轻，因此其面层结构的组合比城市道路简单。

(2) 路面各层的作用和设计要求

① 面层：路面上面的一层。它直接承受人流、车辆和大气因素——烈日、严冬、大风、暴雨、冰雪等的破坏。从工程角度讲，面层设计要坚固、平稳、耐磨耗，要有一定的粗糙度，并且便于清扫。

② 基层：在土基之上，起承重作用。一方面支撑由面层传下来的荷载，另一方面又把此荷载传给土基。

③ 结合层：用于块料铺筑的园路中，如冰纹路、方砖路等。结合层一般用3～5cm的粗砂，1∶3水泥砂浆或白灰砂浆即可。

2. 路基

路基是道路的基础，它不仅为路面提供一个平整的基面，还要承担随路面及外力的整个压力，同时也是保证路面强度和稳定度的重要条件。经验认为：一般黏土或砂性土开挖后用蛙式夯夯实3遍就可直接作为路基(特殊要求除外)。公园里的路基一般都做成略带圆弧形，中间稍高。

3. 附属工程

(1) 道牙(路牙)：分立道牙和平道牙两种形式，立道牙又叫侧石，平道牙又叫缘石。道牙能保护路面，便于排水。

(2) 雨水井：是路面排水的构筑物，在园林中采用砖块砌成，多为矩形。

(3) 台阶：如前所述，当路面坡度超过12°时，在不通行车辆的路段上，可设台阶；在行车的路段，为防止车辆打滑，可用礓礤路面。

(4) 种植池：在路边或广场上栽植植物，应预留种植池。种植池的大小根据植物的大小而定，一般乔木每边应留1.2～1.5m。为使植物免受损伤，最好在种植池上设保护栅。

(二) 园路的结构设计

园路的结构合理与否，直接影响到园路的牢固状况。所以在进行园路的结构设计时，要予以重视。

1. 园路结构设计中应注意的问题

(1) 就地取材；

(2) 增强基层与路基的强度。

2. 常用的园路结构设计图(图3-2)

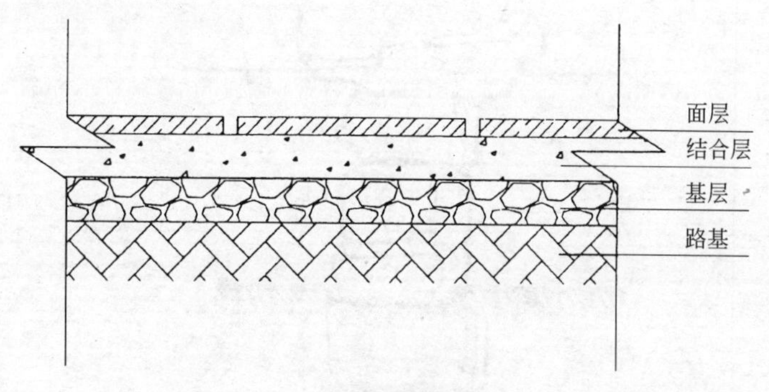

图3-2 园路的结构

园路形式多样，不同的路面材料对结合层与基层有不同的要求(表 3-2)。

表 3-2

车　行	水泥混凝土路		1. 80～150 厚 C20 混凝土 2. 80～120 厚碎石 3. 素土夯实 注：基层可用二渣(水碎渣、散石灰) 三渣(水碎渣、散石灰、道渣)
小径 (1.8m 宽以内)	卵石路		1. 70 厚混凝土上栽小卵石 2. 30～50 厚 M2.5 混合砂浆 3. 150～250 厚碎砖三合土 4. 素土夯实
车　行	沥青碎石路		1. 10 厚两层柏油表面处理 2. 50 厚泥结碎石 3. 150 厚碎砖或白灰、煤渣 4. 素土夯实
常规行人	羽毛球场铺地		1. 20 厚 1∶3 水泥砂浆 2. 80 厚 1∶3∶6 水泥、白灰、碎砖 3. 素土夯实
山路	步石		1. 大块毛石 2. 基石用毛石或 100 厚水泥混凝土板
过水面	块石汀步		结构同上

续表

小车道、人行道	方整石板路		1. 30～80厚方整石板 2. 30厚1∶3水泥砂浆 3. 80厚C10混凝土 4. 素土夯实
行人小径	花街铺地		1. 卵石、彩色小砾石、碎瓷片、碎缸片、青砖、小瓦 2. 1∶2水泥砖浆或三合土 3. 三合土或灰土夯实 4. 素土夯实

（三）园路路面的铺装设计

1. 园路路面的特殊要求

(1) 园路应具有装饰性：园路除了具有交通运输的作用外，本身也是被欣赏的对象，而且路面上丰富多彩的花纹还可衬托周围环境。

(2) 园路路面应有柔和的光线和色彩，减少反光，以防刺眼。

(3) 路面应与地形、植物、山石等配合，共同构成景色。尤其在山水园中，更要注意这一点。

2. 路面铺装实例

(1) 卵石铺地：也称水泥嵌卵石路。它采用卵石铺成各种图案，分预制和现铺两种。

① 现铺的卵石路：老式的卵石路都是现铺的，除了卵石外，还结合碗缸片等材料镶嵌而成，底部可以铺黄砂或不铺，边缘先做好侧石，再将卵石侧立排紧，然后用灰浆灌实。如要先铺花纹，则将缸、碗片先排好，再用卵石嵌紧。

② 预制卵石水泥板：现铺的卵石路虽然美观，但较费工。为了既能保持传统风格，又增加路面强度，降低造价，现在不少园林中采用预制混凝土卵石嵌花路，简称预制卵石水泥板。

(2) 嵌草路面：它是将天然石块或各种开头的预制水泥混凝土块，铺成冰裂纹或其他花纹，铺筑时在块料间留3～5cm的缝隙，填入培养土，种上草皮。

(3) 块料路面：以大方砖、块石和各种水泥预制板组成的路面。

这种路面简朴大方，其中各种拉条的路面，既加强了路面的光影效果，又可以防滑，而且反光强度小，看起来柔和、舒适。

(4) 砖铺路面：现在公园中使用较少。大部分用于古典园林的修复中，砖铺有平铺、侧铺等，也能组成不少图案。

(5) 整体路面：用水泥混凝土或沥青混凝土铺筑而成。它平整度好、耐压、耐磨，养护简单，清扫方便，所以公园的主干道大多采用水泥混凝土或沥青混凝土路面。其缺点是色彩太单调。

(6) 步石、汀步、登道

① 步石：常用于自然式草地或建筑附近的小块绿地上，材料有天然石块或圆形木纹

形、树桩形等的水泥预制板，自然地散放在草地中供人行走。一方面保护草地，另外也增加野趣。

② 汀步：水中的步石，适用于窄而浅的水面。如小水池、溪、涧等处。为游人的安全起见，石墩不宜高，而且一定要牢固，距离不宜过大。汀步也不能设在水面的最宽处，数量不宜过多，形式较常用的除山石汀步外，还有荷叶汀步。

③ 登道：局部利用天然岩石凿出的或用水泥混凝土仿树桩、假石等塑成的上山的道路，登道一般设在山崖陡峭处。

四、园路的施工

（一）放线

按路面设计中的中线，在地面上每 20～50m 放一中心桩，在弯道的曲线上，应在曲线的两端及中间各放一中心桩。在每一中心桩上要写上桩号。然后以中心桩为基准，定出边桩。沿着两边的边桩连成圆滑的曲线，这就是路面的平曲线。

（二）准备路槽

按设计路面的宽度，每侧放出 20cm 挖槽。路槽的深度应与路面的厚度相等，并且要有 2%～3%的横坡度，使其成为中间高、两边低的圆弧形或折线形。

路槽挖好后，洒上水，使土壤湿润，然后用蛙式跳夯夯 2～3 遍，槽面平整度允许误差在 2cm 以下。

（三）铺筑基层

根据设计要求准备铺筑材料，但在铺筑时就考虑到虚方与实方的关系。

（四）铺筑结合层

结合层一般用水泥、白灰、砂组成的混合砂浆，或用 1∶3 的水泥砂浆。砂浆的摊铺宽度应大于铺装面 5～10cm 左右，已拌好的砂浆应当天用完，所以一次不要拌得过多。

对于柔性路基的结合层也可以用 3～5mm 的粗砂均匀摊铺而成。

（五）铺筑面层

1. 散料类

（1）土路：完全用当地的土加入适量砂和消石灰铺筑。常用于游人少的地方，或作为临时性道路。

（2）草路：一般用在排水良好，游人不多的地段，要求路面不积水，并选择耐践踏的草种，如绊根草、结缕草等。

（3）碎石路：是用 2～7.5cm 的石料加泥结合做成的路面。铺设经济、施工方便，为防止路面损耗，可播些草籽。

施工方法：先铺设基层，一般用砂作基层，当砂不足时，可以用煤渣代替。基层厚约 20～25cm，铺后用轻型压路机压 2～3 次。面层（碎石层）一般为 14～20cm 厚，填后平整压实。当面层厚度超过 20cm 时，要分层铺压，下层 12～16cm，上层 10cm。面层铺设的高度应比实际高度大些。

2. 块料类

用石块、砖、预制水泥板等做路面的，统称为块料路面。此类路面花纹变化较多，铺设方便，因此在园林中应用较广。

施工总的要求是要有良好的路基，并加砂垫层，块料接缝处要加填充物。

具体方法因材料的不同而有所不同。

(1) 砖路：基层可用砂或碎石铺筑。其上铺3～5cm厚的砂或三合土作垫层，然后即可铺砖。

(2) 冰纹路面：又称冰梅路，式样朴素大方、极富自然情趣，是我国庭园中惯用的一种形式。

(3) 预制水泥板路：清洁平整，式样丰富，铺设方便，造价低廉，在园林中应用很广。

施工时先将水泥预制成各种形状，厚约8cm的水泥板，经充分保养干燥后就可应用。预制水泥板路一般仅作次路或游客道，所以路基只作夯实处理，如上由砂或煤屑铺成的垫层(2cm厚)，就可铺设水泥板。板块之间要嵌紧，不能松动，有些还要用水泥砂浆填缝。

3. 卵石类

(1) 卵石路：卵石路分为预制卵石混凝土块和现场散铺两种施工方法。

① 预制卵石混凝土块：可以工厂化生产，造型随意，对施工现场交叉施工影响小，并可产生一种具规则变化的铺装效果，现场铺设后的养护工作相对简单。

② 现场散铺卵石：在现场已完成的路基上铺设1∶2干硬性水泥砂浆，用事先挑选并清洁处理的卵石呈不规则状交错插入，卵石规格误差宜控制在10～15mm以内，每颗卵石需按长边方向竖向插入，在设计有图案要求的部位应先用钢丝或木板模具压出图案框线，然后按框插入不同色泽的卵石，最后用平木板压平轻击，使表面趋于平整，适当喷水养护。

散铺卵石具有整体性好，图案灵活多变，可营造出不断变化的路面景观的特点，是目前最常见的铺设方式。但其不足之处是养护期要进行全封闭专人管理，以防人畜误入，一旦造成局部凹陷，很难修复。

(2) 镶嵌拼花路面(花街铺地)

这是一种用规则的砖、瓦和不规则的彩色小砾石、卵石、碎瓷片、碎缸片等相结合，组成图案精美、色彩丰富的各种地面装饰性花纹的铺地方法。一般常见的有海棠兰花、万字、球门、冰纹梅花、长八角、攒六方、四方灯景、冰裂纹等纹样。

此类铺装，属典型的中国传统手法，一般是在灰土基层或者混凝土基层上以1∶2水泥砂浆按纹样固定框架，一边固定一边找平；然后在各框架间隙中填入1∶2干硬性水泥砂浆(或三合土)，将各种碎料嵌入，碎料之间要充分挤密，防止松动脱落，然后喷水养护。

4. 胶结料类

(1) 混凝土路：是将水泥、碎石、砂按不同配比拌制后浇捣形成的一种整体路面。其配比要求应视路面的使用要求确定。一般行人或通行小型车辆的，要采用C25混凝土(水泥∶碎石∶砂∶水＝390∶1310∶640∶190；单位：kg)，如需通行大型车辆，则应按设计要求采用C35以上的混凝土，且铺设厚度一般需在250mm以上。

混凝土路面一般要求有较坚固的基层，因园路以圆弧为主，故支模可采用ϕ10～15的钢筋和三夹板。为防止模板振捣变形，三夹板外侧应有足够的支撑。

混凝土路面因热胀冷缩可能造成破坏，故在施工完成、养护一段时期后用专用锯割机按6～9m间距割伸缩缝，深度约50mm。缝内要冲洗干净后用弹性胶泥嵌缝。园林施工中也常用楔形木条预埋、浇捣混凝土后拆除的方法留伸缩缝，还可免去锯割手续。

(2) 简易水泥路：底层铺碎砖瓦 6～8cm 厚，也可用煤渣代替。压平后铺一层极薄的水泥砂浆(粗砂)抹平、浇水、保养 2～3 天即可，此法常用于小路。也可在水泥路上划成方格或各种形状的花纹，既增加艺术性，也增强实用性。

(六) 铺筑路牙(道牙)

路牙的基础宜与路床同时填挖辗压，使整体有一个均匀的密实度。结合层用细石混凝土或 1∶3 水泥砂浆 2cm，按路牙要平稳牢固，按好后用 1∶2 水泥砂浆勾缝。路牙的背后应用细石混凝土灌实或白灰土夯实，白灰土的宽度为 50cm，厚度 15cm。

五、园路的养护管理

(一) 日常养护管理工作

1. 打扫

根据园路的污染情况，每天打扫 1～2 次。

2. 洒水

主要是减少尘土飞扬，保持公园空气清新。在夏天洒水还可降低温度。为了不影响游人活动，最好在清晨或傍晚进行。在儿童活动区的园路上要多洒水。

3. 铺砂

目的是保护路面，一般每年两次，即春秋各一次。用量为 $0.03m^3/m^2$，厚约 3cm。

车辆及人流量大的地段，冬令季节要在路面上铺些砂和木屑，以防结冰路滑。

4. 除草

对于一些蔓延能力强的杂草，如葎草、贯叶蓼等要及时清除，以免破坏路基的稳定。

5. 除冰排水

寒冬时要及时铲积雪及冰冻，以免路面冰裂或翻浆，雨季时要及时排除路面积水，以免积水渗入基层，影响路面的稳固。

6. 局部整修

对一些局部性被破坏的路面，需要及时修补。对于胶结料路面、先清除被破坏的残物，坑洼处用十字镐开大些，重新填上碎石等物，浇上水泥混凝土即可。对于一些块料类的路面修理较为简单，只需将损坏的部分，换成新的就行了。

(二) 道路、广场的大修

大修的方法是先去掉被破坏的路面，以及基层、垫层等，然后按照铺路的要求重新铺设，对于块料类的路面，原材料完好的一部分还可继续使用。

第三节 水 景 工 程

水是园林中的灵魂，或为“血液”，有了水才能使园林产生很多生气勃勃的景观。水是造景的重要因素之一。

一、园林水体的作用

(一) 增加园林情趣：水能形成明朗的空间和透景线，并能产生倒影。一些动水景还能产生悦耳的水声。

(二) 改善小气候：水体能造成湿润的空气，能调节气温，吸收灰尘，有利游人的健康。

（三）用于灌溉和消防。

（四）开展水上活动：如游泳、溜冰、钓鱼、划船等。

（五）结合动植物造景：如养锦鲤等观赏鱼，放养天鹅、鸳鸯，种荷花、睡莲及其他水生植物等。

二、水景的类型

（一）按水景的形式分

1. 自然式水景：指利用天然水面略加人工改造，或依地势模仿自然水体“就地凿水”的水景。这类水景有河流、湖泊、池沼、溪泉、瀑布等。

2. 规则式水景：指人工开凿成几何形状的水体，如运河、几何形体的水池、喷泉、壁泉等。

（二）按水景的使用功能分

1. 观赏的水景：其功能主要是构成园林景色，一般面积较小。如水池，一方面能产生波光倒影，另外又能形成风景的透视线；溪涧、瀑布、喷泉等除观赏水的动态外，还能聆听悦耳的水声。

2. 供开展水上活动的水体：这种水体一般面积较大，水深适当，而且为静止水。其中供游泳的水体，水质一定要清洁，在水底和岸线最好有一层砂土，或人工铺设，岸坡要和缓。当然，这些水体除了满足各种活动的功能要求外，也必须考虑到造型的优美及园林景观的要求。

（三）按水源的状态分

1. 静态的水景：水面比较平静，能反映波光倒影，给人以明洁、清宁、开朗或幽深的感觉，如湖、池、潭等。

2. 动态的水景：水流是运动着的，如涧溪、跌水、喷泉、瀑布等，它们有的水流湍急，有的涓涓如丝，有的汹涌奔腾，有的变化多端。使人产生欢快清新的感受。

三、驳岸与护坡

（一）驳岸工程

驳岸是挡土墙的一种，它是正面临水的挡土墙。它的作用有三点：(1)支撑墙后的土壤；(2)保护坡岸不受水体的冲刷；(3)高低曲折的驳岸使水体更加富有变化，提高园林的艺术性。

1. 驳岸的形式

(1) 规则式：是指用块石、砖或混凝土等筑成的，具有几何形岸壁的驳岸的结构；在园林中基本采用的都是属于一种重力式挡土墙体系，主要靠驳岸体的自重保持稳定，防止倾覆或滑移。

(2) 自然式：是指采用景石沿湖岸以假山堆叠的手法砌筑而成的一种驳岸体。此类驳岸要求在确保功能要求的前提下有足够的艺术性，具有造型美观，宜用宜观，提升周边景观效果的作用。自然式驳岸应属于假山工程的范畴。

2. 驳岸的施工

(1) 重力式浆砌块石驳岸

① 地基处理：对于驳岸体而言，常表现为一种狭长带状体，且有可能跨越不同的地

基情况，因此，对驳岸的地基处理一定要慎重。按一般常规，驳岸的地基常又分为两类：

a. 淤泥类：因基底为淤泥质土，必然产生沉降，故必须作打桩处理。桩可视具体情况选用木预制混凝土、灌注混凝土、水泥土搅拌等各种桩型。桩间需满嵌块石，柱顶设400mm厚(或以上)素混凝土基，以确保驳岸体的抗沉降能力。

b. 普通土：如驳岸基底为较稳定的普通土质(除杂填土)，则可考虑挖槽后充分夯实，基底用素混凝土浇捣40mm的素混凝土基或直接用大块石浆砌。

② 砌筑驳岸体：驳岸有保水功能，故在砌筑中一定要采用灌浆密实交错砌筑的方法，严禁采用填心砌筑。在砌筑中要注意按15～25m间距留伸缩缝，同时要视基础变化，合理留设沉降缝，伸缩缝和沉降缝内都必须用沥青麻丝或防水弹性胶泥嵌实防漏。

③ 砌压顶石：为使驳岸顶部标高整齐划一，驳岸墙体砌筑完成后，必须将顶端用细石混凝土找平，并在其上设置压顶板。压顶板临水处应作外挑，外挑长度视各地区风力情况而定，一般不应小于50mm，以抵抗风浪对驳岸体后部土体可能造成的冲刷。

压顶板可采用钢筋混凝土现浇，也可选用预制混凝土板或天然石板。

(2) 自然式驳岸

自然式驳岸应视作假山工程中的群置石在驳岸中的运用。因此，此类驳岸在外形上曲折而富于变化，为求得接近自然的效果，在平面和立面上均要求是无规律的变化。叠石时应注意随时灌浆，保证石块间的封闭性；石块间的缝可用同种石质的石片塞紧，在外立面须用经调色后的水泥砂浆(1∶1.5～1∶2)勾缝，在背面则必须用密实混凝土灌实。

自然式驳岸还常按照园林造景的需要，在水体的适当部位做成汀步。汀步是水中的通道，形式是水中设石墩，使游人步石凌水而过，别有情趣。汀步适用于窄而浅的水面，为使游人有亲切感，汀步要尽量贴近水面，并且间距不能太远，一般20～40cm较合适。

(二) 护坡工程

如果河湖不采用岸壁直墙而用斜坡，则要用各种材料护坡。护坡的目的是防止出现滑坡现象，减少地面表土遭受水和风浪的冲刷，以保证斜坡的稳定。

护坡(护岸)也是驳岸的一种形式，它们之间并没有具体严格的区别和界限。一般来说，驳岸有近乎垂直的墙面，以防止岸土下坍；而护坡(护岸)则没有用来支撑土壤的近于垂直的墙面，它的作用在于阻止冲刷，其坡度一般在土壤的自然安息角内。

护坡的形式主要有下列几种：

1. 铺石护坡

先整理岸坡，选用18～25cm直径的块石作护坡材料，块石最好是宽与长之比为1∶2的长方形石料，石料要求密度大，吸水率小。

为了保证护坡稳定，在铺石下面要设垫层，垫层一般做1～3层。第一层用粗砂，第二层用小卵石、碎石，最上面一层用碎石，总厚度可为10～20cm。

施工方法如下：首先把坡岸平整好，并在最下部挖一条梯形沟槽，槽沟宽约40～50cm，深约50～60cm。铺石以前先将垫层铺好，垫层的卵石或碎石要求大小一致，厚度均匀，铺石时由下至上铺设。下部要选用大块的石料，以增加护坡的稳定性。铺时石块摆成丁字形，与岸坡平行，一行一行往上铺，石块与石块之间要紧密相贴，如有突出的棱角，应用铁锤将其敲掉。铺后检查一下质量，即当人在铺石上行走时铺石是否移动？如果不移动，则施工质量合乎要求。下一步就是用碎石嵌补铺石缝隙，再将铺石夯实即成。

2. 水面以上的植物护坡

在岸坡平缓、水面平静的池塘旁，可以用草皮或灌木来作护坡，使园林景色更加生动活泼，富有自然情趣。草皮可用带状或块状铺设，从水面以上一直铺到坡顶。带状的按水平方向铺设。整个草带用木桩固定，木桩长 20～30cm，直径 2～2.5cm。如岸坡很缓，也可以不用木桩固定。

3. 卵石滩

在整理好的护坡土面上，铺上直径在 200～1500mm 左右大小不等的卵石(南方常称溪滩石)。在卵石间隙中可植入适量的水生植物如芦苇、菖蒲、水蜡烛、鸢尾等，既可形成一种强烈的色彩对比效果，又可增强护坡的固土功能；在离水面较远处还可适当种植一些耐水湿的乔、灌木，以满足更多游览观赏的需要。

4. 编柳抛石护坡

这是一种在中国传统园林中应用较为广泛的护坡形式，其施工方法简单易行，采用新截取的柳条编成筏片，然后在筏片上抛压 0.4m 左右见方的毛块石，在块石下一般先设厚 200mm 左右的砾石以利排水；从护岸下部水中向岸边层层叠叠而上，直至水面以上。柳条在水中发芽生根后，就形成了较稳固的护坡设施。

四、水池工程

河湖池塘都是天然水源，岸坡虽有驳岸或护坡，但湖底一般不加处理。而水池多为人工挖成，体量小而精致，水源多取人工水源，因此有进出水的管理线设施。另外，水池除池壁作驳岸外，池底亦作铺砌。

水池在园林中的用途很广，常与广场、小品建筑相结合，作局部的构图中心。水池为水生动植物提供了合适的生存环境，使园林增添了生动活泼的景观。常见的有喷水池、观鱼池、水生植物种植池、海兽池、水禽池等。

园林中常用的水池形式有规则式和自然式两种，前者常用于现代园林，而后者则广泛应用于传统园林。

常用的水池材料分刚性材料和柔性材料两种，刚性材料以钢筋混凝土、砖、石等为主，而柔性材料则有各种改性橡胶防水卷材、高分子防水薄膜、膨润土复合防水垫等。刚性材料宜用于规则式水池，柔性材料则用于自然式水池较为合适。

(一) 水池设计

水池设计包括平面设计、立面设计、剖面结构设计、管线安装设计等项目。

1. 平面设计

平面设计首先要确定其位置和大小。位于广场中心的水池体量必须和广场的体量相协调，一般为广场面积的 1/3～1/15。其外形轮廓与广场的轮廓相统一，并要符合广场的功能要求。水池也常与花架、廊子相结合，其外形轮廓可随建筑而变化。

水池的形式有规则式和自然式，不论哪种形式的水池都力求造型简洁大方。

水池平面图上还应标明各部分的高度，标出进水口、溢水口、泄水口、喷头、种植池的平面位置以及所取剖面的位置。

2. 立面设计

水池的立面要反映出主立面的高度及变化。水池的池壁不宜太高，应与附近地面相近似。坐凳式的池边高可在35～45cm，而且顶面要平整。不是坐凳式的顶面除平顶外，也可用折拱或曲拱及向水池一面倾斜的形式，水池与地面相接部分可以作凹进的线条变化。如果是喷水池，立面上还应反映出喷水的形式。

(二) 水池的施工

1. 刚性材料水池的施工

(1) 放样：按设计图纸要求放出水池的位置、平面尺寸、池底标高对桩位。

(2) 开挖基坑：一般可采用人工开挖，如水面较大也可采用机挖；为确保池底基土不受扰动破坏，机挖必须保留200mm厚度，由人工修整。需设置水生植物种植槽的，在放样时应明确，以防超挖而造成浪费；种植槽深度应视设计种植的水生植物特性决定。

(3) 做池底基层：一般硬土层上只需用C10素混凝土找平约100mm厚，然后在找平层上浇捣刚性池底；如土质较松软的，则必须经结构计算后设置块石垫层、碎石垫层、素混凝土找平层后，方可进行池底浇捣。

(4) 池底、壁结构施工：按设计要求，用钢筋混凝土作结构主体的，必须先支模板，然后扎池底、壁钢筋；两层钢筋间需采用专用钢筋撑脚支撑，已完成的钢筋严禁踩踏或堆压重物。

浇捣混凝土需先底板、后池壁；如基底土质不均匀，为防止不均匀沉降造成水池开裂，可采用橡胶止水带分段浇捣；如水池面积过大，可能造成混凝土收缩裂缝的，则可采用后浇带法解决。

如要采用砖、石作为水池结构主体的，必须采用M7.5～M10水泥砂浆砌筑底，灌浆饱满密实，在炎热天要及时洒水养护砌筑体。

(5) 水池粉刷：为保证水池防水可靠，在作装饰前，首先应做好蓄水试验，在灌满水24小时后未有明显水位下降后，即可对池底、壁结构层采用防水砂浆粉刷，粉刷前要将池水放干清洗，不得有积水、污渍，粉刷层应密实牢固，不得出现空鼓现象。

2. 柔性材料水池的施工

(1) 放样、开挖基坑要求与刚性水池相同。

(2) 池底基层施工：柔性材料有一定的延展性，因此一般不需做刚性基层；只有在地基土条件极差(如淤泥层很深，难以全部清除)的条件下，才有必要考虑采用刚性水池基层的做法。

常见的是将原土夯实整平，然后在原土上回填300～500mm的黏性黄土压实，即可在其上铺设柔性防水材料。

(3) 水池柔性材料的铺设：一般常用防水卷材宽度在1.2～5m范围内，厚度视材料不同有多种规格，在园林景观水池施工中，宜选用中等偏厚的材料。

铺设时应从最低标高开始向高标高位置铺设；在基层面应先按照卷材宽度及搭接长度要求弹线，然后逐幅分割铺贴，搭接也要用专用胶粘剂满涂后压紧，防止出现毛细缝。卷材底空气必须排出，最后在每个搭接边再用专用自粘式封口条封闭。一般搭接边长边不得小于80mm，短边不得小于150mm。

如采用膨润土复合防水垫，铺设方法和一般卷材类似，但卷材搭接处需满足搭接200mm以上，且搭接处按0.4kg/m铺设膨润土粉压边，防止渗漏产生。

(4) 柔性水池完成后，为保护卷材不受冲刷破坏，一般需在面上铺压卵石或粗砂作保护。

3. 排水措施

园林中的小水池一般不作蓄洪用。所以要采取措施，使雨后能在短时间内排除地表径流，不使地表径流中的泥沙及其他杂物污染池水。常用的措施其一是将池岸砌得略高于地面，池边的水面路面倾斜通过道路排水，或将池周道路做成一面坡，斜向离水池远的一面，其二是在池的周围装设排水管，排水管的直径为10cm，坡度为1%～2%，在排水管的适当地段留接水口。

为了满足清洗水池和寒冷地区防冻需要，水池内要设泄水管，泄水管设在水池最低处，其直径约为10cm才能彻底排除池水。泄水管应在挖土以后，建池壁以前预埋。

4. 进水管的装置

水池的进水管可设在中央，也可设在周边，在装设时要注意：

(1) 要有相应大小的管子，以便能尽快地获得足够的水量。

(2) 在北方寒冻地区，进水管的埋设深度应在冻土线以下。

进水管的安装也应在挖土以后，建池壁、池底以前完成。

5. 特殊池底及池岸建造

当池深超过90cm，池底要铺设钢筋，钢筋直径为6～8mm，分为上下两层，每根间距150～200mm。下层边缘的钢筋应向上弯，曲直随池岸而定，其目的是增加池底与池岸的结合。

池底混凝土的厚度一般在20cm左右。池深不足90cm者不必铺设钢筋。

池岸厚度在40～50cm以内者也不必加设钢筋，不过如加了钢筋，因强度增大，厚度就可减为35cm。

池岸的施工同驳岸。

6. 溢水口

是保持水面高度的排水口，用于排除过多的池水，使水位保持在理想的位置。溢水口还能使水池中漂浮的一部分杂物随多余的水溢出池外，使池水保持清洁。

(三) 水池的管理

1. 清洁管理

经常打捞池中的漂浮物质：定期排净池水进行冲洗。

2. 冬季管理

在寒冷地区，为防止池岸、池底冻裂，可采取放净池水的办法，待春暖花开，再将池水放入。

(四) 阶梯式流水筑池法

阶梯式流水也可称为“跌水”，选择缓坡地区，自高向低修建几个水池，水池间相互连接，在适当地方安装水泵(水泵要装在隐蔽之处，可与山石等结合)，将水从低水池中提到高水池中，然后沿着不同的水池依次流下，形成一个水的台阶。

五、瀑布

在自然界里，从河床横断面陡坡或悬崖处倾泻而下的水为“瀑”，因遥望如布下垂，故谓“瀑布”。瀑布是由于水位的突然跌落而造成的，水位相差不大的瀑布也称为“跌水”。

大的风景区中常有天然瀑布，园林中一般只能人工创造，常与叠石相结合。它由上流、落水口、瀑身、瀑潭、溪流(即下流)5部分组成。

瀑布下落的方式因落水口而定，主要有直落、阶段落、线落、左右落等。现在还有用瀑布做成水幕和响水墙的。

1. 直落——水流直射而下，需要有较大水量($1m^3/s$)才能有汹涌澎湃之势。

2. 阶段落——即分段落水，一般为2～3级。每段高度不宜相同，否则将给人以生硬之感。

3. 线落——当落水口宽广，水流量小(约$0.3m^3/s$)的情况下，就形成线落的形式。落水呈线状或丝状，远看如珠帘一般，所谓“细看水点崖中滴，疑是珍珠倒卷帘”。线落适用于少水的园林。

4. 左右落(人字瀑)——当落水口有山石突出水面时就成左右落，远看似一“人”字，故又叫“人字瀑”。

5. 水幕和响水墙

近代城市和园林中，常采用宽而平的落水口，使瀑布形成一道水幕，水幕与墙结合就组成了响水墙。

水幕下面也要有一个蓄水的池、潭。由于水幕需要大量的水，所以常用回流式。

六、泉

自然界中地下水向地面上涌为泉，压力小的为涌泉，压力大的、水流往上喷的为喷泉。泉水从崖壁里流出来的为壁泉。园林中常将水池进水口做成泉的形式，可利用天然泉设置，也可建造人工泉。

(一) 喷泉

喷泉由进水管、溢水管和水池3部分组成，其水源有天然和人工两种，天然水源是在高处设贮水池，利用水位的高差自动喷水。人工水源则利用自来水本身的压力，当用水量超过2～3kg/s时，需要水泵加压。

喷头结构多样，有直立向上成水柱的，有自由下落呈抛物线状的。多个喷头可以从水池中心向四周喷射，也有由四周向中央喷射，或交织成网的。有的喷头在喷水时能形成菊花形、伞形、蘑菇形、球形等多种形状。也有将喷泉与雕塑、山石相结合，现代出现的激光、声控喷泉(音乐喷泉)，选用时应考虑与环境、功能要求相协调。

喷泉常设于建筑前、广场中，或与花坛相结合。为使喷水线条清晰，宜用深色景物作背景。

水池的半径(R)与喷泉的水头高度(h)应有一定的比例，一般为$h:R=2:3$，即水池半径为喷泉高度的1.5倍，如半径太小，水珠易外溅。

为了增添节日的气氛，或布置大型展览会，可采用临时性喷泉。临时性喷泉的构造同一般喷泉所不同的只是，水池系用钢管及不透水的油布层组成。

(二) 壁泉

壁泉是从壁面上流下来的泉水。它是园林中室内外渗透手法之一，其构造分壁面、落水口与受水池3部分。落水口常做成鱼龙鸟兽纹样。

壁泉的落水形式依水量而定，可做成片状落(水帘)、柱状落和淋落(滴泉落)。

第四节　园林给排水工程

一、园林喷灌系统简介

园林中的花草树木长期以来是靠人力浇灌的，这不仅花费劳动力，而且在用橡皮管浇水时容易损坏花木。现在，许多园林绿地都铺上了草皮，做到“泥土不见天”。草皮面广量大，靠人工灌溉比较困难。所以实施灌溉管道化、自动化是很有必要的，也是亟待解决的一个问题，而且喷灌能保持空气湿润、清洁，有利植物的生长及游客的健康。

喷灌系统的供水可以取自城市给水系统，也可以单独设置水泵解决。

（一）喷灌形式的选择

1. 固定式：这种系统有固定的泵站，城区的园林可使用自来水。干管和支管均埋于地下，喷头可固定在管道上也可临时安装。有一种较先进的固定喷头，不用时藏在窑井中，使用时只需将阀门打开，喷头就会借助于水的压力而上升到一定高度。工作完毕，关上阀门喷头便自动缩回窑井中，这样喷头操作方便，不妨碍地上活动，但投资较大。

固定式系统需要大量的管材和喷头，但操作方便、节约劳力、便于实现自动化和遥控，适用于需要经常灌溉和灌溉期长的草坪、大型花坛、苗圃、花圃、庭院绿化等。

2. 半固定式：其泵站和干管固定，支管可移动。

以上两种形式根据具体情况可以采用一种形式，也可以混合使用。

（二）喷头的布置形式

喷头的布置形式有正方形、正三角形、矩形和等腰三角形 4 种。具体采用哪种形式布置，主要是根据喷头的性能，以及灌溉地段的情况决定。表 3-3 表示了不同组合方式的喷洒形式、喷头射程和喷头的布置密度，以及支管间距的关系，喷洒的有效控制面积及适用情况等。

表 3-3

序号	喷头组合图形	喷洒方式	喷头间距(L)、支管间距(B)与喷头射程(R)的关系	有效控制面积(S)	适用范围
A	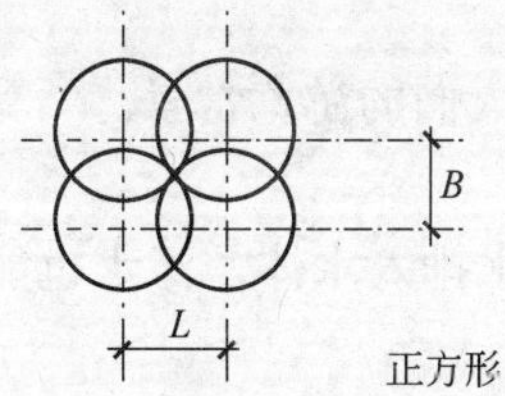 正方形	全喷喷头	$L=B=1.42R$	$S=2R^2$	在风向改变频繁的地方效果较好
B	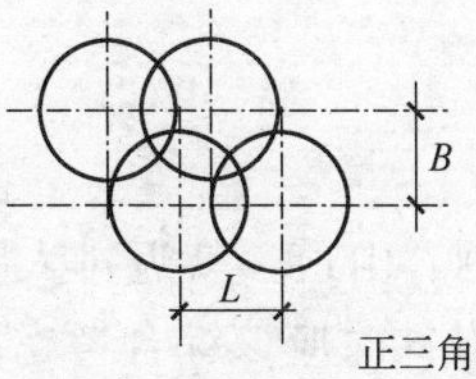 正三角形	全喷喷头	$L=1.73R$ $B=1.50R$	$S=2.6R^2$	在基本无风的情况下喷洒均匀度最好

续表

序号	喷头组合图形	喷洒方式	喷头间距(L)、支管间距(B)与喷头射程(R)的关系	有效控制面积(S)	适用范围
C	矩形	扇形喷头	$L=R$ $B=1.73R$	$S=1.73R^2$	比较节约管材，在带状绿化区效果较好
D	等腰三角形	扇形喷头	$L=R$ $B=1.87R$	$S=1.865R^2$	比较节约管材，在带状绿化区效果较好

为了灌溉均匀，喷头的喷洒范围要相互重合。其间距根据喷头的工作压力外，还应根据当地的风向和风速等决定。

二、园林排水工程

园林绿地中的排水，一般包括雨水的排泄和少量生活污水的排放。本节主要介绍雨水的排泄方法。

1. 园林排水的意义和作用

(1) 保持园林卫生状况良好，避免积水引起有机物腐烂及蚊蝇、病菌孳生。

(2) 保证建筑物的稳固耐久。

(3) 有利植物的生长，不同的植物对于水份的要求是不同的，而大多数植物不能耐水湿，及时排水能使植物免受涝害。

(4) 避免地表径流冲刷，水土流失。

(5) 保证园路畅通无阻。

总之，园林排水工程能使园林景色更加动人，更有利于人们的游览赏景。

2. 园林排水的特点

(1) 排水工程简单：一般园林中都有水体，可直接将雨水排入水体，污水也能自行处理和加以利用，也可直接排入城市的下水道中。

(2) 可以利用排水设施创造和丰富园景。如雨天可观赏瀑布、跌水等。

(3) 园林中植被丰富，可利用地被植物，减少地表径流。

三、园林排水方式

(一) 园林自然排水

1. 排除雨水(或雪水)应尽可能利用地面坡度，通过谷、涧、山道，就近排入园中(或园外)的水体，或附近的城市雨水管渠。这项工程一般在竖向设计时应该综合考虑。

除了利用地面坡度外，主要靠明渠排水，埋设管道只是局部的、辅助性的。这样不仅经济实用，而且便于维修。明渠可以结合地形、道路、做成一种浅沟式的排水渠，沟中可任植物生长，既不影响园林景观，又不妨碍雨天排水。在人流较集中的活动场所，为了安全起见，明渠应局部加盖。

2. 造成地表被冲蚀的原因，主要是地表径流（地表上流动的天然落水）流刷过大，冲蚀了地表土层而造成的。解决这个问题可以几个方面着手：

(1) 地面坡度不能过陡。如因造景需要，或原有地形有较大坡度，应采取其他措施，以减轻地表径流的冲刷。

(2) 同一坡度的坡面不宜延续过长，应有起伏变化，使地表径流不致一冲到底。

(3) 利用盘山道、格线等拦截和组织排水。

(4) 设计时应考虑种植护坡的地被植物。

(二) 利用管渠排水

园林中有各种排水构件、简介如下：

1. 土明渠

根据原来土质情况挖沟排水。沟的断面有V形和梯形两种。前者占地少，但要经常维修，常用于苗圃及公园的花坛、树坛旁；后者占地多，但不易塌方。梯形断面为了便于维修视情况而定，一般采用1∶1.2～1∶2。

2. 砖砌或混凝土明沟

明沟的边坡一般采用1∶0.75～1∶1，纵坡一般采用3‰以上，最小纵坡不得小于2‰。

3. 暗渠排水

暗渠是一种地下排水渠道，用以排除地下水，降低地下水位，也可以给一些不耐水的植物创造良好的生长条件。暗渠的构造、布置形式及密度，可视场地要求而定，通常以若干支渠集水，再通过干渠将水排除，场地排水要求高的，可多设支渠，反之则少设。

暗渠渠底纵坡不应小于5‰，只要地形等条件许可，坡度值应尽量取大些，以利尽快排除地下水。

4. 雨水口及雨水出口

(1) 雨水口

用于承接地面水，并将其引入地下雨水道网中，一般常用混凝土浇制而成，也有用砖砌的。其形状多为四边形。雨水口上面要加格栅，格栅一般用铁木等制成，古典园林中也有用石头制成的，并有优美的图案。雨水口还可以用山石、植物等加以点缀，使之更加符合园林艺术的要求。

雨水口应设在地形最低的地方。在道路上一般每隔200m就要设一个雨水口，并且要考虑到路旁的树木、建筑等的位置。在十字路口设置雨水口要研究道路纵断面的标高，以及水流的方向。纵断面坡度过大的应缩短雨水口的间距，以免因流速过大而损坏园路，第一雨水口与分水线的距离宜在100～150m之间。

(2) 雨水出水口

园林绿地中雨水出水口的设置标高，应该参照水体的常水位和最高水位来决定。一般说，为了不影响园林的景观，出水口最好设于园内水系的常水位以下，但应考虑雨季水位涨高时不致倒灌而影响排水。在滨海地区的城镇，其水系往往受潮汐涨落的影响，如园林中的雨水要往这些水体中排放，也应采取措施防止倒流。常用的方法是在出水口处安装单向阀门，当水位升高时，单向阀门自动关闭，就可防止水流倒灌。

四、园林污水处理

园林污水性质比较简单，基本上由两部分组成：一是食堂、茶室等饮食部门的污水；二是由厕所等卫生设备产生的污水，在动物园或带有动物展览区的公园里还有动物粪便及清扫禽兽笼舍的脏水，由于排放量少，性质简单，所以处理这些污水的方法也相对简单些。如饮食部门污水主要是残羹剩饭菜渣及洗涤的废水，经沉渣、隔油后直接排入就近水体，这种水中含有各种养分，可以用来养鱼，也可以用作水生植物的肥料。水生植物能通过光合作用产生大量的氧溶解在水中，为污水的净化创造良好条件，所以在排放污水的水体中，最好种植根系发达的漂浮植物及其他水生植物。

粪便污水处理应用化粪池，经沉淀、发酵、沉渣、流体、再发酵澄清后，可排入城市污水管，少量的直接排入偏僻的园内水体中，这些水体也应种植水生植物及养鱼，化粪池中的沉渣定期处理，作为肥料。如经物理方法处理的污水无法排入城市污水系统，可将处理后的水再以生化池分解处理后，直接排入附近自然水体。

近年来逐渐兴起并推广的人工湿地污水处理是20世纪70年代开始研发的一种污水处理的技术，它具有处理效果好，维护管理简便，使用费用低，适应性强的特点，应是园林污水处理的发展方向。

根据生态学原理，采用生态工程净化水质技术，在水体岸边建立一组表面为绿地的生态地，通过各级生态池中植物与污水中发生的一系列物理、化学和生物学作用的综合效应，其中包括沉淀、吸附、过滤、分解、固定、离子交换、综合反应、硝化和反硝化作用、植物对营养元素的摄取和吸收、植物根际微生物分解作用、生命代谢活动的转化、细菌和真菌的异化作用等等，处理水中的营养物质，从而大幅降低水体中的N、P等营养元素及有机物含量。生态池在处理富营养化水质的同时，又美化了周围的环境。

第五节　景　石　工　程

包括假山的材料和采运方法、置石与假山布置、假山结构设施等。

假山工程是园林建设的专业工程，人们通常所说的“假山工程”实际上包括假山和置石两部分。我国园林中的假山技术是以造景和提供游览为主要目的，同时还兼有一些其他功能。假山是以土、石等为材料，以自然山水为蓝本并加以艺术提炼与夸张，用人工再造的山水景物。至于零星山石的点缀称为“置石”，主要表现山石的个体美或局部的组合。假山的体量大，可观可游，使人们仿佛置身于大自然之中，而置石则以观赏为主，体量小而分散。假山和置石首先可作为自然山水园的主景和地形骨架，如南京瞻园、上海豫园、扬州个园、苏州环秀山庄等采用主景突出方式的园林，皆以山为主、水为辅，建筑处于次要地位甚至点缀。其次可作为园林划分空间和组织空间的手段，常用于集锦式布局的园林，如圆明园利用土山分隔景区、颐和园以仁寿殿西面土石相间的假山作为划分空间和障景的手段。运用山石小品作为点缀园林空间和陪衬建筑、植物的手段。假山可平衡土方，叠石可作驳岸、护坡、汀石，和花台、室内外自然式的家具或器设，如石凳、石桌、石护栏等。它们将假山的造景功能与实用功能巧妙地结合在一起，成为我国造园技术中的瑰宝。

假山因使用的材料不同，分为土山、石山及土、石相间的山，本节主要阐述的是石山工程的内容。常见的假山材料有：湖石(包括太湖石、房山石、英石等)、黄石、青石、石笋(包括白果笋、乌炭笋、慧笋、钟乳石笋等)以及其他石品(如木化石、松皮石、石珊瑚等)。

一、置石

置石用的山石材料较少，施工也较简单，置石分为特置、散置和群置。特置，在江南称为立峰，这是山石的特写处理，常选用单块、体量大、姿态富于变化的山石，也有将好几块山石拼成一个峰的处理方式。散置又称为“散点”，这类置石对石材的要求较“特置”为低，以石之组合衬托环境取胜。常用于园门两侧、廊间、粉墙前、山坡上、桥头、路边等，或点缀建筑、或装点角隅，散点要作出聚散、断续、主次、高低、曲折等变化之分。大散点则被称为“群置”，与“散点”之异处是其所在的空间较大，置石材料的体量也较大，而且置石的堆数也较多。

在土质较好的地基上作“散点”，只需开浅槽夯实素土即可。土质差的则可以砖瓦之类夯实为低。大散点的结构类似于掇山。

山石几案的布置宜在林间空地或有树荫的地方，有利于游人休息。同时其安排也忌像一般家具的对称布置，除了实用功能外，更应突出的是它们的造景功能，以它们的质朴、敦实给人们以回归自然的意境。

二、掇山

较之于置石要复杂得多，要将其艺术性与科学性、技术性完美地结合在一起。然而，无论是置石还是掇山，都不是一种单纯的工程技术，而是融园林艺术于工程技术之中，掇山必须是“立意在先”，而立意必须掌握取势和布局的要领，一是“有真有假，做假成真”，达到“虽由人作，宛自天开”的境界，以写实为主，结合写意，山水结合，主次分明。二是因地制宜，景以境出，要结合材料、功能、建筑和植物特征以及结构等方面，做出特色。三是寓意于山，情景交融。四是对比衬托，利用周围景物和假山本身，做出大小、高低、进出、明暗、虚实、曲直、深浅、陡缓等既是对立又是统一的变化。

假山、掇山施工主要分以下几个步骤：

(一) 假山放线与基础施工

1. 假山定位放线

(1) 审阅图纸

首先要将假山工程设计图的意图看懂摸透，掌握山体形式和基础的结构，以便正确放样。

其次，为了便于放样，要在平面图上按一定的比例尺寸，依工程大小或平面布置复杂程度，采用 2m×2m 或 5m×5m 或 10m×10m 的尺寸画出方格网，以其方格与山脚轮廓线的交点作为地面放样的依据。

(2) 实在放样

在设计图方格网上，选择一个与地面有参照的可靠固定点，作为放样定位点，然后以此点为基点，按实际尺寸在地面上画出方格网；并对应图纸上的方格和山脚轮廓线的位置，放出地面上的相应的白灰轮廓线。

为了便于基础和土方的施工，应在不影响堆土和施工的范围内，选择便于检查基础尺寸的有关部位，如假山平面的纵横中心线、纵横方向的边端线、主要部位的控制线等位置的两端，设置龙门桩或埋地木桩，以供挖土或施工时的放样白线被挖掉后，作为测量尺寸或再次放样的基本依据点。

2. 基础的施工

基础的施工应根据设计要求进行，假山基础有浅基础、深基础、桩基础等。

(1) 浅基础的施工

浅基础的施工程序为：原土夯实→铺筑垫层→砌筑基础。

浅基础一般是在原地面上经夯实后而砌筑的基础。此种基础应事先将地面进行平整，清除高垄，填平凹坑，然后进行夯实，再铺筑垫层和基础。基础结构按设计要求严把质量关。

(2) 深基础的施工

深基础的施工程序为：挖土→夯实整平→铺筑垫层→砌筑基础。

深基础是将基础埋入地面以下的基础，应按基础尺寸进行挖土，严格掌握挖土深度和宽度，一般假山基础的挖土深度为50～80cm，基础宽度多为山脚线向外50cm。土方挖完后夯实整平，然后按设计铺筑垫层和砌筑基础。

(3) 桩基础的施工

桩基础的施工程序为：打桩→整理桩头→填塞桩间垫层→浇筑桩顶盖板。

桩基础多为短木桩或混凝土桩打入土中而成，在桩打好后，应将打毛的桩头锯掉，再按设计要求，铺筑桩子之间的空隙垫层并夯实，然后浇筑混凝土桩顶盖板或浆砌块石盖板，要求浇实灌足。

(二) 假山山脚施工

假山山脚是直接落在基础之上的山体底层，它的施工分为：拉底、起脚和做脚。

1. 拉底

拉底是指用山石做出假山底层山脚线的石砌层。

(1) 拉底的方式

拉底的方式有满拉底和线拉底两种。

满拉底是将山脚线范围之内用山石满铺一层。这种方式适用于规模较小、山底面积不大的假山，或者有冻胀破坏的北方地区及有振动破坏的地区。

线拉底是按山脚线的周边铺砌山石，而内空部分用乱石、碎砖、泥土等填补筑实。这种方式适用于底面积较大的大型假山。

(2) 拉底的技术要求

① 底层山脚石应选择石质坚硬、不易风化的山石。

② 每块山脚石必须垫平垫实，用水泥砂浆将底脚空隙灌实，不得有丝毫摇动。

③ 各山石之间要紧密咬合，互相连接形成整体，以承托上面山体的荷载分布。

④ 拉底的边缘要错落变化，避免做成平直和浑圆形状的脚线。

2. 起脚

拉底之后，开始砌筑假山山体的首层山石层叫“起脚”。

(1) 起脚边线的做法

起脚边线的做法常用的有：点脚法、连脚法和块面法。

① 点脚法：即在山脚边线上，用山石每隔不同的距离作墩点，用片块状山石盖于其上，做成透空小洞穴，如图 3-3(*a*)所示。这种做法多用于空透型假山的山脚。

② 连脚法：即按山脚边线连续摆砌弯弯曲曲、高低起伏的山脚石，形成整体的连线山脚线，如图 3-3(*b*)所示。这种做法各种山形都可采用。

③ 块面法：即用大块面的山石，连线摆砌成大凸大凹的山脚线，使凸出凹进部分的整体感都很强，如图 3-3(*c*)所示。这种做法多用于造型雄伟的大型山体。

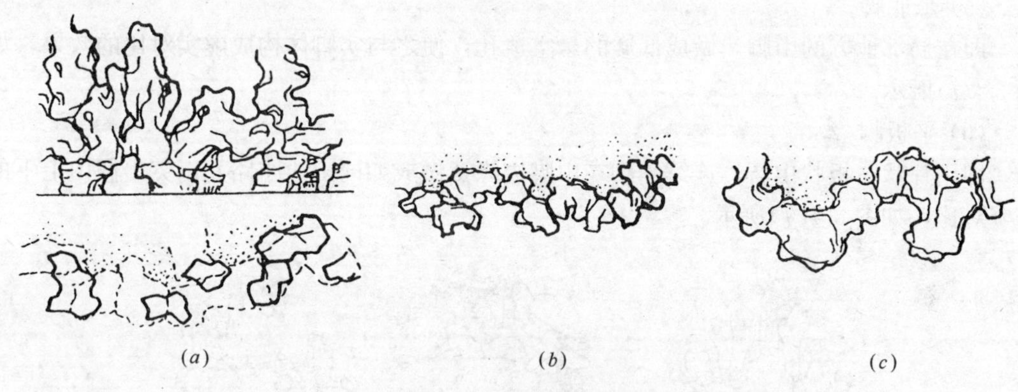

(*a*) (*b*) (*c*)

图 3-3 起脚边线的做法

(*a*)点脚法；(*b*)连脚法；(*c*)块面法

(2) 起脚的技术要求

① 起脚石应选择憨厚实在、质地坚硬的山石。

② 砌筑时先砌筑山脚线突出部位的山石，再砌筑凹进部位的山石，最后砌筑连接部位的山石。

③ 假山的起脚宜小不宜大、宜收不宜放。即起脚线一定要控制在山脚线的范围以内，宁可向内收进一点，而不要向外扩出去。因起脚过大会影响砌筑山体的造型，形成臃肿、呆笨的体态。

④ 起脚石全部摆砌完成后，应将其空隙用碎砖石填实灌浆，或填筑泥土打实，或浇筑混凝土筑平。

⑤ 起脚石应选择大小相同、形态不同、高低不等的料石，使其犬牙交错，相互首尾连接。

3. 做脚

上述拉底是做山脚的轮廓，起脚是做山脚的骨干，而做脚是对山脚的装饰，即用山石装点山脚的造型称为“做脚”。

山脚造型一般是在假山山体的山势大体完成之后所进行的一种装饰，其形式有：凹进脚、凸出脚、断连脚、承上脚、悬底脚和平板脚等。

(1) 凹进脚

即山脚向山内凹进，可做成深浅宽窄不同的凹进，使脚坡形成直立、陡坡、缓坡等不同的坡形效果，如图 3-4(*a*)所示。

(2) 凸出脚

即山脚向外凸出，同样可做成深浅宽窄不同的凸出，使脚坡形成直立、陡坡等形状，如图 3-4(*b*)所示。

(3) 断连脚

将山脚向外凸出，但凸出的端部做成与起脚石似断似连的形式，如图 3-4(*c*)所示。

(4) 承上脚

即对山体上方的悬垂部分，将山脚向外凸出，做成上下对应造型，以衬托山势变化、遥相互应的效果，如图 3-4(*d*)所示。

(5) 悬底脚

即在局部地方的山脚，做成低矮的悬空透孔，使之与实脚体构成虚实对比的效果，如图 3-4(*e*)所示。

(6) 平板脚

即用片状、板状山石，连续铺砌在山脚边缘，做成如同山边小路，以突出假山上下的横竖对比，如图 3-4(*f*)所示。

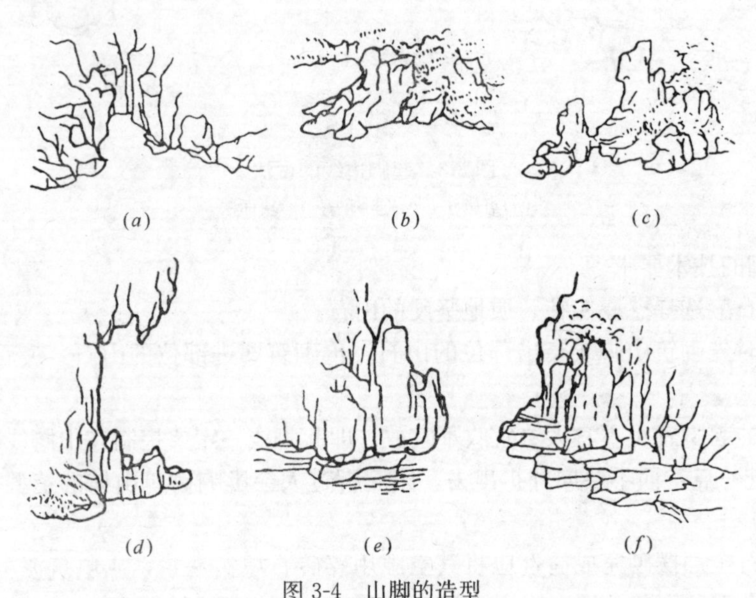

图 3-4　山脚的造型

(*a*)凹进脚；(*b*)凸出脚；(*c*)断连脚；(*d*)承上脚；(*e*)悬底脚；(*f*)平板脚

(三) 假山山体施工

假山山体是整个假山全景的主要观赏部位，根据不同的观赏类别，可分为假山石景和假山水景两类。

1. 假山石景的山体施工

一座假山是由：峰、峦、岭、台、壁、岩、谷、壑、洞、坝等单元结合而成，而这些单元是由各种山石按照起、承、转、合的章法组合而成，这些章法通过历代假山师傅的长期实践和总结，由北京“山子张张南垣”后裔，著名假山师傅张慰庭先生，提出了具体施工的祖传十二字诀，即“安、连、接、斗、挎、拼、悬、剑、卡、垂、挑、撑”，这十二字诀概括了构筑假山石体结构的各种做法，它仍是我们现今对假山山体施工所应掌握的具体施工技巧。

(1) 安

“安”是对稳妥安放叠置山石手法的通称。将一块山石平放在一块或几块山石之上的叠石方法叫“安”，“安”要求平稳而不能动摇，不稳之处要用小石片垫实塞紧。所安之石一般选用宽形或长形山石。这种手法主要用于山脚透空或在石下需要做眼的地方。

根据所安之石底面相接触的底石数量不同，分为单安、双安和三安，如图 3-5 所示。无论是几安，都要求上面保持水平，重心保持稳定，凡不符者均通过打塞垫片而就之。

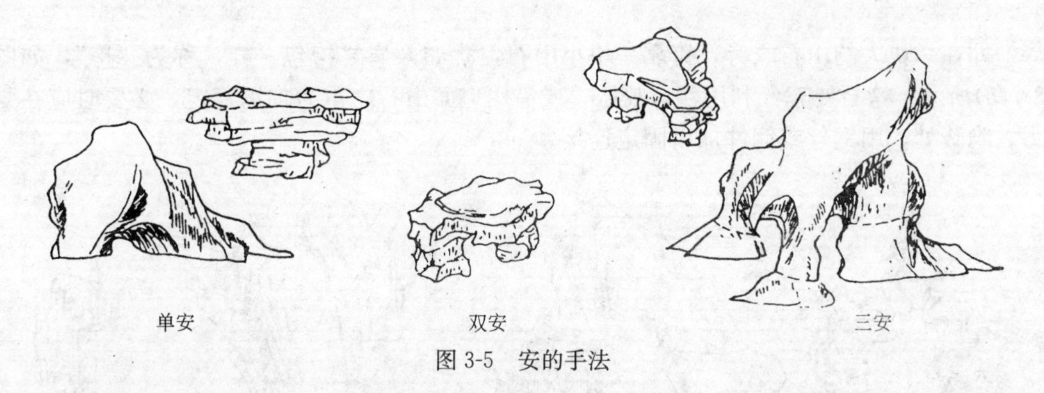

图 3-5　安的手法

(2) 连

山石之间水平方向的相互衔接称为“连”。相连的山石，其连接处的茬口形状和石面皴纹要尽量相互吻合，如果能做到严丝合缝最理想，但多数情况下，只要基本吻合即可。对于不吻合的缝口应选用合适的小石塞紧，使之合为一体，如图 3-6(a)所示。有时为了造型的需要，做成纵向裂缝或石缝处理，这时也要求朝里的一边连接好。连接的目的不仅在于求得山石外观的整体性，更主要的是为了使结构上凝为一体，以能均匀地传递和承受压力。连合好的山石，要做到当拍击山石一端时，应使相连山石另一端有受力之感。

(3) 接

它是指山石之间的竖向衔接。山石衔接的茬口可以是平口，也可以是凸凹口，但一定是咬合紧密而不能有滑移的接口。衔接的山石，外观上要依皴纹连接，至少要分出横竖纹路来，如图 3-6(b)所示。

(a)

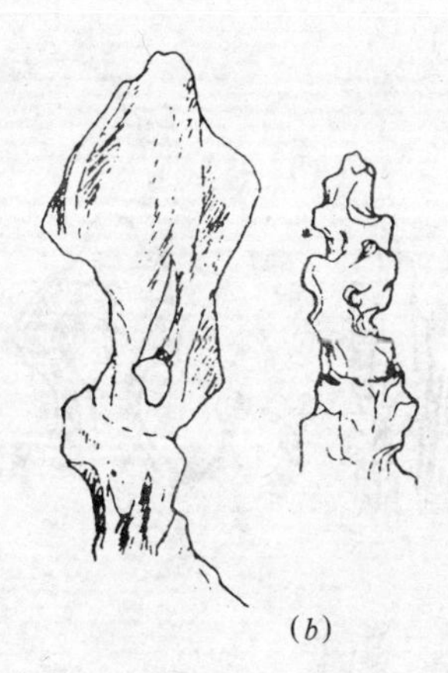

(b)

图 3-6　连与接的手法

(a)连；(b)接

(4) 斗

以两块分离的山石为底脚，做成头顶相互内靠，如同两者争斗状，并在两头顶之间安置一两块连接石；或借用斗栱构件的原理，在两块底脚石上安置一块拱形山石，形成上拱下空的这种手法称为“斗”，如图 3-7(*a*)所示。

斗的做法是依照天然山石被溶蚀或风化成空洞的现象的一种手法，把它放在山谷上空以产生险峻之意，它是环透式假山最常用的叠石手法。

(5) 挎

即在一块大的山石之旁，挎靠一块小山石，犹如人肩之挎包一样，称为“挎”，如图 3-7(*b*)所示。挎石要充分利用茬口咬压，或借用上面山石之重力加以稳定，必要时应在受力之隐蔽处，用钢丝或钢件加以固定连接。

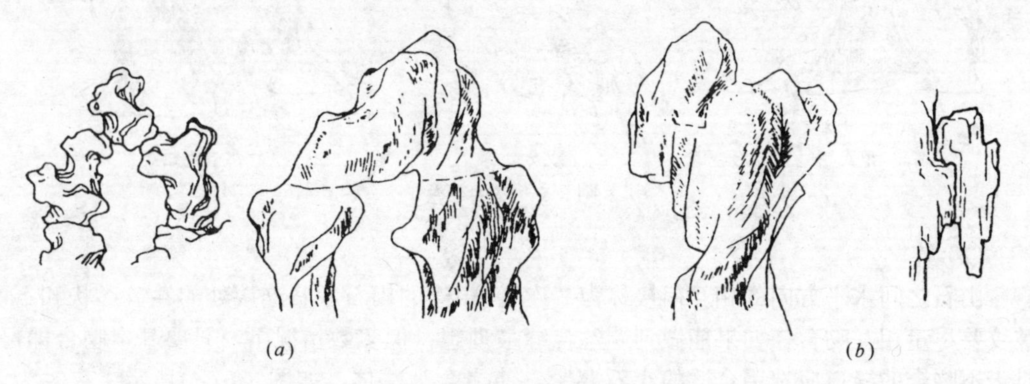
(*a*) (*b*)

图 3-7 斗与挎的手法
(*a*)斗；(*b*)挎

“挎”一般用在山石外轮廓形状过于平滞而缺乏凹凸变化的情况。

(6) 拼

将若干块小山石拼零为整，组成一块具有一定形状大石面的做法称为“拼”，如图 3-8(*a*)所示。因为假山不全是用大山石叠置而成，石块过大，对吊装、运输都会带来困难，因此需选用一些大小不同的山石，拼接成所需要的形状，如峰石、飞梁、石矶等都可

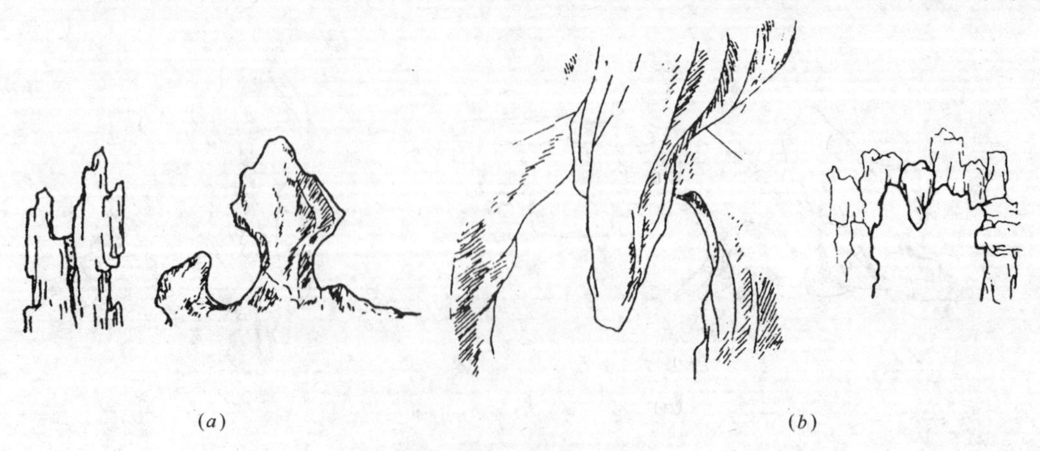
(*a*) (*b*)

图 3-8 拼与悬的手法
(*a*)拼；(*b*)悬

采用“拼”的方法而成；有些假山在山峰叠砌好后，突然发现峰体太瘦，缺乏雄壮气势，这时就可选用比较合适的小山石拼合到峰体上，使山峰雄厚壮丽起来。

(7) 悬

即在环形洞圈的情况下，为制造一种险峻，在圈顶上安插一块上大下小的山石，使其下端悬垂吊挂称为“悬”，如图 3-8(*b*)所示。悬石是仿照天然岩洞中悬挂钟乳石的一种做法。

设置悬石一定要牢固嵌入洞顶上，若恐悬之不坚，可在视线看不到的地方用钢件加以固结，务必保证不掉落下来。

(8) 剑

用长条形山石直立砌筑的尖峰，如同“刀笏朝天”，峻拔挺立的自然境界称为“剑”，如图 3-9(*a*)所示。剑石的布置要形态多变、大小有别、疏密相间、高低错落，不能形成“刀山剑树，炉烛花瓶”。

剑的手法一般采用石笋石，由于石为直立，重心易于变动，栽立时必须将石脚埋入一定深度，以保证其有足够的稳定性。

(9) 卡

在两块较大的分离山石之间，卡塞一块较小山石的做法称为“卡”，如图 3-9(*b*)所示。它是仿照天然崩石下落卡于其下两石之间，形成“千钧一发”的奇险石景而作。采用卡石的目的，主要是使假山形成各种不同的奇险孔洞，以增添山体之造型。

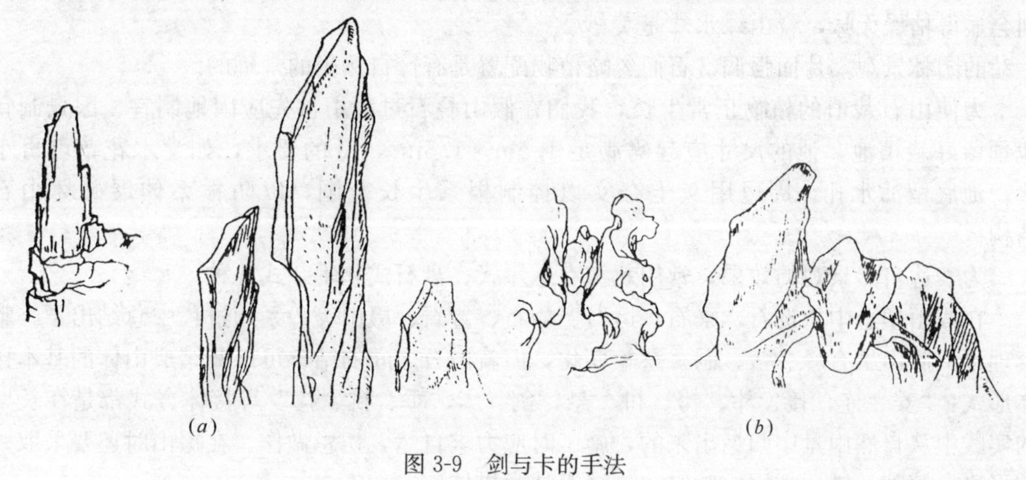

图 3-9　剑与卡的手法

(*a*)剑；(*b*)卡

(10) 垂

在一较大立石顶面的侧边悬挂一块山石的做法称为“垂”，如图 3-10(*a*)所示。垂与悬都有悬挂之意，但“垂”是在侧边悬挂，而“悬”是在中部悬挂，即“侧垂中悬”；垂与挎都是侧挂，但“垂”是顶部向下倒挂，而“挎”是石肩部位侧挂。

垂的手法多用于立峰上部、悬崖顶部、假山洞口等部位，以增添险峻状态。

(11) 挑

挑即“悬挑”、“出挑”，用较长的山石横向伸出，悬挑其下石之外的做法。挑石应依其悬挑距离，在其后端置于压石重量，以保证悬挑的稳定性，如图 3-10(*b*)所示。

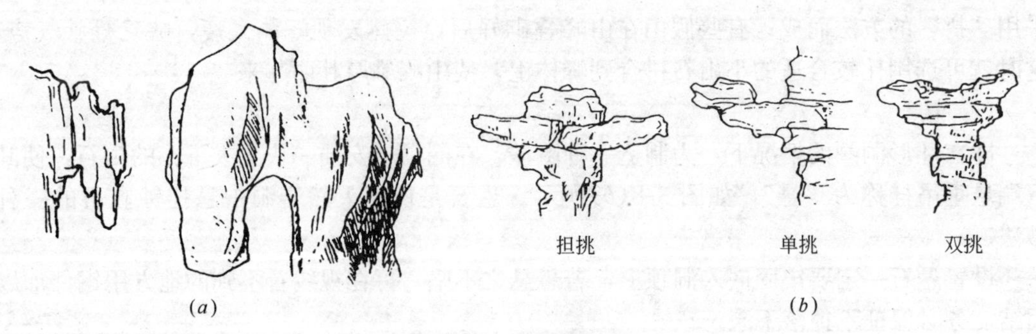

图 3-10　垂与挑的手法

(a)垂；(b)挑

(12) 撑

有的称为“戗”，即斜撑，是对重心不稳的山石，从下面进行支撑的一种做法，如图 3-11 所示。撑石也多与做透洞相结合，撑石要与上面山石紧密连接成整体，形成自然景观，不得有明显接头缝口。

图 3-11　撑的手法

石山完成后，如缺乏植物的配置，则会显得枯燥无味，青山绿水才是美妙生动的园林景观，片面强调赏石而忽略植物配置是有悖自然美的常理的。

为使山石栽值的植物正常生长，我们在假山叠石过程中首先应因地制宜、因景制宜地预留好栽植池，池的尺寸应起码满足 1.5m×1.5m×1m 的要求，如灌木花草可再小些；池底留滤水孔，周边用灰土夯实以控制根系生长范围，以防根系伸展破坏山石结构。

为表达自然景观的效果，常用栽植有悬崖式、盘石式和垂栽式几种。

在假山塑造中从选石、采石、运石、相石、置石、掇山等一系列过程中总结出了一整套理论。假山虽有峰、峦、洞、壑等变化，但就山石之间的结合可以归结成山体的基本接体形式：“安、连、接、斗、挎、拼、悬、剑、卡、垂、挑、撑”等接体方式都是在长期的实践中从自然山景中归纳出来的，施工时应力求自然，切忌做作。在掇山时还要采取一些平稳、填隙、铁活加固、胶结和勾缝等技术措施。

以上都是我国造园技术的宝贵财富，应予高度重视，以使其发扬光大。

三、塑山

在传统灰塑山和假山的基础上，运用现代材料如环氧树脂、短纤维树脂混凝土、水泥及灰浆等，创造了塑山工艺。塑山可省采石、运石之工程，造型不受石材限制，且有工期短、见效快的优点。但它的使用期短是其最大的缺陷。

塑山的工艺过程如下：

(1) 设置基架：可根据石形和其他条件分别采用砖基架、钢筋混凝土基架或钢基架。坐落在地面的塑山要有相应的地基基础处理。坐落在室内屋顶平台的塑山，则必须根据楼板的构造和荷载条件作结构设计，包括地梁和钢架、柱和支撑设计。基架将所需塑造的山形概括为内接的几何形体的桁架，若采用钢材作基架的话，应遍涂防锈漆两遍作防护处理。

（2）铺设钢丝网：一般形体较大的塑山都必须在基架上铺设钢丝网，钢丝网要选易于挂灰、泥的材料。若为钢基架则还宜先将分块钢架附在形体简单的基架上，变几何体形为凹凸起伏的自然外形，在其上再挂钢丝网，并根据设计要求用木槌成型。

（3）抹灰成型：先初抹一遍底灰，再精抹一二遍细灰，塑出石脉和皱纹。可在灰浆中加入短纤维以增强表面的抗拉力量，减少裂缝。

（4）装饰：根据设计对石色的要求，刷涂或喷涂非水溶性颜色，达到其设计效果为止。由于新材料新工艺不断推出，第三四步往往合并处理。如将颜料混合于灰浆中，直接抹上加工成型。也有先在工场制作出一块块仿石料，运到施工现场缚挂或焊挂在基架上，当整体成型达到要求后，对接缝及石脉纹理作进一步加工处理，即可成山。

第六节 园林供电与照明

一、室外照明的灯具

现代园林不仅包括美观的园林景物本身，也包括其附属的各种设施，使设施与园林景物共同形成一个完整、协调的环境。室外灯具是组成园林景观的重要组成部分，灯具的样式风格与排列方式在现代园林构成中有着举足轻重的作用。

（一）室外照明的光源种类

人工电力光源依照发光原理的不同，主要分为白炽发光与气体放电发光。白炽灯皆以电流通过灯丝，加热至白热化发光，气体放电则借助两电极间气体激发而发光，又可分为低压与高压气体放电。前者主要为荧光灯与冷极管(包括霓虹)，后者即为高强度放电灯，包括汞灯、金属卤化物灯及高压钠灯。近年来逐渐朝无电极光源发展，包括感应灯、硫磺灯等。在照明设计上，选择适当的光源是最重要的步骤之一，主要根据光源的光色、光效、寿命及大气损失、照度维持率因素考虑，有时还须考虑光源的布光特性、发光能力、显色性及成本效益。

1. 白炽灯在装饰照明中的优点

（1）显色性好；

（2）色温适应于照明效果很宽的一个范围；

（3）品种众多，额定参数亦众多，便于选择；

（4）可以用在超低电压的电源上；

（5）可即开即关，为动感照明效果提供了可能性；

（6）可以调光。

2. 各类白炽灯泡的性能与装饰照明应用范围

各类用于装饰照明的白炽灯泡的性能和应用范围见表 3-4。

3. 放电灯在装饰照明中的优点

气体放电灯的优点是：光效高、寿命长。而且气体放电灯品种甚多，特色不同，适于各处环境的照明。

各类白炽灯的性能与应用范围 表 3-4

品　种	结构与性能	应用范围
一般照明用灯泡	发光效率为 13lm/W 左右，使用寿命 1000h 左右	装饰带照明，组成发光图案，轮廓边照明，花坛的下脚照明
软玻璃反射灯泡	泡壳内部含有一个常由铝或硅酸盐材料做成的反射器，可以直接发出一束光线。发出白光或彩色光，功率 40～300W，光束角可变化。含有钕玻璃的某些产品可以改善显色性，主要改善蓝和绿的范围	局部照明，可对较小目标投射
球形镀银灯泡	泡壳内部面向钨丝发光的圆顶部位镀银，将这种灯泡放置在一个合适的外部反射器中，就可以得到一个非常窄的光束。灯泡的功率有 25、40、60 和 100W	使用在特殊设计的灯具中，进行装饰投光照明
超低压灯泡	低压白炽灯泡的主要优点在于提高了发光效率。紧凑型灯丝的结构容易控制光输出，能用在窄光束的投光灯具中，并提高中心光强 使用低电压的灯具可以减少在发生故障或事故时对过往者的危险。与低压卤钨灯一样，两者标准通用	严格的聚光照明，小范围的投射光，以及特别需要用电安全的场所
密封光束光泡(PAR 灯) ↑以上为白炽灯	泡壳是用压制的厚玻璃做成内壁镀银、前面是平面或棱镜面的透明玻璃。用这种简单的光学系统控制出射光通并且取消了原来需要装在外部的反射器。按灯泡功率和型号光束角度，可在 6°～12°内变化 灯泡的内部镀银面在不断更新，每个变化带来了灯泡的变化。但它的光通输出保持不变。PAR 灯有一般电压型，也有超低压型(6V、12V 等) PAR 灯可制成彩色的，只要使用彩色玻璃或涂一层颜色涂料，就可按要求射出蓝、绿、黄、红等光 用多层镀膜取代镀银反射器，既可以不用玻璃或涂料产生彩色光，又可以得到一种称为“冷光束”的灯泡(彩色灯泡为 150W，“冷光束”灯泡为 150W 和 300W)	装饰投光照明，局部照明，非常适用于照射纪念物和艺术品
↓以下为气体放电灯 高压汞灯	这种灯建立在高压汞蒸气放电原理的基础上。灯的额定功率从 50W 到 2000W。放电管放在内部涂有荧光粉的玻璃泡内 因为蓝—绿光使水池和绿叶发生显眼的光，所以在装饰照明中，常常使用透明的灯管或椭圆形泡壳，还有把放电管放在内涂磷涂层反射器中 高压汞蒸气灯有较长的额定寿命，发光效率为 55～60lm/W 这种灯泡的形状和尺寸，适合于大面积场所的照明 点亮时，不是瞬间就亮起来的，重复点亮，既需要预先冷却，又要有一个特殊的高电压重复启动系统。因此，这种光源很难用于动感照明中	用于投光照明，宜用于广场照明、建筑物立面投光照明及对树木植物的投射照明
高压钠灯	光色为金黄色(色温为 2000K 左右)，发光效率为 80～100lm/W，显色指数为 25～35，有较长的额定寿命 大功率的灯泡安装在聚光灯具中，能进行大面积投光照明 由于灯泡的发光呈现半透明的，因此，灯具的发光罩要特殊设计，以使反射光能有效地避开发光体，目前，还有一种小功率的改进型，色温 2500K，显色指数为 50 左右，发光效率为 45lm/W，功率为 35W 和 50W。灯的颜色给人的印象与白炽灯泡相同，但寿命是白炽灯的 5 倍，发光效率是白炽灯的 4 倍。由于灯泡尺寸缩得很小，能聚焦于精确的反射器中，使它们非常适用于某些发光效果 然而，用高压钠灯来照明植物，有时会产生令人不舒适的效果	

续表

品　种	结构与性能	应用范围
低压钠灯	低压钠灯的发光效率可达到200lm/W，有比较长的额定寿命 由于低压钠灯是单色光源，显色指数很低 透明的管状泡壳的灯泡功率范围是18～180W	特殊作用的投光照明（黄色）
金属卤化物灯	这种灯是在一个内含汞蒸气的石英放电管内加入不同的金属卤化物添加剂组成 光源的额定功率在70～3500W范围内。根据不同的种类，其发光效率为50～100lm/W，色温为3000～6000K，显色指数为65～95 被封在透明泡壳内的小尺寸的放电管装在聚光灯中，通过理想的调焦，可得到精确的光束 还可采用压制玻璃1000W的PAR型反射器的型式。它的窄光束光束角约6°，可用于远距离的照明灯具的棱形透镜也能用来改变光束宽度和光强 除了必须有镇流器和电容器以稳定工作以外，这种灯还要求有一个分离式触发器。和高压汞灯一样，启动和再启动应过几分钟后才能进行	用于显色要求较高的聚光灯照明
卤钨灯	与传统的白炽灯相比有更高的发光效率，更好的色温和更长的使用寿命 卤钨灯有管状的，也有单端灯头的。管状的卤钨灯两端各有一个接触灯帽，一般使用在水平位置上，在抛物线柱面反射器中，可比较精确的控制出射光 对于单端灯头的卤钨灯，可以在任何方向上工作，不存在安装方面的问题	管状卤钨灯用于泛光照明。单端卤钨灯可作聚光照明

4. 各类气体放电灯的性能与装饰照明应用范围

气体放电灯的性能与装饰照明中应用见表3-5。

各类气体放电灯的性能及在装饰照明中应用 **表3-5**

品　种	结构与性能	应用范围
标准型荧光灯	低压汞蒸气放电激发荧光粉发光。光色有暖白、白色以及彩色的	直线形状的灯管适用于照亮被照物的轮廓、栏杆和其他相似的地方 彩色荧光灯管以不同色彩可以达到装饰效果
紧凑型荧光灯	这是一种缩小了的荧光灯泡。通常直径细的，紧凑型灯泡有各种各样的形状：U形、双U形，以及双D形。其中有些内部装有放电管、启动器或电子镇流器 从额定寿命长（至少长5倍）以及光效高（4～5倍）两方面来说，紧凑型荧光灯比传统白炽灯有明显的优点	装饰带照明，花坛的投光照明
冷阴极灯泡	长长细细的灯管根据其目的做成各种形状，例如，成为建筑线条或制成分开的装饰图案 灯的光效较低，但额定寿命却很长。其范围宽广的彩色使它能具有许多特殊的效果 这种灯能重复开关、迅速点亮而不影响寿命。这种特性，可产生许多动态效果 因为这种灯泡有一个几千伏的电源，所以使用上必须有某些保护措施，在工作中必须遵守电器安全规程	建筑物发光的轮廓、发光的装饰图案、动态照明

续表

品　种	结构与性能	应用范围
氙　灯	氙灯有一个近似太阳光的光谱，但它的发光效率比金属原子气体放电灯低 氙灯有直管形与球形的，功率可从1.5～20kW	直管形高压氙灯用于大面积照明，亦可作屋檐照明灯，球形超高压氙灯可用于聚光照明
紫外灯	用汞灯产生光线加上特殊的蓝—黑玻璃滤色片或通过WOOD玻璃后得到 紫外光常用来使特殊的荧光涂料发光。它也用来揭示在无紫外时无法看清的图案、纹理和图像，产生某种动感和提供一种更加引人戏剧性的气氛 紫外光源既可以是靠灯内部灯丝或传统镇流器镇流的高压汞灯，也可以是与荧光灯有相同直径、相同镇流器的管状低压汞灯	

二、室外灯具

室外灯具由于要经受日晒、雨淋、刮风下雪，必须具备防水、防喷、防滴等性能，其灯具的电器部分应该防潮，灯具外壳的表面处理要求比较高。

室外照明灯具可以包括以下内容：

(一) 门灯

庭院出入口与园林建筑的门上安装的灯具为门灯，包括在矮墙上安装的灯具。门灯还可以分为门顶灯、门壁灯、门前座灯等。

1. 门顶灯

门顶灯竖立在门框或门柱顶上，灯具本身并不高，但与门柱等混成一体就显得比较高大雄伟，使人们在踏进大门时，抬头望灯，会感到建筑物的气派非凡。

2. 门壁灯

门壁灯有分枝式壁灯与吸壁灯两种。枝式壁灯的造型类似室内壁灯，可称得上千姿百态，只是灯具总体尺寸比室内壁灯大，因为户外空间比室内大得多，灯具的体积也要相应增大，才能匹配。室外吸壁灯的造型也相似于室内吸壁灯，安装在门柱(或门框)上时往往采取半嵌入式。

3. 门前座灯

门前座灯立于正门两侧(或一侧)，高约2～4m，其造型十分讲究，无论是整体尺寸、形象，还是装饰手法等，都必须与整个建筑物风格完全相一致，特别是要与大门相协调，使人们一看到门前座灯，就会感觉到建筑物的整体风格，而留下难忘的印象。

(二) 庭园灯

庭园灯用在庭院、公园与大型建筑物的周围，既是照明器材，又是艺术欣赏品。因此庭园灯在造型上美观新颖，给人们以心情舒畅之感。庭园中有树木、草坪、水池，因此各处的庭园灯的形态性能也各不相同。

1. 园林小径灯

园林小径灯竖在庭园小径边，与树木、建筑物相衬，灯具功率不大，使庭园显得悠静舒适。园林小径灯的造型有西欧风格的，有日本和式风格的，也有中国民族风格的。选择园林小径灯时必须注意灯具与周围建筑物相协调。

小径灯的高度要根据小径边树木与建筑物的高度来确定。

2. 草坪灯

草坪灯放置在草坪边。为了保持草坪宽广的气氛，草坪灯一般都比较矮，一般为40～70cm高，最高不超过1m。灯具外型尽可能艺术化，有的像大理石雕塑，有的像亭子，有的小巧玲珑，讨人喜爱。有些草坪灯还会放迷人的音乐，使人们在草坪上休息散步时更加心旷神怡。

（三）水池灯

水池灯具有十分好的水密性，灯具中的光源一般选用卤钨灯，这是因为卤钨灯的光谱呈连续性，光照效果很好。当灯具放光时，光经过水的折射，会产生色彩艳丽的光线，特别是照射在喷水池中水柱时，人们会被五彩缤纷的光色与水柱所陶醉。

（四）道路灯具

道路灯具既照明着城市园林，又美化着城市。道路灯具可分成两类：一是功能性道路灯具，二是装饰性道路灯具。

1. 功能性道路灯具

功能性道路灯具有良好的配光，使灯具发出的大部分光能比较均匀地投射在道路上。

功能性道路灯具可分横装灯式与直装灯式两种。横装灯式在近十余年来风行世界。此种灯反射面设计比较合理，光分布情况良好。在外形的造型方面有方盒形、流线型、琵琶形等等，美观大方，深受喜欢。图3-12为横装灯式路灯。直装灯式路灯又可分老式与新式两种，老式直装灯式造型很简单，多数用玻璃罩、搪瓷罩或铁皮涂漆罩加上一只灯座，因其配光不合理，为直射下的路面很亮，而道路中央及周围反而显得暗了，因此，这种灯已被逐渐淘汰。

新式直装灯式道路灯具有设计合理的反光罩，能使灯光有良好的分布。由于直装灯式道路灯具换灯泡方便，且高压汞灯、高压钠灯等在直立状态下工作情况比较好，因此，新式直装灯式道路灯具发展比较迅速。但这种灯的反射器设计比较复杂，加工比较困难。图3-13为新式直装灯式路灯。

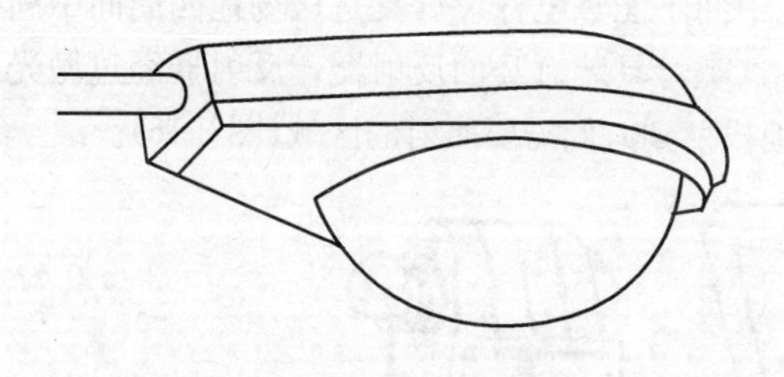

图3-12　横装灯式路灯

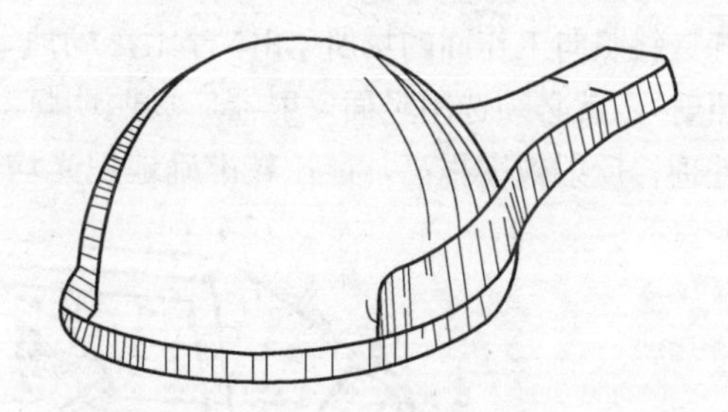

图3-13　新式直装灯式路灯

2. 装饰性道路灯具

装饰性道路灯具主要安装在庭园内主要建筑物前与道路广场上，灯具的造型讲究，风格与周围建筑物相称。这种道路灯具不强调配光，主要以外表的造型艺术美来美化环境（图3-14）。

广场照明灯具是一种大功率投光类灯具，具有镜面抛光的反光罩，采用高强度气体放电光源，光效高，照射面大。灯具都装有转动装置，能调节灯具照射方向。灯具采用全封闭结构，玻璃与壳体间用橡胶密封。这类灯配有触发器与镇流器，由于灯管启动电压很高，达数千伏，有的甚至上万伏。因此灯具的电气部分的绝缘性能要好，安装时要特别注意这一点。

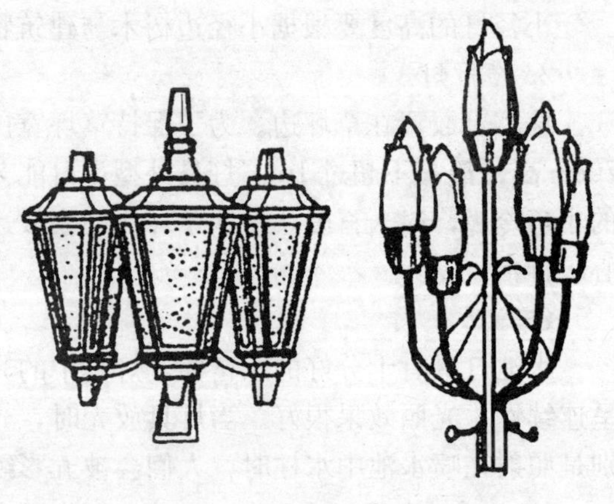

图 3-14 装饰性道路灯具

（五）广场照明灯具

1. 旋转对称反射面广场照明灯具

灯具采用旋转对称反射器，因而照射出去的光斑呈现为圆形。灯具造型比较简单，价格比较低。缺点是用这种灯斜照时(从广场边向广场中央照射)，照度不均匀(图 3-15)。

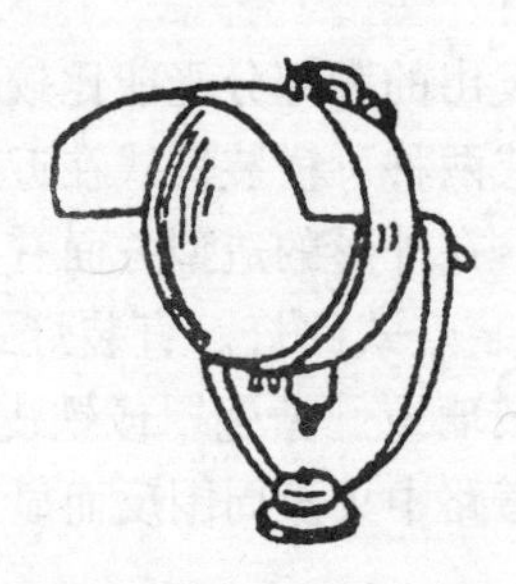
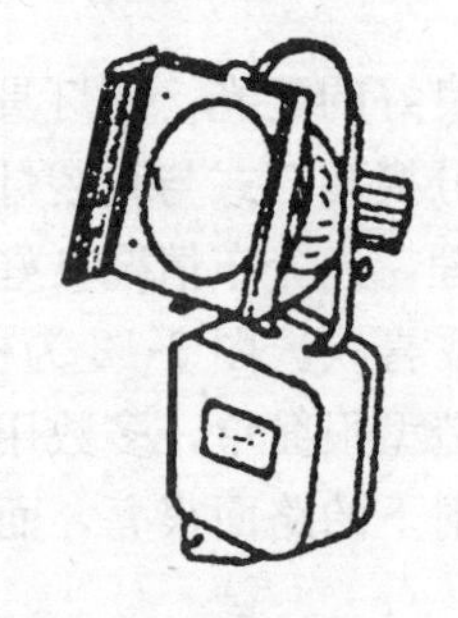
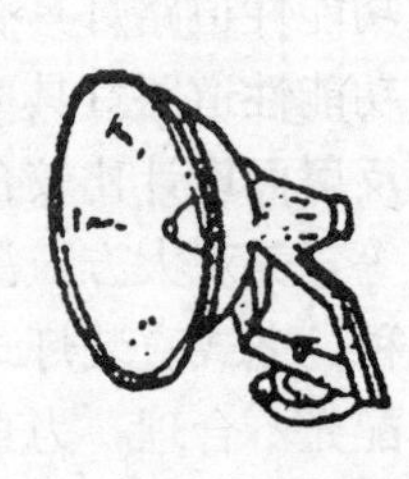

图 3-15 旋转对称反射面广场照明灯具

此种灯具用于停车场以及广场中电杆较多的场合。

2. 竖面反射器广场照明灯具

高强度气体放电光源大多是一发光柱，要使照射光比较均匀地分布，特别是在一些需要灯具斜照向工作面的场所(如体育比赛场地等，中间不能竖电杆，灯具是从场地四周向中间照射)，就必须选用竖面反射器广场照明灯具。这类灯具装有竖面反射器，反射器经过抛光处理，反射效率很高，能比较准确地把光均匀地投射到人们需要照射的区域(图 3-16)。

图 3-16 竖面反射器广场照明灯具

竖面反射器广场照明灯具适宜于体育场及广场中不能竖电杆的场合。

(六) 霓虹灯具

1. 霓虹灯工作原理

霓虹灯是一种低气压冷阴极辉光放电灯。辉光放电空间可明显地划分成阿斯顿暗区、阴极辉区、阴极暗区、负辉区、法拉弟暗区、正柱区、阳极暗区、阳极辉区等8个区域，其中负辉区与正柱区是主要发光区。霓虹灯的光色是取正柱区的放电发光。在正柱区里，电子和离子几乎完全杂乱无序的运动，电子和离子浓度几乎相等。正柱区是一个导电率较高的等离子区，在正柱区内产生均匀的发光光柱。

霓虹灯具的工作电压与启动电压都比较高，电器箱内电压高达数千伏(启动时)，必须注意安全。

霓虹灯的优点是：寿命长(可达15000h以上)、能瞬时启动、光输出可以调节、灯管可以做成各种形状(文字、图案等)。配上控制电路，就能使一部分灯管放光的同时，另一部分灯管熄灭，图案在不断更换闪耀，从而吸引人们的注意力，起到了明显的广告宣传作用。缺点是：发光效率不及荧光灯具(大约是荧光灯具发光效率的2/3)、电极损耗也较大。

霓虹灯已被广泛地应用于广告照明与文娱场所照明。近年来，霓虹灯具已逐渐进入家庭生活，在客厅与卧室里霓虹灯会使生活更加多姿多彩。

2. 透明玻璃管霓虹灯

这是应用很广的一类霓虹灯，其光色取决于灯管内所充的气体的成分(电流的大小也会影响光色)。表3-6为正柱区所充气体的放电颜色。

霓虹灯正柱区所充气体的放电颜色 **表3-6**

所充气体	光的颜色	所充气体	光的颜色
He	白(带蓝绿色)	O_2	黄
Ne	红紫	空气	桃红
Ar	红	H_2O	蔷薇色
Hg	绿	H_2	蔷薇色
K	黄红	Kr	黄绿
Na	金黄	CO	白
N_2	黄红	CO_2	灰白

3. 彩色玻璃霓虹灯

利用彩色玻璃对某一波段的光谱进行滤色，也可以得到一系列不同色彩光输出的霓虹灯。

彩色玻璃霓虹灯的灯内工作状态与透明玻璃管或荧光粉管霓虹灯的工作状态没有什么不同，区别在于起着滤色片作用的彩色玻璃的选择。例如红色的玻璃仅能透过红色和一部分橘红色光，其他颜色的光则一概滤去；同样，蓝色玻璃也只允许有蓝色的光能够透过。

三、公园及庭园照明

公园的种类是很多的，而且公园内的各种建筑、广场及设施对照明的要求也各不相同，因此需要采用不同的照明方式及相应的设备，对光源与灯具的性能要求也不同。公园及住宅区，庭园的照明主要以明视及饰景为主。明视照明以园路及广场为主，而饰景照明则需创造各种环境气氛，其应用也很普遍，并广泛地应用于园林内各种景物上。

（一）明视照明

这是以园路为中心进行活动或工作所需要的照明，必须根据照度标准中推荐的照度进行设计。从效率和维修方面考虑，一般多采用5～12m高的杆头式汞灯照明器。

庭园中使用的光源及其特征(表3-7)，常用的照明灯具类型见表3-8。

庭园中使用的光源及其特征 **表3-7**

光源种类	特征
汞灯(包括反射型)	使树木、草坪的绿色鲜明夺目，是最适合的光源。由于寿命长，维修容易，有40～2000W的，使用功率适合庭园大小的灯
金属卤化物灯	由于效率高，显色性好，也适于照射有人的地方。没有低瓦数的灯，使用范围有限
高压钠灯	效率高，但不能反映绿色，因此只可在重视节约能源的地方使用
荧光灯	由于效率好，寿命长，适于作庭园照明的光源，容量比灯的尺寸少，不适于范围广泛的照明。且在温度低的地方效率降低，因此必须注意
白炽灯(包括反射型、卤钨灯)	小型，便于使用，使红、黄色美丽显目，因此适作庭园照明，但寿命短，因此维修麻烦。投光器可以制成小型，适于投光照明

庭园中使用的照明器及其特征 **表3-8**

照明器的种类	特征
投光器(包括反射型灯座)	用于白炽灯、高强度放电灯，从一个方向照射树木、草坪、纪念碑等。安装挡板或百页板以使光源绝对不致进入眼内。又在白天最好放在不碍观瞻的茂密树荫内或用箱覆盖起来
杆头式照明器	布置在园路或庭园的一隅，适于照射路面、树木、草坪。必须注意不要在树林上面突出照明器
低照明器	在固定式、直立移动式、柱式照明器。光源低于眼睛时，完全遮挡上方光通量会有效果。由于设计照明器的关系。露出光源时必须尽可能降低它的亮度

（二）饰景照明

饰景照明是创造夜间景色的照明，可以显示出环境的气氛，不同饰景照明布置的方式，可以创造出或安逸详和、或热情奔放、或流光溢彩、或庄严肃穆等不同的氛围。饰景照明根据被照物的不同可采取不同的形式。

1. 植物的饰景照明

树叶、灌木丛林以及花草等植物以其舒心的色彩，谐和的排列和美丽的形式成为城市装饰不可缺少的组成部分。在夜间环境下，投光照明能够增加其发挥作用的时间。

与建筑物的立面照明一样，植物在光照下不是以白天的面貌重复出现，而是以新的姿态展露在人们面前。

(1) 对植物的观光照明应遵循下列原则

① 要研究植物的一般几何形态(圆锥形、球形、塔形等)以及植物在空间所展示的程

度。照明类型必须与各种植物的几何形状相一致。

② 对淡色的和耸立空中的植物，可以用强光照明，得到一种轮廓的效果。

③ 不应使用某些光源去改变树叶原来的颜色。但可以用某种颜色的光源去加强某些植物的外观。

④ 许多植物的颜色和外观是随着季节的变化而变化的，照明也应适于植物的这种变化。

⑤ 可以在被照明物附近的一个点或许多点观察照明的目标，要注意消除眩光。

⑥ 从远处观察，成片树木的投光照明通常作为背景而设置，一般不考虑个别的目标，而只考虑其颜色和总的外形大小。

从近处观察目标，并需要对目标进行直接评价的，则应该对目标作单独的光照处理。

⑦ 对未成熟的及未伸展开的植物和树木，一般不施以装饰照明。

(2) 照明设备的选择和安装

① 照明设备的选择。选择照明设备的原则：

a. 照明设备的挑选(包括型号、光源、灯具光束角等)主要取决于被照明植物的重要性和要求达到的效果。

b. 所有灯具都必须是水密防虫的，并能耐除草剂与除虫药水的腐蚀。

② 灯具的安装。投射植物的灯具安装要注意做到：

a. 考虑到白天的美观，灯具一般安装在地平面上。

b. 为了避免灯具影响绿化维护设备的工作，尤其是影响草地上割草的工作，可以将灯具固定在略微高于平面的混凝土基座上。这种布灯方法比较适用于只有一个观察点的情况，而对于围绕目标可以走动的情况，可能会引起眩光。如果发生这种情况，应将灯具安装在能确保设备防护和合适的光学定向两者兼顾的沟内。

c. 将投光灯安装在灌木丛后是一种可取的方法，这样既能消除眩光又不影响白天的外观。

(3) 树木的投光照明

向树木投光的方法是：

① 投光灯一般是放置在地面上。根据树木的种类和外观确定排列方式。有时为了更突出树木的造型和便于人们观察欣赏，也可将灯具放在地下。

② 如果想照明树木上的一个较高的位置(如照明一排树的第一根树叉及其以上部位)，可以在树的旁边放置一根高度等于第一根树叉的小灯杆或金属杆来安装灯具。

③ 在落叶树的主要树枝上，安装一串串低功率的白炽灯泡，可以获得装饰的效果。但这种安装方式，一般在冬季使用。因为在夏季，树叶会碰到灯泡，灯泡会烧伤树叶，对树木不利，也会影响照明的效果。

④ 对必须安装在树上的投光灯，其系在树叉上的安装环必须能按照植物的生长规律进行调节。

⑤ 对树木的投光造型是一门艺术，图 3-17～图 3-20 均为树木投光照明的布灯方式。

a. 对一片树木的照明。用几只投光灯具，从几个角度照射过去。照射的效果既有成片的感觉，也有层次、深度的感觉，如图 3-17 所示。

b. 对一棵树的照明。用两只投光具从两个方向照射，成特写镜头，如图 3-18 所示。

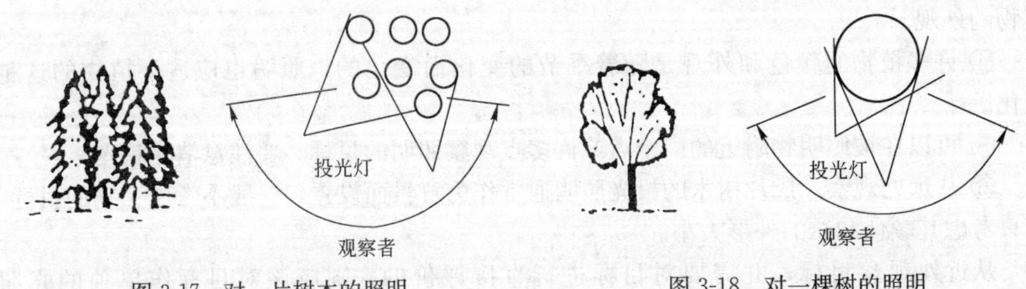

图 3-17　对一片树木的照明　　　图 3-18　对一棵树的照明

c. 对一排树的照明。用一排投光灯具，按一个照明角度照射。既有整齐感，也有层次感，如图 3-19 所示。

d. 对高低参差不齐的树木的照明。用几只投光灯，分别对高、低树木投光，给人以明显的高低、立体感，如图 3-20 所示。

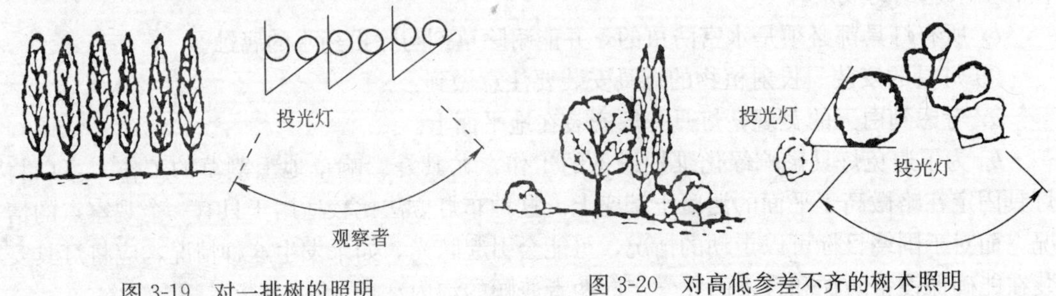

图 3-19　对一排树的照明　　　图 3-20　对高低参差不齐的树木照明

e. 对两排树形成的绿荫走廊照明。采用两排投光灯具相对照射，效果很佳。

f. 对树叉树冠的照明。在大多数情况下，对树木的照明，主要是照射树叉与树冠，因为照射了树叉树冠，不仅层次丰富、效果明显，而且光束的散光也会将树杆显示出来，起衬托作用。

(4) 花坛的照明

对花坛的照明方法是：

① 由上向下观察的处在地平面上的花坛，采用称为蘑菇式灯具向下照射。这些灯具放置在花坛的中央或侧边，高度取决于花的高度。

② 花有各种各样的颜色，就要使用显色指数高的光源。白炽灯、紧凑型荧光灯都能较好地应用于这种场合。

2. 雕塑、雕像的饰景照明

对高度不超过 5～6m 的小型或中型雕塑，其饰景照明的方法如下：

(1) 照明点的数量与排列，取决于被照目标的类型。要求是照明整个目标，但不要均匀，其目的通过阴影和不同的亮度，再创造一个轮廓鲜明的效果。

(2) 根据被照明目标的位置及其周围的环境确定灯具的位置：

① 处于地面上的照明目标，孤立地位于草地或空地中央。此时灯具的安装，尽可能与地面平齐，以保持周围的外观不受影响和减少眩光的危险。也可装在植物或围墙后的地面上。

② 坐落在基座上的照明目标，孤立地位于草地或空地中央。为了控制基座的亮度，灯具必须放在更远一些的地方。基座的边不能在被照明目标的底部产生阴影，也是非常重要的。

③ 坐落在基座上的照明目标，位于行人可接近的地方。通常不能围着基座安装灯具，因为从透视上说距离太近。只能将灯具固定在公共照明杆上或装在附近建筑的立面上，但必须注意避免眩光。

(3) 对于塑像，通常照明脸部的主体部分以及像的正面。背部照明要求低得多，或在某些情况下，一点都不需要照明。

(4) 虽然从下往上的照明是最容易做到的，但要注意，凡是可能在塑像脸部产生不愉快阴影的方向都不能施加照明。

(5) 对某些塑像，材料的颜色是一个重要的要素。一般说，用白炽灯照明有好的显色性。通过使用适当的灯泡——汞灯、金属卤化物灯、钠灯，可以增加材料的颜色。采用彩色照明最好能做一下光色试验。

3. 旗帜的照明

对旗帜的照明方法如下：

(1) 由于旗帜会随风飘动，应该始终采用直接向上的照明，以避免眩光。

(2) 对于装在大楼顶上的一面独立的旗帜，在屋顶上布置一圈投光灯具，圈的大小是旗帜能达到的极限位置。将灯具向上瞄准，并略微向旗帜倾斜。根据旗帜的大小及旗杆的高度，可以要用 3～8 只宽光束投光灯照明。

(3) 当旗帜插在一个斜的旗杆上时，从旗杆两边低于旗帜最低点的平面上分别安装两只投光灯具，这个最低点是在无风情况下确定来的。

(4) 当只有一面旗帜装在旗杆上，也可以在旗杆上装一圈 PAR 密封型光束灯具。为了减少眩光，这种灯组成的圆环离地至少 2.5m 高，并为了避免烧坏旗帜布料，在无风时，圆环离垂挂的旗帜下面至少有 40cm。

(5) 对于多面旗帜分别升在旗杆顶上的情况，可以用密封光束灯分别装在地面上进行照明。为了照亮所有的旗帜，不论旗帜飘向哪一方向，灯具的数量和安装位置取决于所有旗帜覆盖的空间。

(三) 水景照明

1. 水中照明的方法

水是生活的源泉，理想的水景应既能听到它的声音，又能通过水中照明看到它的闪烁与摆动。

2. 喷水池和瀑布的照明

(1) 对喷射的照明

在水流喷射的情况下，将投光灯具装在水池内的喷口后面或装在水流重新落到水池内的落下点下面，或者在这两个地方都装上投光灯具。

水离开喷口处的水流密度最大，当水流通过空气时会发生扩散。由于水和空气有不同的折射率，使投光灯的光在进出水柱时产生二次折射。在“下落点”，水已变成细雨一般。投光灯具装在离下落点大约10cm的水下，使下落的水珠产生闪闪发光的效果。

(2) 瀑布的照明

① 对于水流和瀑布，灯具应装在水流下落处的底部。

② 输出光通应取决于瀑布的落差和与流量成正比的下落水层的厚度，还取决于流出口的形状所造成水流的散开程度。

③ 对于流速比较缓慢，落差比较小的阶梯式水流，每一阶梯底部必须装有照明。线状光源(荧光灯、线状的卤素白炽灯等)最适合于这类情形。

④ 由于下落水的重量与冲击力，可能冲坏投光灯具的调节角度和排列。所以必须牢固地将灯具固定在水槽的墙壁上或加重灯具。

⑤ 具有变色程序的动感照明，可以产生一种固定的水流效果，也可以产生变化的水流效果。

图3-21是针对采用的不同流水效果的灯具安装方法。

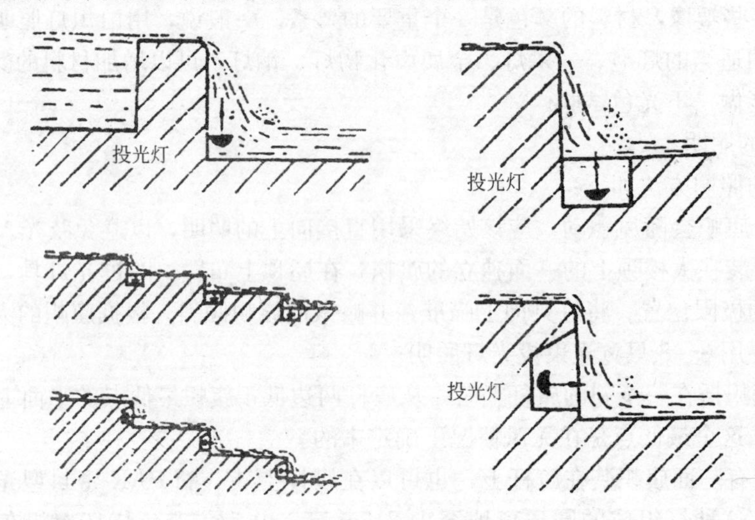

图3-21 瀑布与水流的投光照明

3. 静水和湖的照明

对湖的投光照明方法：

(1) 所有静水或慢速流动的水，比如水槽内的水、池塘、湖或缓慢流动的河水，其镜面效果是令人十分感兴趣的。所以只要照射河岸边的景象，必将在水面上反射出令人神往的壮观，分外具有吸引力。

(2) 对岸上引人注目的物体或者伸出水面的物体(如斜倚着的树木等)，都可用浸在水下的投光灯具来照明。

(3) 对由于风等原因而使水面汹涌翻滚的景象，可以通过岸上的投光灯具直接照射水面来得到令人感兴趣的动态效果。此时的反射光不再均匀，照明提供的是一系列不同亮度区域中呈连续变化的水的形状。

4. 水景照明设计

光源与灯具的选择

光源有如表 3-9 所示的类型，但使用最多的为白炽灯泡。这是由于特别适宜开关控制和调光的缘故。但当喷水高度很高而且常常预先开关时，便可以使用汞灯和金属卤化物灯等。

喷泉照明用光源 **表 3-9**

光源种类		适用的照明灯具
喷水专用	反射型投光灯	灯光露明
一般照明用	反射型投光灯(包括颜色) 防护式柱形灯 卤灯 投光灯用灯泡 汞灯(包括反射型) 金属卤化物灯	密闭型

照明灯具的分类　从外观和构造来分类，可以分为灯在水中露明的简易型灯具和密闭型灯具两种。简易型灯具的颈部电线进口部分备有防水机构，使用的灯泡限定为反射型灯泡，而且设置地点也只限于人们不能进入的场所。其特点是小型灯具，容易安装。密闭型灯具有多种光源的类型，而且每种灯具限定了所使用的灯。例如，有防护式柱形灯、反射型灯、汞灯、金属卤化物灯等光源的照明灯具等。

各种光源的特征列于表 3-10。

光源的特征 **表 3-10**

灯的种类	功　率(W)	特　征
白炽灯	100～300	易于变换颜色、开关、调光
汞　灯	200～400	不适于色彩照明，不便开关和调光，光束大
金属卤化物灯	400	变换颜色较困难，不便开关和调光，光束大

当需要进行色彩照明时，在滤色片的安装方法上有固定在前面玻璃处的和可变换的(滤色片旋转起来，由一盏灯而使光色自动地依次变化)，一般使用固定滤色片的方式。

国产的封闭式灯具用无色的灯泡装入金属外壳。外罩采用不同颜色的耐热玻璃，而耐热玻璃与灯具间用密封橡胶圈密封，调换滤色玻璃片可以得到红、黄(琥珀)、绿、蓝、无色透明等 5 种颜色。灯具内可以安装不同光束宽度的封闭式水下灯泡，得到几种不同光强。不同光束宽度的结果、性能见表 3-11。

配用不同封闭式水下灯泡后灯具的性能 **表 3-11**

光束类型	型　号	工作电压(V)	光源功率(W)	轴向光强(坎德拉)	光束发散角 1/10I_{max}(度)	平均寿命(小时)
狭光束	FSD200-300(N)	200	300	≥40000	＜25 水平＞50	1500
宽光束	FSD220-300(W)	220		≥80000	垂直＞10	1500
狭光束	PSD220-300(H)	220		≥70000	＜25 水平＞30	750
宽光束	FSD12-300(N)	12		≥10000	垂直＞15	1000

国内目前生产的密封型灯具有 12V 及 220V 两种，功率均是 300W。12V 的适用于游泳池，220V 的用于一般喷水池。

5. 喷泉照明的调光

目前，国内通常采用时控和声控两种方式。时控是由彩灯闪烁控制器按预先设定的程序自动循环按时变换各种灯光色彩，这种按时控制方式比较简单，但变化单调，如果喷水也按程序控制的话，灯光变化规律便与喷水的变化不同步形成不协调的感觉。

比较先进的声控方式是由一台小型专用计算机和一整套开关元件和音响设备组成的，灯光的变化与音乐同步，它使喷出的水柱随音乐的节奏而变化，灯光的色彩和亮灯数量也作相应的变化。但是，注意到喷水受到水流变化及管道的影响要比音响和灯光慢几秒到十几秒，所以必须根据管道的实际情况提前发出控制喷水信号，做到声、光和喷水3个同步。

彩色音乐喷泉控制系统原理是利用音频信号控制水流变化，以随机控制或微机控制高压潜水泵、水下电磁阀、水下彩灯的工作情况。随机控制是根据操作人员对音乐的理解，随时对喷泉开动的图案、色彩进行变换；微机控制是对特定的乐曲预先编程，对喷泉开动时的图案、色彩自动控制。

6. 水景照明的施工

水中的灯具应具有抗蚀性和耐水构造(表3-12)，又由于在水中设置时会受到波浪或风的机械冲击，因此必须具有一定的机械强度。水中布线，必须满足电气设备的有关技术规程和各种标准，同时在线路方面也应有一定的强度。水中使用的灯具上常有微生物附着或浮游物堆积的情况，要能够易于清扫或检查表面。

园林工程中常用的水下灯 **表3-12**

<table>
<tr><th rowspan="2">灯泡型号</th><th rowspan="2">电源电压(V)</th><th rowspan="2">功率(W)</th><th rowspan="2">工作电压(V)</th><th rowspan="2">工作电流(A)</th><th colspan="2">主要尺寸(mm)</th><th rowspan="2">平均寿命(h)</th><th rowspan="2">光色</th></tr>
<tr><th>灯长</th><th>罩径</th></tr>
<tr><td>MHsxc-250</td><td rowspan="18">220</td><td>250</td><td rowspan="4">120±15</td><td rowspan="3">2.3</td><td rowspan="18">250</td><td rowspan="18">160</td><td rowspan="8">1000</td><td>白</td></tr>
<tr><td>MHsxc-250</td><td>250</td><td>绿</td></tr>
<tr><td>MHsxc-250</td><td>250</td><td>蓝</td></tr>
<tr><td>MHsxc-250</td><td>250</td><td>2.25</td><td>黄</td></tr>
<tr><td>MHsxc-400</td><td>400</td><td rowspan="4">130±15</td><td rowspan="4">3.05±2</td><td>白</td></tr>
<tr><td>MHsxc-400</td><td>400</td><td>绿</td></tr>
<tr><td>MHsxc-400</td><td>400</td><td>蓝</td></tr>
<tr><td>MHsxc-400</td><td>400</td><td>黄</td></tr>
<tr><td>sxc-300</td><td rowspan="4">300</td><td rowspan="10">220</td><td rowspan="4">1.36</td><td rowspan="10">500</td><td>红</td></tr>
<tr><td>sxc-300</td><td>绿</td></tr>
<tr><td>sxc-300</td><td>蓝</td></tr>
<tr><td>sxc-300</td><td>紫</td></tr>
<tr><td>sxc-300</td><td>300</td><td>1.36</td><td>黄</td></tr>
<tr><td>sxc-500</td><td rowspan="5">500</td><td rowspan="5">2.27</td><td>红</td></tr>
<tr><td>sxc-500</td><td>绿</td></tr>
<tr><td>sxc-500</td><td>蓝</td></tr>
<tr><td>sxc-500</td><td>紫</td></tr>
<tr><td>sxc-500</td><td>黄</td></tr>
</table>

四、溶洞照明

(一) 显示照明

为了向游客介绍溶洞内的景观和导游线路，一般在溶洞口设置游览路线景观活动显示屏，这种显示屏采用电子程控器控制，按照路径方向逐段显示。显示方式有两种：一种为每段从起点逐个亮到终点，最后全部发光；另一种也是每段从起点亮到终点，亮的方式似小溪流水，有动态感，当每一起点的灯开始亮时，下一个景观点上的红灯便开始闪烁。当路线指向灯亮至一个景观时，该点的红灯便常亮。待游览路线亮过一趟之后，所有的指示灯便全部熄灭，机器自动地暂停一段时间(时间可随意调整)然后重新启动(机器还设有人工启动开关)，在每个景观上都配有彩色的景观图片，形象生动逼真。溶洞口还设有洞名和“欢迎来宾”灯光显示屏，是一种文字和图形活动显示屏，它由控制器、存贮器、显示器和电源装置组成。

在使用前，要把需要显示的文字和图形写入存储器中，在控制器的控制下按不同显示方式把文字和图形的指令输入显示器，从而显示出所示的文字和图形。需要更换所显示的内容时，只须将不同内容的可编程序录入存储器即可。

(二) 明视照明

明视照明是以溶洞通道为中心时进行活动和工作所需的照明，它包括常见光和附加灯光两部分。当导游介绍景观时，两种灯光同时亮，而导游离开该景观时，附加的那部分灯光自动熄灭，这样做可以省电，更重要的是通过灯光的明暗变化烘托气氛，给游客以动感，提高欣赏情趣。

通道照明灯具不宜安装过高，以距底部 200mm 为宜，为了保证必要的照度值(≮0.5 勒克斯)，每 4～6m 应设置 60W 照明灯具 1 盏。

(三) 饰景照明

饰景照明是用于烘托景物的，利用灯光布景，让大自然的鬼斧神工辅以精心设计的光色，表现各种主题，如“仙女下凡”、“金鸡报晓”、“大闹天宫”等景观，给游客以丰富的艺术想像，使他们得到美的享受。

为了得到较好的烘托效果，饰景照明不宜采用大功率的灯光，同时还要求灯具能够满足调光的可能性。对于目标较远的钟乳等，可以采用 150W 或 200W 投光灯，从灯光上烘托艺术形象。

为了表现一种艺术构思，饰景用的灯光的颜色应根据特定的故事情节进行设计，而不能像一般游艺场、舞厅的灯光那样光怪陆离，使景观的意境受到干扰和破坏。

(四) 应急照明

应急照明是当一般照明因故断电时为了疏散溶洞内游客而设置的一种事故照明装置。这种灯一般设置于溶洞内通道的转角处，为人员疏散的信号指示提供一定的照度。

通常采用的灯内电池型应急照明装置是一种新颖的照明灯具，其内部装有小型密封蓄电池、充放电转换装置、逆变器和光源等部件。交流电源正常供电时，蓄电池被缓缓充电；当交流电源因故中断时，蓄电池通过转换电路自动将光源点亮。应急照明应采用能瞬时点亮的照明光源，一般采用白炽灯，每盏功率取 30W。

(五) 灯光的控制

明视照明和饰景照明的控制有红外光控和干簧管磁控等两种方式，一般以采用红外光控方式居多，这种遥控器包括发射器和接收器两部分。导游人员利用发射器发射控制信号，通过接收器通、断照明线路，启、闭灯光。红外光为不可见光，不受外界干扰时其射程可达 7～10m。

对于需要经常变幻的灯光，可以利用可控硅调光器进行调光。

（六）安全措施

1. 由于溶洞内潮湿，容易触电，为了保证安全可靠，溶洞供电变压器应采用 380V 中性点不接地系统，最好能用双回路供电。

2. 溶洞内的通道照明和饰景照明，在特别潮湿的场所，其使用电压不应超过 36V。

3. 根据安全要求，溶洞内的供电和照明线路，不允许采用黄麻保护层的电缆。固定铺设的照明线路，可以采用塑料绝缘塑料护套铝芯电缆或普通塑料绝缘线。非固定铺设时宜采用橡胶或氯丁橡胶套电缆。

4. 在溶洞内，凡是由于绝缘破坏而可能带电的用电设备金属外壳，均须作接地保护。将所有电缆的金属外皮不间断地连接起来构成接地网，并与洞内水坑的接地板(体)相连。

接地板装于水坑内，其数量不得少于两个，以便在检修和清洗接地板时互为备用。接地体采用厚度不少于 5mm，面积不少于 0.75m^2 的钢板制作。

附：相关标准、规范、规程

1. 电气装置安装工程高压电器施工及验收规范(GBJ 147—90)
2. 电气装置安装工程电力变压器、油浸电抗器、互感器施工及验收规范(GBJ 148—90)
3. 电气装置安装工程母线装置施工及验收规范(GBJ 149—90)
4. 电气装置安装工程电气设备交接试验标准(GB 50150—91)
5. 电气装置安装工程电缆线路施工及验收规范(GB 50168—92)
6. 电气装置安装工程接地装置施工及验收规范(GB 50169—92)
7. 电气装置安装工程旋转电机施工及验收规范(GB 50170—92)
8. 电气装置安装工程盘、柜及二次回路结线施工及验收规范(GB 50171—92)
9. 电气装置安装工程蓄电池施工及验收规范(GB 50172—92)
10. 电气装置安装工程 35kV 及以下架空电力线路施工及验收规范(GB 50173—92)
11. 电气装置安装工程电梯电气装置施工及验收规范(GB 50182—93)
12. 电气装置安装工程低压电器施工及验收规范(GB 50254—96)
13. 电气装置安装工程电力变流设备施工及验收规范(GB 50255—96)
14. 电气装置安装工程起重机电气装置施工及验收规范(GB 50256—96)
15. 电气装置安装工程爆炸和火灾危险环境电气装置施工及验收规范(GB 50257—96)
16. 电气装置安装工程 1kV 及以下配线工程施工及验收规范(GB 50258—96)
17. 电气装置安装工程电气照明装置施工及验收规范(GB 50259—96)
18. 火灾自动警报系统施工及验收规范(GB 50166—92)
19. 建筑施工安全检查标准(JGJ 59—99)
20. 施工现场临时用电安全技术规范(JGJ 46—2005)
21. 建设工程施工现场供用电安全规范(GB 50194—93)
22. 建筑工程施工质量验收统一标准(GB 50300—2001)

第四章　园林工程预算基本知识

第一节　园林工程预算编制的依据

一、园林建设工程预算的意义及作用

园林产品属于艺术范畴，它不同于一般工业、民用建筑，每项工程由于其特色不同、风格各异、工艺要求不尽相同，而且项目零星、地点分散、工程量小、工作面大、花样繁多、形式各异，同时也受气候条件的影响。因此，园林建设产品不可能确定一个统一的价格，因而必须根据设计文件的要求，事先从经济上对园林工程加以计算。

工程预算是施工企业在工程开工之前，根据已批准的施工图纸和既定的施工方案，按照现行的工程预算定额计算各分部分项工程的工程量，并在此基础上逐项地套用相应的消耗定额并结合市场人工、材料、机械价格，计算出全部直接费，再依据相应的取费定额计算出费及税，最后计算出单位工程造价和技术经济指标。它的作用如下：

1. 开展招标、投标，确定园林建设工程造价的依据；

2. 建设单位与施工单位签订承包经济合同，办理工程竣工结算的依据；

3. 施工企业组织生产、编制计划、统计工作量和实物量指标的依据，同时也是考核工程成本的依据；

4. 设计单位对设计方案进行技术经济分析比较的依据。

二、园林建设工程预算的编制依据

编制工程预算，主要依据下列技术资料及有关规定：

1. 施工图纸，地质资料、设计说明书和各类标准图集；

2. 招标文件；

3. 施工组织设计(方案)；

4. 工程预算定额；

5. 人工、材料、机械的市场价格；

6. 工程施工取费定额；

7. 工具书及有关手册。

第二节　园林工程预算的编制方法

一、园林预算编制的准备工作

在编制园林预算前，首先应详细研究图纸、设计说明书、招标文件等资料并认真踏勘现场，充分了解工程内容、现场场地情况和技术要求；其次还应熟悉施工方案、了解有关材料的市场价格、收集有关的价格信息、相关标准图集和工程所涉及的有关预算定额及费

用定额。

二、园林预算的编制过程

（一）确定工程项目

根据施工图和设计说明书提供的工程构造、设计尺寸、装饰类型和做法要求，结合施工现场的施工条件、施工顺序安排，按照现行预算定额对项目的划分要求、定额说明和工程量计算规则，列出详细的工程项目子目清单。

为防止缺项、漏项情况发生，在编写子目清单时应首先将工程分为若干分部工程，如：土方工程，基础工程，主体工程，楼、地面工程，门窗工程，装饰工程，绿化工程，假山工程，园路工程，水系改造工程，喷泉工程，水电安装工程等。

（二）计算工程量

正确地计算工程量，对于提高投标的成功率、控制工程成本、确保企业的合理利润、合理安排施工、组织劳动力和物资供应是必不可少的重要环节；同时，也是进行园林工程建设财务管理和会计核算的重要依据。

在计算工程量以前，应注意以下几点：

1. 必须严格按照工程量计算规则及定额说明，以施工图所注位置及尺寸为依据进行计算，不能违反工程量计算规则、人为地放大或缩小计算尺寸(即统一工程量计算规则)；

2. 为了便于计算和审核工程量，防止遗漏或重复计算，计算过程应按照定额项目的排列顺序进行(即统一项目编码、统一项目名称)；

3. 计算单位必须和定额相应子目清单的计量单位一致(即统一计量单位)；

4. 工程量计算表上宜注明各分项计算尺寸的相应图纸号，以便核对；

5. 计算底稿要整齐清洁，数字清楚，计算数值正确，工程量计算要精确到小数点后两位，钢材、木材和使用贵重材料的子目清单可精确到小数点后三位，余数四舍五入；

6. 为了便于计算和审核工程量，防止遗漏或重复计算，计算过程应按照定额项目的排列顺序进行；

7. 在图纸中，有些“线”和“面”是计算许多分项工程量的基数，因此，在运算过程中要善于掌握分项工程量的计算规律，找出计算过程中各分项工程量的内在联系，从而反复利用第一次计算的线、面尺寸进行简化计算，以加快计算速度。

三、园林预算的编制方法

（一）确定各子目的预算单价

选择预算单价时要严格按照预算定额中的子目内容及有关规定进行，套用单价要正确，每一子目的名称、规格、计量单位和单价均应与定额相符。

（二）编制工料分析

工料分析是在编制预算时，根据各相应定额中的子目所列的人工工日数、各种材料用量、机械台班数或机械费的单位耗用量，乘以各分项工程项目的数量而得到的人工、材料、机械的分项耗用量，最后进行统计汇总，计算得到的整个工程的人工、材料、机械的总需要量。

（三）计算工程直接费

单位工程直接费是各个分项工程量乘以预算定额各相关子目的预算单价而求得的总和值，再加上定额内的人工、材料、机械费差价而组成。

(四) 计算其他各项费用

在直接费计算完毕后，还需计算供求因果增加费、技术措施费、综合费用、定额外材料差价、价外差税金等按照费用定额和有关文件规定应计取的其他各种费用。

(五) 计算工程预算总造价

将工程直接费、供求因果增加费、技术措施费、综合费用、定额外材差、价外差税金等各项费用汇总后，即得到了工程预算总造价。

(六) 编写"预算编制说明"，填写预算汇总表和工程预算书的封面，加盖企业预算专用章、专业预算编制人员资格印章

(七) 复核、装订及审批

每项工程预算编制完成以后，必须由本企业的有关预算管理人员对所编制预算的主要内容及计算方法进行一次检查核对，以便弥补可能出现的差错并及时纠正，提高预算的正确性。复核完成后，即可对预算书进行装订，并送交业主和有关预算审核单位进行审批。

四、园林工程综合费率表及预算实例

1. 根据浙江省建设厅、发展和改革委员会、财政厅联合印发的浙建建［2004］45号文：关于浙江省建设工程造价计价规则和计价依据(2003版)自2004年10月1日起在全省范围内施行的通知。并规定了《浙江省仿古建筑及园林工程预算定额》在新定额未出台前，工料机消耗量标准仍按原定额执行。

2. 由于新"浙江省建设工程造价计价规则和计价依据"(2003版)印刷未到位、交底还未开始，因此本教材费率表及预算实例仍按原《浙江省建筑安装工程费用定额——仿古建筑及园林工程综合费率》(1994年)及《浙江省仿古建筑及园林工程预算定额》(1993)编制。待新"计价规则和计价依据"交底后进行重新调整。

附：(1) 园林工程综合费率表、单独绿化综合费率表(表4-1～表4-2)

(2) 园林工程预算编制实例、单独绿化预算编制实例(表4-3～表4-12)

园林工程综合费率(%) **表4-1**

项目		取费基数	定额编号				
			4-11	4-12	4-13	4-14	4-15
			工程类别				
			特类	一类	二类	三类	四类
施工附加费		直接费	1.1	1.1	1.0	0.9	0.8
施工包干费		〃	1.5	1.4	1.3	1.1	1.0
现场经费		〃	9.6	8.3	6.9	5.9	4.8
间接费		〃	10.8	9.6	8.4	7.4	6.4
利润		〃	11.1	9.6	8.2	6.9	5.7
税金		〃	4.6	4.5	4.3	4.2	4.1
综合费率	市区	〃	38.7	34.5	30.1	26.4	22.8
	县城(镇)	〃	38.6	34.4	30.0	26.3	22.7
	非市县(镇)	〃	38.4	34.2	29.9	26.2	22.5

单独绿化综合费率(%) **表 4-2**

项　目	取费基数	定　额　编　号				
		4-16	4-17	4-18	4-19	4-20
		工　程　类　别				
		特　类	一　类	二　类	三　类	四　类
施工附加费	人工费	4.8	4.4	4.0	3.6	3.2
施工包干费	〃	6.4	5.9	5.3	4.8	4.3
现场经费	〃	40.3	34.6	29.0	24.5	20.0
间接费	〃	44.5	39.5	34.6	30.3	26.34
利　润	〃	18.6	16.5	14.4	12.4	10.3
综合费率	〃	114.6	100.9	87.3	75.6	63.9

建筑工程(预)算表 **表 4-3**

工程名称：某木结构多角亭

序　号	定额编号	工程或费用名称	单　位	工程量	单　价	合　价		
1	补 2	人工挖土	m^3	35.91	10.71	385		
2	1-98	C10 素混凝土垫	m^3	3.46	106.93	370		
3	1-143	C20 带形基础	m^3	7.53	192.51	1450		
4	1-101	M5 水泥砂浆砖基	m^3	4.32	92.75	401		
5	2-294	屋面筒瓦	$10m^2$	9.655	374.91	3620		
6	省 8-1	屋面钢丝网细混凝土	$100m^2$	0.9655	2015	1945		
7	省 8-28	屋面 603 卷材	$100m^2$	0.9655	3001	2897		
8	1-421	屋面 1∶3 砂浆找平	$10m^2$	9.655	26.54	256		
9	2-465	老戗木 80 内	m^3	1.38	1782.89	2460		
10	2-468	嫩戗木 55 内	m^3	0.52	1856.63	965		
11	2-508	由戗木	m^3	1.15	1266.08	1456		
12	2-508	垫戗	m^3	1.08	1266.08	1367		
13	2-472	戗山木	m^3	0.105	1513.40	159		
14	2-399	雷公柱	m^3	0.152	1831.35	278		
15	2-424	抹角梁	m^3	0.23	1288.59	296		
16	2-408	金檩	m^3	0.37	1462.70	541		
17	2-409	檐檩	m^3	1.13	1533.89	1733		
18	2-404	随桁枋	m^3	0.403	1390.54	560		
19	2-425	额枋	m^3	1.21	1276.30	1544		
20		雀替	只	32.00	50.00	1600		
21	2-396	圆木柱	m^3	2.35	1538.94	3617		
22	2-594	原木竖蕊美人靠制	10m	2.71	675.37	1830		
23	2-604	原木竖蕊美人靠安	10m	2.71	27.60	75		
24	2-591	古式栏杆安	$10m^2$	1.19	242.37	288		
25	2-589	古式栏杆制	$10m^2$	1.19	1409.75	1678		

建筑工程(预)算表 表 4-4

工程名称：某木结构多角亭

序 号	定额编号	工程或费用名称	单 位	工程量	单 价	合 价		
1	3-1356	美人靠坐凳板	m^2	10.84	86.17	934		
2	2-399	美人靠下圆染	m^3	0.92	1831.35	1685		
3		圆柱础石	只	16.00	200.00	3200		
4		美人靠上浮雕	只	27.00	50.00	1350		
5		葫芦状宝顶	只	2.00	500.00	1000		
6	2-314	戗脊 5m 以内	10m	3.20	222.72	713		
7	2-313	戗脊 4m 以内	10m	2.40	178.932	429		
8	2-444	ϕ80 椽子	m^3	1.31	1252.61	1641		
9	2-544	椽子	$10m^2$	9.655	229.46	2215		
10	2-462	ϕ80 飞椽	m^3	1.44	1342.67	1933		
11	4-21	地面碎纹青石板	$10m^2$	3.168	327.31	1037		
12	2-82	地坪方砖	$10m^2$	1.445	676.41	9877		
13	1-176	C20 钢筋混凝土平板	m^3	9.23	323.45	2985		
14	补 13H	条石砌石基	m^3	19.76	886.05	17508		
15	2-189	石台阶制作	$10m^2$	0.968	1840.26	1781		
16	2-201	石台阶安装	$10m^2$	0.968	148.23	143		
17	2-188	压口石	$10m^2$	1.54	1658.54	2554		
18	2-655	木构件油漆	$10m^2$	25.461	23.96	610		
19	2-648	木构件桐油	$10m^2$	4.096	18.83	77		
20	补 35	外墙架子	$10m^2$	7.412	22.54	167		
21	补 43	斜道	座	1.00	298.40	298		
22	补 40+41	满堂脚手架	$10m^2$	1.445	20.61	30		
23		小计	元			75038		
24								
25								

建筑工程(预)算表 表 4-5

工程名称：某木结构多角亭

序 号	定额编号	工程或费用名称	单 位	工程量	单 价	合 价		
1		补人工费差价	工日	2105	9.32	19619		
2		补机械费差价	元	121.4	0.91	110		
3		补材料价内差	元			22527		
4	一	直接费计	元			117294		
5	二	综合费率	元	一×26.1%		30614		

续表

序 号	定额编号	工程或费用名称	单 位	工程量	单 价	合 价		
6	三	材料价外差	元			6932		
7	四	价外差税金	元			238		
8	五	劳动保险费	元	—×2%		2346		
9	六	工程造价	元			157424		
10								
11								
12								
13								
14								
15								
16								
17								
18								
19								
20								
21								
22								
23								
24								
25								

材料调差表 **表 4-6**

工程名称：材料价内差

序号	材料名称(规格)	单 位	数 量	预算价(元)	94 价(元)	价差(元)	金额(元)	备 注
1	人工费	工日	2105	7.18	16.5	9.32	19619	
2	机械费	元	121.4			0.91	110	
3	材料费	元						
4	杉原木	m^3	4.37	956.87	1347	390.13	1705	
5	杉原木	m^3	3.432	1280.69	1347	66.31	228	
6	杉原木	m^3	0.59	1395.83	1347	−48.83	−29	
7	杉原木	m^3	0.431	1165.56	1347	181.44	78	
8	洋松枋	m^3	8.113	1115.18	1450	334.82	2716	
9	洋松枋	m^3	1.61	1336.20	1594	257.80	415	
10	杉板枋	m^3	2.857	1227.34	1820	592.66	1693	
11	松模板	m^3	0.124	651.56	907	255.44	287	
12	圆钉	kg	24.15	3.08	5.59	2.51	61	

续表

序号	材料名称(规格)	单　位	数　量	预算价(元)	94 价(元)	价差(元)	金额(元)	备　注
13	钢件	kg	109.26	2.25	6.71	4.46	487	
14	钢丝	kg	5.76	2.87	6.90	4.03	23	
15	电焊条	kg	2.25	3.48	7.10	3.62	8	
16	ϕ10 以内钢筋	t	0.219	758	2802	2044	448	
17	ϕ10 以外钢筋	t	1.00	813.97	2802	1988.03	1988	
18	钢支撑	kg	86.12	2.04	4.26	2.22	191	
19	零星夹具	kg	55.86	1.99	4.94	2.95	165	
20	钢模板	kg	82.72	2.62	4.66	2.04	169	
21	方砖	百块	1.07	476.38	1383.30	906.92	970	
22	标准砖	百块	26.97	12.33	21.02	8.69	234	
23	望砖	百块	8.58	8.37	15.20	6.83	59	
24	3 号勾头瓦	百张	0.11	85.18	211.90	126.72	14	
25	3 号筒瓦	百张	24.05	60.14	109.40	49.26	1185	

材 料 调 差 表　　**表 4-7**

工程名称：材料价内差

序号	材料名称(规格)	单　位	数　量	信息价(元)	94 价(元)	价差(元)	金额(元)	备注
1	小青瓦	百张	66.14	12.65	16.90	4.25	281	
2	C10 混凝土	m^3	4.91	85.41	165.47	80.06	393	
3	C20 混凝土	m^3	17.09	100.96	203.23	102.27	1748	
4	1∶3 石灰砂浆	m^3	6.34	55.6	71.34	15.74	100	
5	1∶3 水泥砂浆	m^3	2.27	99.79	193.40	93.61	212	
6	1∶2∶4 水泥石灰麻刀浆	m^3	0.39	97.04	175.03	77.99	30	
7	纸筋灰	m^3	0.56	98.24	120.78	22.54	13	
8	M5 水泥砂浆	m^3	1.32	76.70	121.76	45.06	59	
9	M5 混合砂浆	m^3	0.54	70.78	121.14	50.36	27	
10	砂	t	6.24	18.81	22.68	3.87	24	
11	水	m^3	34.53	0.25	0.625	0.375	13	
12	毛料石	m^3	22.35	375.34	539.47	164.13	3668	
13	毛料石	m^3	5.63	439.98	539.47	99.49	560	
14	毛料石	m^3	0.45	210.15	539.47	329.32	148	
15	毛料石	m^3	0.75	257.94	539.47	281.53	211	
16	毛料石	m^3	2.02	286.26	539.47	253.21	511	
17	毛料石	m^3	3.96	211.41	539.47	328.06	1299	
18	酚醛清漆	kg	24.70	6.23	6.95	0.72	18	
19	熟桐油	kg	8.39	6.31	13.63	7.32	61	
20	清油	kg	2.55	5.18	9.46	4.28	11	

续表

序号	材料名称(规格)	单位	数量	信息价(元)	94价(元)	价差(元)	金额(元)	备注
21	调合漆	kg	1.02	6.73	7.31	0.58	0.59	
22	油漆溶剂	kg	16.80	0.90	3.53	2.63	44	
23	材料价内差小计	元					22527	
24								
25								

材料调差表 **表4-8**

工程名称：材料价外差

序号	材料名称(规格)	单位	数量	信息价(元)	94价(元)	价差(元)	金额(元)	备注
1	杉原木	m^3	8.823	1347	800	−547	−4826	
2	洋松枋	m^3	8.113	1450	1150	−670	−1914	
3	洋松枋	m^3	1.61	1594	1150	−444	−715	
4	松模板	m^3	0.124	907	750	−157	−19	
5	杉板枋	m^3	2.857	1820	1150	−670	−1914	
6	钢筋	t	1.219	2802	2813	12	15	
7	方砖	百块	1.07	1383.30	1825.30	442	473	
8	标准砖	百块	26.97	21.02	20	−1.02	−28	
9	望砖	百块	8.58	15.20	23.50	8.30	71	
10	3号勾头瓦	百张	0.11	211.90	233.70	21.80	2	
11	3号筒瓦	百张	24.05	109.40	140	30.60	736	
12	小青瓦	百张	66.14	16.90	85	68.10	4504	
13	水泥	t	10.52	379	275	−104	−1094	
14	砂	t	43.17	26.11	42	15.89	686	
15	碎石	t	27.94	43.28	30	−13.28	−371	
16	方整石	m^3	24.37	539.47	1000	460.53	11407	
17	毛料石	m^3	13.21	539.47	533.33	−6.14	−81	
18	材料价外差小计	元					6932	
19	税金3.43%						238	
20	材料价外差合计	元					7170	
21								
22								
23								
24								
25								

建筑工程(预)算表 表 4-9

工程名称：某公路绿化工程

序号	定额编号	工程或费用名称	单 位	工程量	单 价	合 价		
1	一	栏杆及柱网						
2	$6\text{-}19^{H}$	方钢管栏杆制作	t	9.46	4526	42816		
3	估	铁件圆头	只	3481	5	17404		
4	7-72	栏杆运输	t	9.46	47.80	452		
5	7-159	栏杆安装	t	9.46	498	4711		
6	12-175	栏杆防锈漆一遍	t	16.18	67	1084		
7	17-155	栏杆调合漆	t	16.18	84	1359		
8	暂定价	柱挂网	只	30	1000	30000		
9	1	小计	元			97826		
10	2	综合费	元	67826×22.8%		15464		
11	3	暂定价项目税金	元	30000×3.43%		1029		
12	4	材料价外差(含税)	元			−2126	2001.1 期	94 价
13		钢管	t	9.65	−213	−2055	3027	3240
14		税金	元	3.43%		−71		
15		合计	元	1～4		112193		
16								
17	二	土方						
18	市	弃废土	m^3	2411	18	43398		
19	市	进土	m^3	24110	5	120550		
20	4-1	整绿化地	m^2	24110	0.83	20011		
21	1	小计	元			183959		
22	2	不计费项目税	元	92727×3.43%		3181		
23	3	综合费	元	91232×22.8%		20801		
24		合计	元			207941		
25								

建筑工程(预)算表 表 4-10

工程名称：

序 号	定额编号	工程或费用名称	单 位	工程量	单 价	合 价			
1	三	绿化养护							
2	1	一年养护费	m^2	24110	0.80	19288			
3	2	税金	元	3.43%		662			
4		合计	元			19950			
5									

续表

序　号	定额编号	工程或费用名称	单　位	工程量	单　价	合　价			
6	四	绿化					苗木规格		
7	(1)	苗木费					胸径(cm)	高度(cm)	冠幅(cm)
8		银杏	株	177	240	42480	7～8		
9		广玉兰	株	52	80	4160	6～8		
10		杜英	株	72	120	8640	4～5		
11		乐昌含笑	株	15	40	600	3～4		
12		黄山栾树	株	66	50	3300	5～7		
13		香樟	株	40	160	6400	8～10		
14		枫香	株	38	80	3040	5～7		
15		紫玉兰	株	35	130	4550	4～5		
16		海滨木槿	株	7	35	245		130～150	100～120
17		桂花	株	50	150	7500		150～180	120～140
18		海桐球	株	10	75	750		120～140	100～120
19		美人茶	株	63	35	2205		120～140	100～120
20		紫薇	株	41	10	410	2～3		
21		水杉	株	620	8	4960	4～5		
22		红叶李	株	69	15	1035		150～170	110～130
23		结香	株	16	5	80		110～130	100～120
24		紫荆	株	29	5	145		140～160	110～130
25		珊瑚树	株	2298	12	27576		170～200	70～90

建筑工程(预)算表　　**表 4-11**

工程名称：

序　号	定额编号	工程或费用名称	单　位	工程量	单　价	合　价	苗　木　规　格		
							胸径(cm)	高度(cm)	冠幅(cm)
1		杜鹃　20 株/m^2	株	3950	2.30	9085		25～35	25～35
2		火棘　20 株/m^2	株	3950	1	3950		25～35	25～35
3		红花檵木　16 株/m^2	株	1260	1.5	1890		35～45	25～35
4		小茶梅　20 株/m^2	株	3950	4	15800		25～35	25～35
5		金丝桃　20 株/m^2	株	3750	1	3750		25～35	25～35
6		中华常春藤　16 株/m^2	株	52100	0.5	26050	L=55～65		
7		吉祥草	m^2	2830	6	16980			
8		桃叶珊瑚　16 株/m^2	m^2	2442	35	85470		40～50	25～35
9		八角金盘　9 株/m^2	m^2	5530	20	110600		35～45	35～40
10		大吴风草	m^2	315	10.75	3386		20～30	20～30
11		紫花鸭跖草	m^2	660	10	6600			

续表

序号	定额编号	工程或费用名称	单位	工程量	单价	合价	苗木规格		
							胸径(cm)	高度(cm)	冠幅(cm)
12		美人蕉	m^2	330	7.50	2475			
13		中国石蒜	m^2	1150	6	6900			
14		葱兰	m^2	570	6	3420			
15		爬墙虎(桥柱绿化)	株	180	0.3	54			
16		书带草	m^2	7600	6	45600			
17	(1)	小计	元			460086			
18									
19	(2)	种植费							
20	4-12	种植乔木 *D*20	株	110	0.87	96			
21	4-13	种植乔木 *D*30	株	15	1.51	23			
22	4-14	种植乔木 *D*40	株	3025	2.45	7411			
23	4-15	种植乔木 *D*50	株	446	3.75	1673			
24	4-17	种植乔木 *D*70	株	40	11.40	456			
25	4-52	种植乔灌 *D*20	株	24861	0.83	20635			

建筑工程(预)算表 **表 4-12**

工程名称:

序号	定额编号	工程或费用名称	单位	工程量	单价	合价		
1	4-54	种植灌木 *D*40	株	16	2.53	40		
2	4-55	种植灌木 *D*40	株	17	3.75	64		
3	4-135	种植攀援植物	株	52280	0.18	9110		
4	4-404	种植球、块根类植物	m^2	10625	2.06	21888		
5	4-113	吉祥草种植	m^2	2830	1.99	5632		
6	4-118	树木支撑	株	269	8.37	2252		
7	(2)	小计	元			69580		
8	1+2	园林绿化直接费计	元			529666		
9	3	综合费	元	(2)×63.9%		44462		
10	4	税金	元	(1+2+3)×3.43%		19693		
11	5	劳动保险费	元	(1+2)×2%		10593		
12		园林绿化合计	元			604414		
13								
14								
15								
16								
17								

续表

序号	定额编号	工程或费用名称	单位	工程量	单价	合价		
18								
19								
20								
21								
22								
23								
24								
25								

安装工程预(预)算表 **表 4-13**

工程名称：喷灌安装工程

价目表编号	设备及安装工程名称	单位	工程量	单位价值				总价				备注
				(设备)主材	安装费			(设备)主材	安装费			
					计	其中			计	其中		
						工资	机械费			工资	机械费	
8-342	水表及阀门井 *DN*80	套	1	106	57.97	7.59		106	58	8		
8-373	*DN*25 给水栓(铜合金撞击式)	10个	3	500	5.96	4.46		1500	18	13		
8B-107	*DN*80MMPP-R 管(1.25MPa)	10m	123.9	970	205.13	24.75		120183	25416	3067		
8B-104	*DN*25MMPP-R 管(1.25MPa)	10m	9	96.8	87.41	20.63		871	787	186		
3-265	挖填土	10m^3	23.595		47.85	47.85			1129	1129		
	小计	元						122660	27408	4403		
	基价指数 0.61%	元							167			
	脚手架搭拆费 8%(25%)	元							352	88		
1	直接费小计	元							150587	4491		
2	综合费 129.3%	元							5807			
3	税金 3.43%	元							5364			
4	工程费用	元							161758			
5	喷灌安装劳动保险费	元	4491×18%						808			
	喷灌安装合计	元	1至5						162566			
	工程总造价	元	一至五						1107064			

负责人： 复核： 制表： 年 月

第五章　园 林 机 械

机械化生产是提高生产效率，加快工程建设进度的重要手段，是我国园林事业中较为薄弱的一个方面。近年来各地园林工作者创造和引用了多种生产机械和工具，改变了园林建设的面貌。但由于园林事业的飞速发展，园林建设水平的不断提高，目前的机械化程度还不能完全适应园林建设的要求，还需要更多更好的机械，使园林建设从笨重的手工操作中逐步、彻底地解放出来，以适应社会主义城市园林建设事业的发展。

园林机械按其用途大致可分为四大类：园林工程机械、种植养护工程机械、场圃机械、保洁机械等。

一、园林工程机械

可分为土方机械、起重机械、混凝土和灰浆机械、提水机械等。

土方机械包括推土机、铲运机、平地机、挖掘机、挖沟机、挖掘装载机、压实机(压路机、夯土机、羊脚碾等)等。

起重机械包括汽车起重机、桅杆式起重机、卷扬机、少先起重机、手拉葫芦和电动葫芦等。

混凝土和灰浆机械包括混凝土搅拌机、振动器、灰浆搅拌机、筛砂机、纸筋麻刀灰拌合机等。

提水机械主要指离心泵、深井泵、污水泵、潜水泵和泥浆泵等。

二、种植养护工程机械

可分为种植机械、整修机械、植保机械等。

种植机械包括挖坑机、开沟机、液压移植机、铺草坪机等。

整修机械包括油锯、电锯、剪绿篱机、割草、割灌机、轧草坪机、高树修剪机等。

园林植物保护机械包括各类机动喷雾机、喷粉机、迷雾喷粉机、喷烟机和灯光诱杀虫装置等。

浇灌机械包括喷灌机、滴灌装置、浇水车等。

三、场圃机械

可分整地机械、育苗机械、中耕抚育机械、出圃机械。

整地机械包括各种犁和耙、旋耕机、镇压器、打垄机、筑床机等。

育苗机械包括联合播种机、种子调制机、截条机、插条机、植苗机、容器制作机、苗木移植机等。

中耕抚育机械包括中耕机、除草机、施肥机、切根机等。

出圃机械包括各类苗木的起挖机、苗木分选捆包机、容器苗运输机等。

四、保洁机械

包括清扫机、扫雪机、吸叶机、洒水车、吸粪车等。

本章中介绍园林工程及种植养护机械中一部分常用机械的园林用途、型号及主要技术性能，以便需要时选用。

第一节　园林工程机械

一、土方机械

在造园施工中，无论是挖池、堆山、建筑、种植、铺路以及埋砌管道等，都包括数量既大又费力的土方工程。因此，采用机械施工、配备各种型号的土方机械、并配合运输和装载机械施工，进行土方的挖、运、填、夯、压实、平整等工作，不但可以使工程达到设计要求，提高质量、缩短工期、降低成本，还可以减轻笨重的体力劳动，多、快、好、省地完成施工任务。现就推土机、铲运机、平地机、挖掘装载机和夯土机等土方机械进行介绍。

（一）推土机

图 5-1 是 T_2-60 型和上海-120 型推土机的外形与构造示意图。推土机是土石方工程施工中的主要机械之一，它由拖拉机与推土工作装置两部分组成。其行走方式，有履带式和轮胎式两种，传动系统主要采用机械传动和液力机械传动，工作装置的操纵方法分液压操纵与机械操纵。推土机具有操纵灵活、运转方便、工作面较小、既可挖土又可作较短距离(100m 以内，一般 30～60m)运送、行驶速度较快，易于转移等优点。适用于场地平整、开沟挖池、堆山筑路、叠堤坝修梯台、回填管沟、推运碎石、松碎硬土及杂土等。根据需要，也可配置多种作业装置，如松土器可以破碎三、四级土壤；除根器，可以拔除直径在 450mm 以下的树根，并能清除直径 400～2500mm 的石块；除荆器，可以切断直径 300mm 以下的树木。推土机的工作距离在 50m 以内，其经济效果最好。推土机主要技术数据和工作性能见表 5-1。

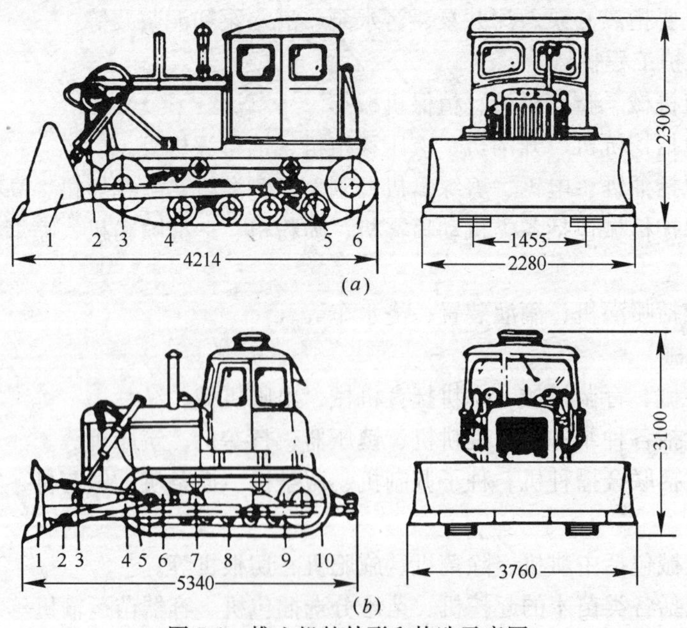

图 5-1　推土机的外形和构造示意图

(a)　T_2-60 型推土机

1—推土刀；2—液压油缸；3—引导轮；4—支重轮；5—托带轮；6—驱动轮

(b)　上海-120 型推土机

1—推土刀；2—下撑臂；3—上撑臂；4—“Ⅱ”形架；5—液压油缸；
6—引导轮；7—托带轮；8—支重轮；9—驱动轮；10—履带轮

推土机主要技术数据和工作性能

表 5-1

型号		新	T_2-60	T_1-50	T_1-100	移山-80	T_2-100	T_2-120		征山-160	黄河-180	T-180	上海-240
		旧	东方红-60	东方红-54	T_2-80 T_3-80 T_3-100		Dy_2-100	T_2-120A	上海-120		T_4-180		
技术性能 推土装置	刀片宽	mm	2280	2280	3030	3100	3800	3910	3760	3900	4170	4200	
	刀片高	mm	788	780	1100	1100	860	1000	1000			1100	
	最大提升量	mm	625	600	900	850	800	940	1000	1240	1100	1260	
	最大切入深度	mm	290	150	180		650	300	300	350	450	530	
	刀刃切角	度	55	60	55,60,65	54,60	53～62	53	48～72		55	65	
	水平回转角	度					25	25	25	25	25		
	垂直回转量	mm					300	600	300				左 600,右 1000
	重量	kg		580	1680			2280	2500			3000	
技术性能	爬坡能力	度			30	30	30	30	30	30	30	30	30
	额定牵引力	kg	3600		9000	9900	9000	11760					30000
	接地压力	kg/cm^2				0.63	0.68	0.63	0.65	0.68	0.60	0.71	0.77,0.88
	总重量	kg	5900	6300	13430	14886	16000	17425	16200	20000	20000	21000	28000,32000
	生产率	m^3/h		28	45	40～80	75～80	80					
操纵方式			液压	液压	机械	机械	液压	液压	液压	液压	液压		
外形尺寸	长	mm	4214	4314	5000	5260	6900 (带松土机)	5515	5340	5980	5810	5980	
	宽	mm	2280	2280	3030	3100	3810	3910	3760	3926	4050	4200	
	高	mm	2300	2300	2992	3050	2992	2770	3100	2904	3138	3060	
发动机	型号		4125A	4125	4164T	4164T	4164T	6135K-3	6135K-2	6135B 6135Q-1	6135-B 4160T 8V130	8V130	12V135AK
	功率(kW)		44	40	66	66	66	103	88	132 119	132 130 132	132	22
发动机 起动机	型号		AK-10	AK-10	292	292	292	ST614	ST110	ST110 ST613	ST1100	ST110	
	功率(kW)		7.35	7.35	12.5	12.5	12.5	5.2	8	8,7.35	8	8	

（二）铲运机

铲运机在土方工程中主要用来完成铲土、运土、铺土、平整和卸土等工作。它本身能综合完成铲、装、运、卸四个工序，能控制填土铺撒厚度，并通过自身行驶对卸下的土壤起初步的压实作用。铲运机对运行的道路要求较低，适应性强，投入使用准备工作简单。具有操纵灵活、转移方便与行驶速度较快等优点，因此适用范围较广。如筑路、挖湖、堆山、平整场地等均可使用。

铲运机按其行走方式分，有拖式铲运机和自行式铲运机两种；按铲斗的操纵方式区分，有机械操纵（钢丝绳操纵）和液压操纵两种。

拖式铲运机，由履带拖拉机牵引，并使用装在拖拉机上的动力绞盘或液压系统对铲运机进行操纵，目前普遍使用的铲斗容量有 2.5m^3 和 6m^3 两种。图 5-2 系 C_6-2.5 型铲运机，它的斗容量平装为 2.5m^3、尖装为 3m^3。需用 40～55kW 的履带式拖拉机牵引，并使用拖拉机上的液压系统实行操纵，它具有强制切土和机动灵活等特点。这种铲运机一般适用于运距在 50～150m 范围内零星和小型的土方工程，也适合于开挖一、二级土壤。在开挖三级以上土壤时，应预先进行疏松。

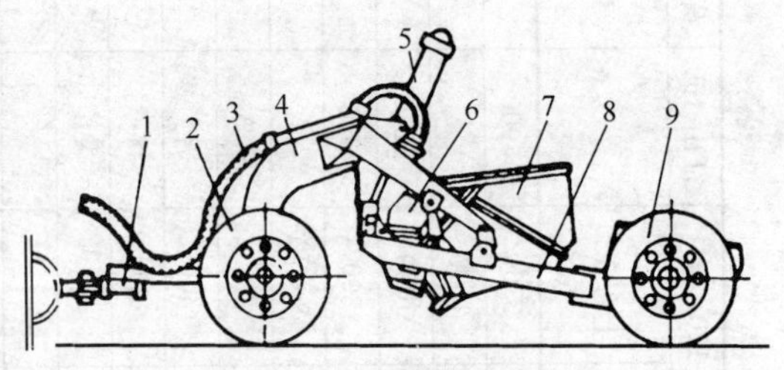

图 5-2 C_6-2.5 型铲运机

1—拖把；2—前轮；3—油管；4—辕架；5—工作油缸；6—斗门；7—铲斗；8—机架；9—后轮

C_5-6 型拖式铲运机构造如图 5-3 所示。C_5-6 型拖式铲运机的斗容量，平装为 6m^3，尖装为 8m^3。需用 58.8～73.5kW 的履带式拖拉机牵引。利用装在拖拉机上的绞盘钢丝绳操纵。这种铲运机一般用于运距在 80～500m 范围内的大面积施工场地。适于开挖一、二级土壤。当开挖三级以上土壤时，应先进行疏松或采用推土机助铲。

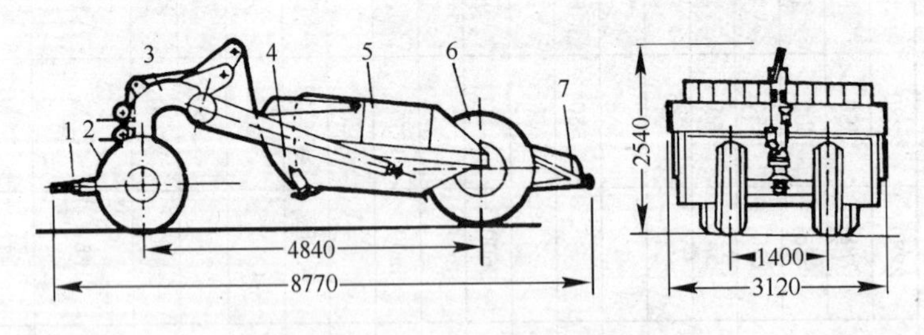

图 5-3 C_5-6 型铲运机的构造

1—拖把；2—前轮；3—辕架；4—斗门；5—铲斗；6—后轮；7—尾架

自行式铲运机由牵引车和铲运斗两部分组成。目前普遍使用的斗容量有 6m^3 和 7m^3 两种。

C_4-7 型自行式铲运机由单轴牵引车和铲运斗两部分组成，其构造如图 5-4 所示。适用于开挖一～三级土壤、运距在 800～3500m 的大型土方工程。如运距在 800～1500m 时，3 台铲运机可配一台 58.8～73.5kW 履带式推土机或 117.6kW 轮胎式推土机助铲。如运距在 1500～3500m 时，5 台铲运机可配一台推土机助铲。

铲运机的主要技术规格见表 5-2。

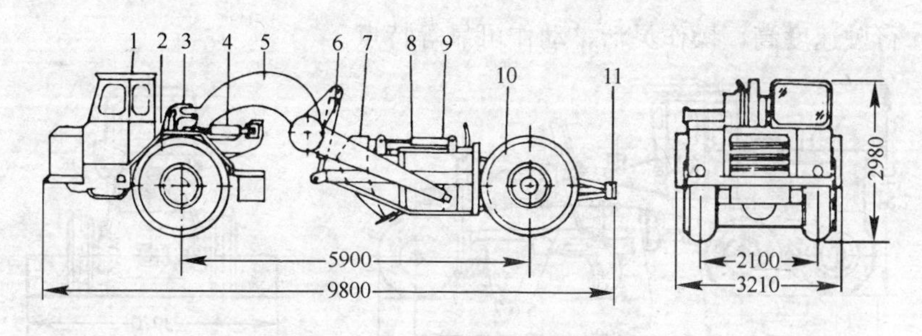

图 5-4　C_4-7 型铲运机的构造

1—驾驶室；2—前轮；3—中央枢架；4—转向油缸；5—辕架；6—提斗油缸；
7—斗门；8—铲斗；9—斗门油缸；10—后轮；11—尾架

铲运机的主要技术规格　　　　**表 5-2**

型号			新	C_4-7	C_3-6	C_5-6	C_6-2.5
			旧	CL-7	C-8	C_3-6	C_4-3A
技术性能	铲土装置	铲刀宽	mm	2700	2600	2600	1900
		切土深度	mm	300	300	300	150
		铺土厚度	mm	400	380	380	
		铲土角度	度		30	30	35～38
		斗容量 平装	m^3	7	6	6	2.5
		斗容量 堆装	m^3	9	8	8	2.75～3
	爬坡能力		度	20			
	最小转弯半径		m	6.7		3.75	2.7
	重量	空车	kg	15000	14000	7300	1896
		重车	kg	28000	25500	17000～19000	6396
	生产率		m^3/h	二级土 400m 运距 58			二级土 100m 运距 22～28
操纵方式				液压	机械	机械	液压
牵引机械			kW	117.6 牵引车	88 牵引车	73.5 拖拉机	44 拖拉机
外形尺寸		长	mm	9800	10182	8770	5600
		宽	mm	3210	3130	3120	2430
		高	mm	2980	3020	2540	2400

（三）平地机

在土方工程施工中，平地机主要用来平整路面和大型场地。还可以用来进行铲土、运土、挖沟渠、刮坡、拌合砂石、水泥材料等作业。装有松土器的，可用于疏松硬实土壤及清除石块。也可加装推土装置，用以代替推土机的各种作业。

平地机有自行式和拖式之分。自行式平地机工作时依靠自身的动力设备，拖式平地机工作时要由履带式拖拉机牵引。图 5-5 是 P_4-160 型平地机的构造。该机具有牵引力大，通过性好，行驶速度高，操作灵活，动作可靠等特点。

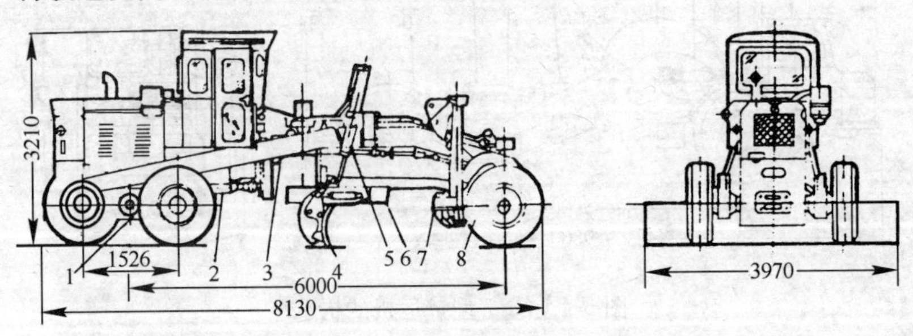

图 5-5　P_4-160 型平地机的构造

1—平衡箱；2—传动轴；3—车架；4—刮土刀；5—刮土刀升降油缸；
6—刮土刀回转盘；7—松土器；8—前轮

目前生产的主要平地机类型及其主要技术规格性能见表 5-3。

平地机主要技术规格　　表 5-3

型号			新	P_4-160	P_3-90
型号			旧	P-160	P_1-90
技术性能	刮土装置	刀片宽	mm	3970	3700
		刀片高	mm	635	540
		最大提升量	mm	350	400
		最大切土深度	mm	530	200
		侧伸距离	mm	2830	380～660
		水平回转角（卸去松土器后）	度	360	360
		垂直倾斜角	度	90	70
		切土角	度	45～70	28～69
	爬坡能力			20	
	最小转弯半径		m	10.6	13
	总重量(包括松土器)		kg	15200	14050
	生产率		m^3/h	＞50	40～50
操作方式				液压	机械
外形尺寸		长	mm	8130	8200
		宽	mm	2605	2460
		高	mm	3210	3200
发动机	型号			6120Q1	4146T
	功率		kW	118	66
	转速		r/min	20000	1050
	最大扭矩		kg·m/r·min	62/1300～1400	75
	起动机	型号		ST614	292
		功率	kW	5.2	12.5

续表

型号			新	P_4-160	P_3-90
			旧	P-160	P_1-90
松土器	技术性能	提升高度	mm	325	200
		疏松深度		170	200
		疏松宽度		1205	1220
		齿距		150.6	307.7
		齿数	个	9	5
推土板	技术性能	刀片宽	mm	2700	
		刀片高		1010	
		最大提升量		350	
		最大切土深度		54	

（四）液压挖掘装载机

Dy_4-55型液压挖掘装载机的构造及外形尺寸如图5-6所示。

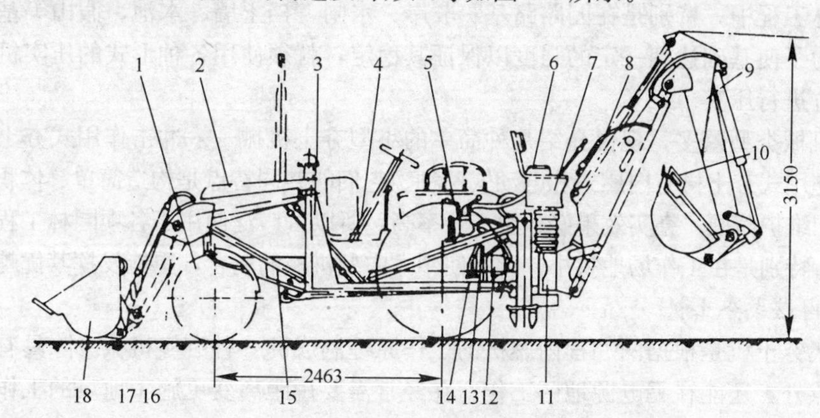

图5-6 Dy_4-55型液压挖掘装载机构造及外形尺寸

1—前桥；2—发动机；3—连接梁架；4—管路；5—后四阀分配器；6—座椅；7—单片液压马达；8—动臂半柄铲斗油缸；9—斗柄；10—反铲斗；11—回转机构；12—悬架；13—齿轮油泵；14—增速器；15、16—提升臂油缸；17—转斗油缸；18—装载铲斗

Dy_4-55型液压挖掘装载机系在铁牛-55型轮式拖拉机上配装各种不同性能的工作装置而成的施工机械。它的最大特点是一机多用，提高机械的使用率。整机结构紧凑、机动灵活、操纵方便，各种工作装置易于更换。

这种机械带有反铲、装载、起重、推土、松土等多种工作装置，用以完成中、小型土方开挖、散状材料的装卸、重物吊装、场地平整、小土方回填、松碎硬土等作业。尤其适应园林建设的特点。

Dy_4-55型液压挖掘装载机的主要技术规格见表5-4。

Dy_4-55 型液压挖掘装载机主要技术规格　　表 5-4

项目		单位	性能数据	项目		单位	性能数据
装载斗	斗容量	m³	0.6	推土装置	刀片宽度	m	2.2
	额定提升力	kg	1000		最大入土深度	mm	60
	最大卸料高度	m	2.47		最大推力	t	3.5
	最大卸料高度时的最大卸料角度	度	60	起重装置	最大起重量	t	1
					最大起吊高度		4
挖掘铲斗	斗容量	m³	0.2		吊钩中心线至拖拉机前轮中心线间最大距离	m	2.732
	最大挖掘深度		4				
	最大挖掘半径		5.17	行走速度	前进	km/h	1.73～22.3
	最大卸料高度	m	3.18		后退		1.03～4.74
	最大卸料高度时的卸料半径		3.505	发动机	型号		4115T
					功率	kW	40
	最大回转角度	度	180		转速	r/min	1500
操纵方式			机械、液压	整机重量		t	5.8

二、压实机械

在园林工程中，特别是在园路路基、驳岸、水闸、挡土墙、水池、假山等基础的施工过程中，为了使基础达到一定的强度以保证其稳定，就须使用各种形式的压实机械把新筑的基础土方进行压实。

压实机械类型繁多，现仅介绍几种简单的小型夯土机械——冲击作用式夯土机。

冲击作用式夯土机有内燃式和电动式两种。它们的共同特点是构造简单、体积小、重量轻、操作和维护简便、夯实效果好、生产效率高，所以可广泛使用于各项园林工程的土壤夯实工作中。特别是在工作场地狭小，无法使用大中型机械的场合，更能发挥其优越性。

(一) 内燃式夯土机

内燃式夯土机是根据两冲程内燃机的工作原理制成的一种夯实机械。除具有一般夯实机械的优点外，还能在无电源地区工作。在经常需要短距离变更施工地点的工作场所，更能发挥其独特的优点。

内燃式夯土机主要由气缸头、气缸套、活塞、卡圈、锁片、连杆、夯足、法兰盘、内部弹簧、密封圈、夯锤、拉杆等部分组成，如图 5-7 所示。

内燃式夯土机主要技术数据和工作性能，见表 5-5。

内燃式夯土机使用要点：

1. 当夯机需要更换工作场地时，可将保险手柄旋上，装上专用两轮运输车运送。

2. 夯机应按规定的汽油机燃油比例加油。加油后应擦净漏在机身上的燃油，以免碰到火种而发生火灾。

3. 夯机启动时一定要使用启动手柄，不得使用代用品，以免损伤活塞。严禁一人启动另一人操作，以免动作不协调而发生事故。

4. 夯机在工作中需要移动时，只要将夯机往需要方向略为倾斜，夯机即可自行移动。切忌将头伸向夯机上部或将脚靠近夯机底部，以免碰伤头部或碰伤脚部。

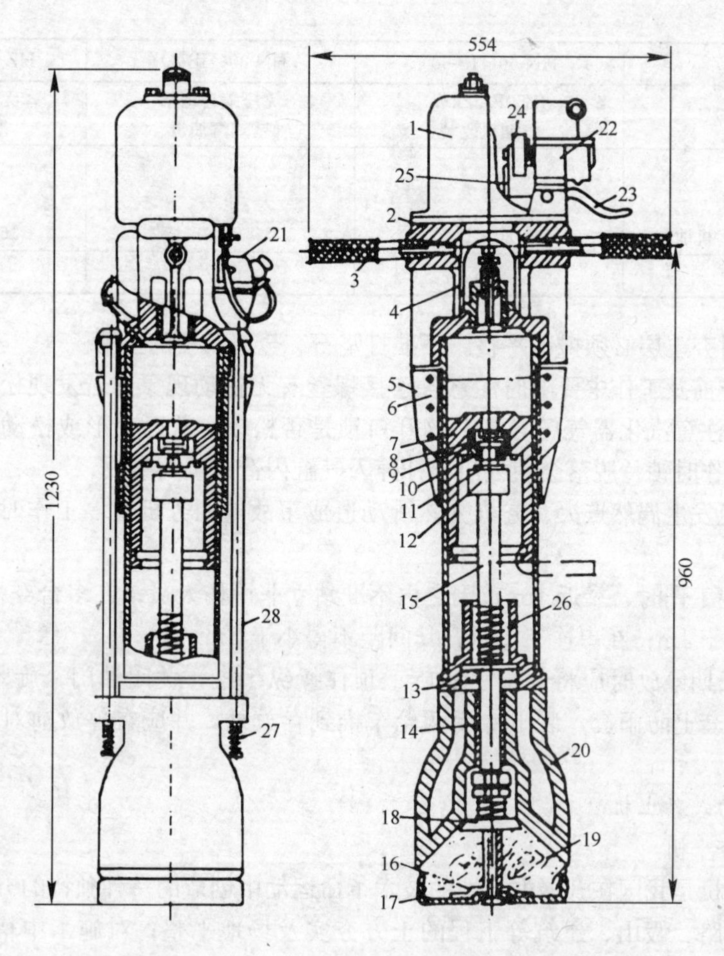

图 5-7　HN-80 型内燃式夯土机外形尺寸和构造

1—油箱；2—气缸盖；3—手柄；4—气门导杆；5—散热片；6—气缸套；7—活塞；8—阀片；9—上阀门；10—下阀门；11—锁片；12、13—卡圈；14—夯锤衬套；15—连杆；16—夯底座；17—夯板；18—夯上座；19—夯足；20—夯锤；21—汽化器；22—磁电机；23—操纵手柄；24—转盘；25—连杆；26—内部弹簧；27—拉杆弹簧；28—拉杆

内燃夯土机主要技术数据和工作性能　　　　**表 5-5**

机　型	HN-60(HB-60)	HN-80(HB-80)	HZ-120(HB-120)
机重(kg)	60	85	120
外形尺寸(mm)			
机高	1228	1230	1180
机宽	720	554	410
手柄高	315	960	950
夯板面积(m^2)	0.0825	0.42	0.0551
夯击力(kg)	4000		
夯击次数(次/min)		60	60～70
跳起高度(mm)	600～700	600～700	300～500
生产率(m^2/h)	64	55～83	

续表

机　　型	HN-60(HB-60)	HN-80(HB-80)	HZ-120(HB-120)
动力设备夯机型号	IE50F2.2kW 汽油机改装	无压缩自由活 塞式汽油机	无压缩自由活 塞式汽油机
燃料　汽油		66号	66号
机油		15号	15号
混合比：汽油：机油	20：1	16：1	16：1～20：1
油箱容量(L)	2.6	1.7	2

5. 夯实时夯土层必须摊铺平整。不准打坚石、金属及硬的土层。

6. 在工作前及工作中要随时注意各连接螺丝有无松动现象，若发现松动应立即停机拧紧。特别应注意汽化器气门导杆上的开口锁是否松动，若已变形或松动应及时更换新的，否则在工作时锁片脱落会使气门导杆掉入气缸内造成重大事故。

7. 为避免发生偶然点火、夯机突然跳动造成事故，在夯机暂停工作时，必须旋上保险手柄。

8. 夯机在工作时，靠近1m范围之内不准站立非操作人员；在多台夯机并列工作时，其间距不得小于1m；在串连工作时，其间距不得小于3m。

9. 夯机长期停放时应将保险手柄旋上顶住操纵手柄，关闭油门，旋紧汽化器顶针，将夯机擦净，套上防雨套，装上专用两轮车推到存放处，并应在停放前对夯机进行全面保养。

(二) 电动式夯土机

1. 蛙式夯土机

蛙式夯土机是我国在开展群众性的技术革命运动中创造的一种独特的夯实机械。它适用于水景、道路、假山、建筑等工程的土方夯实及场地平整；对施工中槽宽500mm以上，长3m以上的基础、基坑、灰土进行夯实；以及较大面积的填方及一般洒水回填土的夯实工作等。

蛙式夯土机主要由夯头、夯架、传动轴、底盘、手把及电动机等部分组成，如图5-8所示。

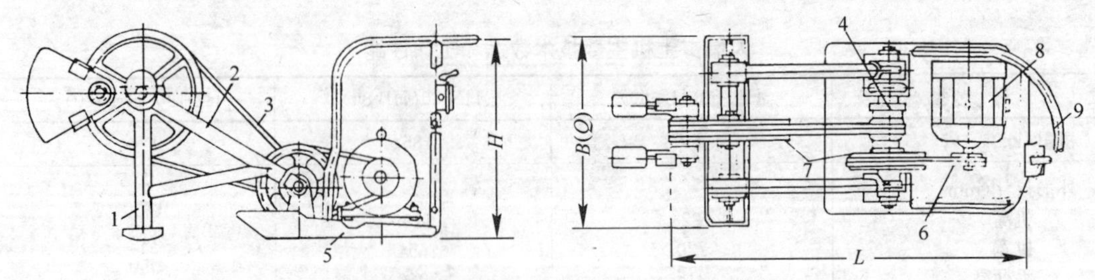

图5-8　蛙式夯土机外形尺寸和构造示意

1—夯头；2—夯架；3、6—三角胶带；4—传动轴；5—底盘；7—三角胶带轮；8—电动机；9—手把

蛙式夯土机的主要技术数据和工作性能，见表5-6。

蛙式夯土机的使用要点：

(1) 安装后各传动部分应保持转动灵活，间隙适合，不宜过紧或过松。

蛙式夯土机的主要技术数据和工作性能　　　　表 5-6

机　　型		HW-20	HW-20A	HW-25	HW-60	HW-70
机重(kg)		125	130	151	280	110
夯头总重(kg)					124.5	
偏心块重(kg)			23±0.005		38	
夯板尺寸	长(a)(mm)	500	500	500	650	500
	宽(b)(mm)	90	80	110	120	80
夯击次数(次/min)		140~150	140~142	145~156	140~150	140~145
跳起高度(mm)		145	100~170		200~260	150
前进速度(m/min)		8~10			8~13	
最小转弯半径(mm)					800	
冲击能量(kg·m)		20		20~25	62	68
生产率(m^3/台班)		100		100~120	200	50
外形尺寸	长(L)(mm)	1006	1000	1560	1283.1	1121
	宽(B)(mm)	500	500	520	650	650
	高(H)(mm)	900	850	900	748	850
电动机	型　　号	YQ22-4	YQ32-4 或 YQ2-21-4	YQ2-224	YQ42-4	YQ32-4
	功率(kW)	1.5	1 或 1.1	1.5~2.2	2.8	1
	转数(r/min)	1420	1421	1420	1430	1420

(2) 安装后各紧固螺栓和螺母要严格检查其紧固情况，保证牢固可靠。

(3) 在安装电器的同时必须安置接地线。

(4) 开关电门处管的内壁应填以绝缘物。在电动机的接线穿入手把的入口处，应套绝缘管，以防电线磨损漏电。

(5) 操作前应检查电路是否合乎要求，地线是否接好。各部件是否正常，尤其要注意偏心块和皮带轮是否牢靠。然后进行试运转，待运转正常后才能开始作业。

(6) 操作和传递导线人员都要带绝缘手套和穿绝缘胶鞋以防触电。

(7) 夯机在作业中需穿线时，应停机将电缆线移至夯机后面，禁止在夯机行驶的前方，隔机扔电线。电线不得扭结。

(8) 夯机作业时不得打冰土、坚石和混有砖石碎块的杂土以及一边硬的填土。同时应注意地下建筑物，以免触及夯板造成事故。在边坡作业时应注意坡度，防止翻倒。

(9) 夯机前进方向不准站立非操作人员。两机并列工作的间距不得小于 5m，串列工作的间距不得小于 10m。

(10) 作业时电缆线不得张拉过紧，应保证 3~4m 的松余量。递线人应依照夯实线路随时调整电缆线，以免发生缠绕与扯断的危险。

(11) 工作完毕之后，应切断电源，卷好电缆线，如有破损处应用胶布包好。

(12) 长期不用时，应进行一次全面检修保养，并应存放在通风干燥的室内，机下应垫好垫木，以防机件和电器潮湿损坏。

2. 电动振动式夯土机

HZ-380A型电动振动式夯土机是一种平板自行式振动夯实机械。适用于含水量小于12%和非黏土的各种砂质土壤、砾石及碎石和建筑工程中的地基、水池的基础及道路工程中铺设的小型路面，修补路面及路基等工程的压实工作。其外形尺寸和构造，如图5-9所示。它以电动机为动力，经二级三角皮带减速、驱动振动体内的偏心转子高速旋转，产生惯力使机器发生振动，以达到夯实土壤之目的。

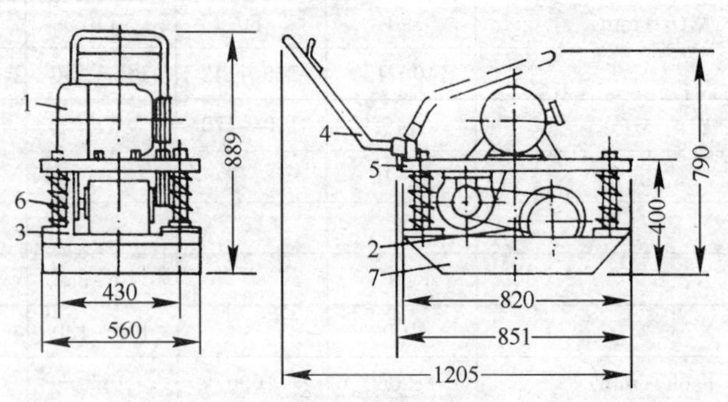

图5-9 HZ-380A型电动振动式夯土机外形尺寸和构造示意

1—电动机；2—传动胶带；3—振动体；4—手把；5—支撑板；6—弹簧；7—夯板

振动式夯土机具有结构简单、操作方便、生产率和密实度高等特点，密实度能达到0.85～0.90，可与10t静作用压路机密实度相近。其技术数据和工作性能见表5-7。使用要点可参照蛙式夯土机有关要求进行。在无电的施工区，还可用内燃机代替电动机作动力。这样使得振动式夯土机能在更大范围内得到应用。

电动振动式夯土机的主要技术数据和工作性能 **表5-7**

机　型		HZ-380A型
机重(kg)		380
夯板面积(m^2)		0.28
振动频率(次/min)		1100～1200
前行速度(m/min)		10～16
振动影响深度(mm)		300
振动后土壤密实度		0.85～0.9
压实效果		相当于10几吨静作用压路机
生产率(m^2/min)		3.36
配套电动机	型　号	$YQ_2$32-2
	功率(kW)	4
	转速(r/min)	2870

三、混凝土机械

按照混凝土施工工艺的需要，混凝土机械有搅拌机械、输送机械、成型机械三类。这里仅介绍成型机械中的振动器。

(一) 外部振动器

外部振动器是在混凝土的外表面施加振动，而使混凝土得到捣实。它可以安装在模板上，作为“附着式”振动器；也可以安装在木质或铁质底板下，作为移动的“平板式”振动器，除可用于振捣混凝土外，还可夯实土壤。由于机器所产生的振动作用，使受振的面层密实，提高强度。对于混凝土基础面层和一般混凝土构件的表面振实工作均能适应，并可装于各种振动台和其他振动设备上，作为发生振动的机械。浇筑混凝土时用它能节约水泥 10%～15%，并且提高劳动生产率、缩短混凝土浇灌工程的周期。

各种外部振动器的构造基本相同，所不同的是有些振动器为便于散热，机壳铸有环状或条状凸肋；为减轻轴承负荷，当振动力较大时，有的振动器在端盖上增加两个轴承。现重点介绍 HZ_2-5 型外部振动器，其结构如图 5-10 所示。它是特制铸铝外壳的三相二级工频电机，在电动机转子轴(6)的两个伸出端，各固定一个偏心轮(3)，偏心部分用端盖(8)封闭。端盖与轴承座(1)，外壳(14)用三只长螺栓(7)紧固，以便于维修。外壳上有 4 个地脚螺栓孔(15)，使用时用地脚螺栓将振动器固定到模板或平板上。

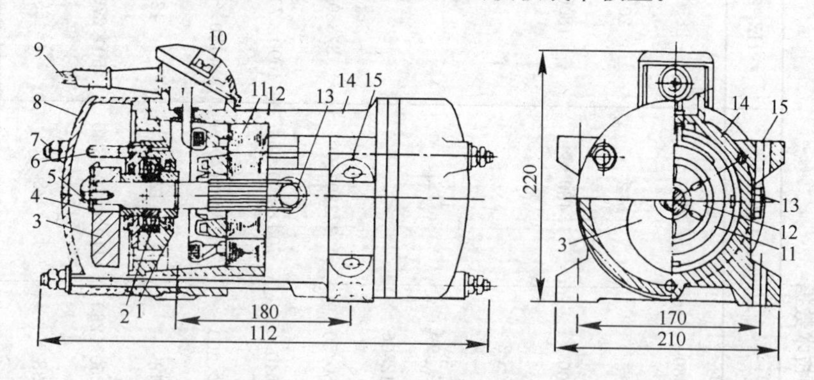

图 5-10　HZ_2-5 型外部振动器结构示意

1—轴承座；2—轴承；3—偏心轮；4—键；5—螺钉；6—转子轴；7—长螺栓；8—端盖；9—电源线
10—接线盒；11—定子；12—转子；13—定子紧固螺钉；14—外壳；15—地脚螺栓孔

外部振动器的技术数据，见表 5-8。

外部振动器使用时，应注意以下几点：

(1) 外部振动器因设计时不考虑轴承承受轴向力，故在使用时电动机轴应呈水平状态；

(2) 在一个模板上同时用多台附着式振动器时，各振动器的频率必须保持一致，相对面的振动器应错开安置；

(3) 在作平板振动器使用时，其底板大小可参考表 5-8 配制；

(4) 底板安装时，地脚螺栓应正确对位；

(5) 经常保持外壳清洁，以利电动机散热；

(6) 振动器不应在干硬的土地或其他硬物上运转，否则振动器将因振跳过甚而损坏；

(7) 振动器每工作 300h 后，应拆开清洗轴承，更换 2 号(夏季)或 1 号(冬季)钙基润滑脂；若轴承磨损过甚，将会使转子与定子摩擦，必须及时更换。

(二) 内部振动器

内部振动器亦称插入式振动器，混凝土振捣棒。它的作用和使用目的与外部振动器相同。浇灌混凝土厚度超过 25cm 以上者，应用插入式混凝土振捣棒。

内部振捣器主要由电动机、软轴组件、振动棒体等 3 部分组成。根据振动棒产生振动方式不同，振动棒分高频行星式振动器和中频偏心式振动器等类型。

外部振动器技术数据 **表 5-8**

项　目	单　位	HZ_2-4	HZ_2-5	HZ_2-7	HZ_2-5A	HZ_2-20	HZ_2-10	HZ_2-11
振动频率	min^{-1}	2800	2800	2880	2860	2850	2800	2850
动力距	kg・cm	4.2	4.9	6.5	5.2	20	20	10.9
振动力	kg	370	430	600	480	1800	900	1000
振幅	mm			1.1～2			2	
电动机功率	kW	0.5	1.1	1.5	1.5	2.2	1.0	1.5
轴承	个×型号		2×42305 或 2×305	2×42306			2×306 或 2×305	
电源	相/V/Hz	3/380/50	3/380/50	3/380/50	3/380/50	3/380/50	3/380/50	3/380/50
木底板尺寸	mm	500×400×50	600×400×50	720×540×50	700×500×50	1000×700×50	面积小于 0.4m^2	
地板螺栓中心距	mm	169×170	180×170	180×200	170×170	180×160	2.0×280	230×280
地脚螺栓直径	mm	12	12	16	12	12	16	
外形尺寸	mm	425×210×220	425×210×220	425×250×260	410×210×240	450×270×290	410×325×246	390×325×246
重量	kg	23	26	38	28	65	57	57

图 5-11 是高频行星外滚软轴插入式振动器的主机和振动棒的结构示意图。这种振捣器是使用最多的一种，在数量上占我国插入式振捣器的 90%左右。

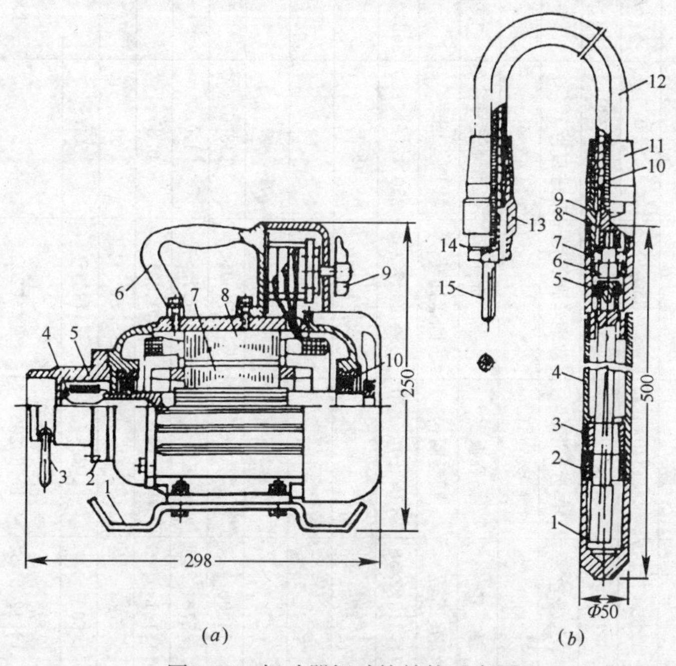

图 5-11 振动器振动棒结构示意图

(a)250 型高频行星外滚软轴插入式振动器主结构

1—扁钢底座；2—防逆器盖；3—偏心锁紧扳手；4—防逆键；5—胶圈弹簧；6—提手柄；7—电动机转子；8—电动机定子；9—电源开关；10—滚动轴承

(b)带四球铰的振动棒结构

1—棒头；2—滚锥；3—滚道；4—棒身；5—四球铰；6—球接头；7—径向轴承；8—软轴接头；9、13—软管接头；10—软轴；11—紧套；12—软管；14—锁紧环槽；15—软轴插头

高频行星外滚软轴插入式振动器的技术数据，见表 5-9。

图 5-12 是中频偏心式振动器外形结构示意图。这类振动器是我国早期 (1955 年前)大量

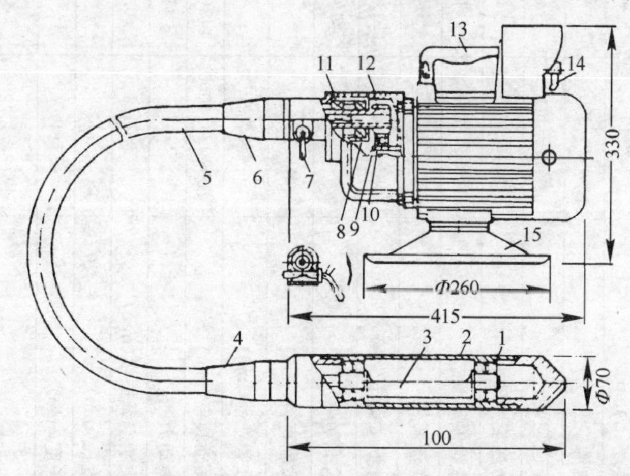

图 5-12 HZ_6P-70A 型中频偏心式振动器外形结构示意图

1、11—轴承；2—振动棒外壳；3—偏心轴；4、6—软管接头；5—软轴；7—软管锁紧扳手；8—增速器；9—电动机转子轴；10—胀轮式防逆装置；12—增速小齿轮；13—提手；14—电源开关；15—转盘

表 5-9

高频行星外滚软轴插入式振动器的技术数据

项目		型号							
		HZ_6-50	HZ_6-50	HZ_6X-50	HZ_6X-50	HZ_6-50	HZ_6-50	HZ_6-5	HZ_6-50
主机	型号	YQ_2	YQ_2-12-2	YQ_2	YQ_2-12-2	YQ_3		YQ_3-091-2	YQ_2
	功率(kW)	1.1	1.1	1.1	1.1	1.1	1.3	1.1	1.1
	转速(r/min)	2850	2850	2850	2850	2840	2850	2850	2800
	电源(相/Hz/V)	3/50/380	3/50/380	3/50/380	3/50(380/220)	3/50/380	3/50/380	3/50/380	3/50/(380/220)
	防逆装置形式	橡胶弹簧键	自行车“飞”	单钢丝片弹簧键	单齿棘轮	自行车“飞”	双钢丝弹簧键	改进自行车“飞”	
	防逆装置轴承(个×型号)		1×204		2×203U	1×30204			
	软管锁紧形式	偏心扳手	插　销	插　销	插　销	偏心扳手	偏心扳手	偏心扳手	偏心扳手
	底盘形式	双扁钢固定	圆盘回转	圆盘回转	圆盘回转	圆盘回转	圆盘回转	圆盘回转	
	外形尺寸(长×宽×高)mm	298×160×250	370×230×270	392×250×275	377×215×258	343×270×270	305×260×255	350×270×280	362×170×240
传动轴	长度(m)	4	4	4	4	4	4	4	4
	软轴直径(mm)	13	13	12	13	13	12	13	13
	软管外径(mm)	42	36	36	40	36	36	40	36
振动棒	振动频率$(min)^{-1}$	12000～14000	14500～15500	14000	14000	12000	15000	14800	12000
	振动力(kg)		410～510	500	570	540	500	600	550
	尖端空载振幅(mm)	0.9～1.1	0.9～1.2	0.8	1.1	1.15	0.8	0.85	2.4
	直径(mm)	50	51	53	51	51	50	50	51
	长度(mm)	500	485	455	500	451	436	500	500
	轴承(个×型号)	1×203	1×203U或 1×1203	1×1203U	1×1203	1×60203	1×60203		1×203U
		四球铰	松动轴承	松动轴承	松动轴承	松动轴承	松动轴承	四球铰	松动轴承
总重(kg)		27.5	31.8	32	33	32.5	32.7	31	32
产地		安　阳	芜　湖	沈　阳	济　南	广东建机	成　都	佛　山	江苏建机

续表

项目		型号								
		HZ_6-50	HZ_6X-50	HZ_6-50	HZ-50	HZ-50	HZ_6X-30	HZ_6X-35	HZ_6X-50	HZ_6X-70
主机	型号	YQ_2-21-2	YQ_3	YQ_2	YQ_2	YQ_2	YQ_2	YQ_3-091-2	YQ_2	YQ_3
	功率(kW)	1.5	1.5	1.1	1.1	1.1	1.1	1.1	2.2	2.2
	转速(r/min)	2860	2860	2850	2850	2850	2850	2850	2850	2850
	电源(相/Hz/V)	3/50/380	3/50/380	3/50/380	3/50/380	3/50(380/220)	3/50/380	3/50/380	3/50/380	3/50/380
	防逆装置形式	弹簧摆动键	双钢丝弹簧键		自行车“飞”		弹簧键 单钢丝(片)	改进 自行车“飞”	单钢丝 (片)弹簧	胀　轮
	防逆装置轴承(个×型号)									1×60206
	软管锁紧形式		偏心扳手				插　销	偏心扳手	插　销	偏心扳手
	底盘形式		圆盘回转				圆盘回转	圆盘回转	圆盘回转	圆盘回转
	外形尺寸(长×宽×高)mm		302×250 ×255	332×230 ×261	295×260 ×280	395×260 ×280	392×250 ×275	350×270 ×280	392×250 ×275	400×260 ×320
传动轴	长度(m)	4	4	4	4	4	4	4	4	4
	软轴直径(mm)	13	12	10	13	13	10	10	13	13
	软管外径(mm)	40								36
振动棒	振动频率$(min)^{-1}$	12500~14500	15000	14000	12500~14500	12500~14500	19000	15800	14000	12000~14000
	振动力(kg)	480~580	526		480~580	480~580	220	250	920	900~1000
	尖端空载振幅(mm)	1.8~2.2	2.0	1.1	1.8~2.2	1.8~2.2	0.5	0.5	1.4	1.4~1.8
	直径(mm)	50	51	50	53	50	33	35	62	68
	长度(mm)	450	500	500	529	450~500	413	468	470	480
	轴承(个×型号)		2×203G			450~500	1×100U		1×304U	1×205U
			四球铰				松动轴承	四球铰	松动轴承	松动轴承
总重(kg)		41.5	31.8	28	34	32.5	26.4	25	35.2	38
产地		兰　州	湘　潭	浙江建机	华　东	泰　州	沈　阳	佛　山	沈　阳	上　海

生产的机种。它采用偏心式振动子，在电动机转子轴(9)上安有胀轮式防逆装置(10)，同时设有增速器(8)以提高振动频率。其技术数据见表 5-10。

中频偏心软轴式振动器技术数据 **表 5-10**

项目		型号		
		HZ_6P-70A	HZ_6-50	B-50
主机	型号	YQ_3	YQ_2	YQ_2
	功率(kW)	2.2	1.5	1.5
	转速(r/min)	2850	2860	2860
	电源(相/Hz/V)	3/50/380	3/50/380	3/50/380
	防逆装置形式	胀轮	胀轮	胀轮
	防装置轴承(个×型号)	2×60204	3×6250	3×6205
	软管锁紧形式	偏心扳手	偏心扳手	偏心扳手
	底盘形式	圆盘回转	圆盘回转	圆盘回转
	外形尺寸(mm)	415×260×330	536×320×280	545×320×290
	增速比	37/17	32/15	32/15
转动轴	长度(m)	4	4	4
	软轴直径(mm)	13	13	13
	软轴外径(mm)	36	42	42
振捣棒	直径(mm)	71	50	60、50①
	长度(mm)	400	500	388、500①
	频率(min^{-1})	6200	6000	6000
	振幅(mm)	2～2.5	1.5～2.8	1.5～2.5
	轴承(个×型号)	4×60206	4×6203	4×6205(4×6203)
总重(kg)		45	48.8	49

注：①可换振动棒

电动内部振动器的使用维护要点：

(1) 电动内部振动器，在使用前需先检查电机的绝缘是否良好。

(2) 在电气、机械检查合格后，才能通电试运转。若电动机旋转，软轴不转，可调换任意两相电源线；若软轴转动，行星振动棒不起振，可摇晃棒头或轻轻磕地，即可起振。

(3) 使用振动器时，应使振动棒垂直，自然地沉入混凝土中，切忌与钢筋、模板等硬物碰撞，以免损坏振动棒。棒体插入混凝土的深度不应超过棒长的 2/3～3/4，否则振动棒将不易拔出而导致软管的损坏。

(4) 每次振动时需将振动棒上下抽动，以保证振捣均匀，当混凝土表面已经平坦，无显著坍陷，有水泥浆出现，不再冒气泡时，则表明混凝土已经捣实，可慢慢拔出振动棒。过长时间的振捣将使混凝土“离析”而影响混凝土质量。

(5) 移动振动器时，应保证不致出现“死角”。

(6) 振动器使用时软管弯曲半径不宜小于 500mm，其弯曲不能多于 2 弯，以免损坏软轴。

(7) 振动器使用中温度过高，须停机降温。冬季低温时，应采取徐徐加温的办法，使润滑油解冻后，才能使用。

(8) 应经常将电动机、软管、振动棒等擦刷干净。

(9) 振动器应按使用要求进行润滑保养。

四、起重机械

起重机械在园林工程施工中，用于装卸物料、移植大树、山石掇筑、拔除树根，带上附加设备还可以挖土、推土、打桩、打夯等。

起重机械种类很多，在园林施工中常用汽车式起重机、少先起重机、卷扬机、手葫芦和电动葫芦等。

（一）汽车起重机

汽车起重机是一种自行式全回转起重机构安装在通用或特制汽车底盘上的起重机。起重机构所用动力，一般由汽车发动机供给。汽车起重机具有行驶速度高，机动性能好的特点，所以适用范围较广。

1. Q_1-5 型汽车起重机

图 5-13 是 Q_1-5 型汽车起重机的外形构造示意。它是用解放牌汽车做底盘的，利用汽车上的发动机为动力，经过一系列的机械变速和传动来实现起重机的回转、起重和变幅工作。

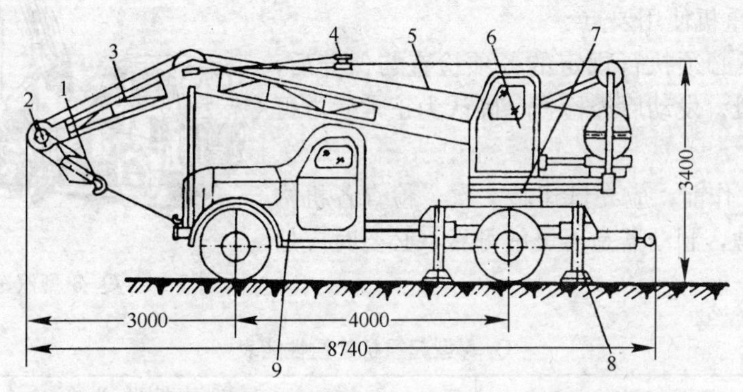

图 5-13 Q_1-5 型汽车起重机的外形构造示意

1—吊钩；2—起重臂顶端滑轮组；3—起重臂；4—变幅钢丝绳；5—起重钢丝绳；6—操纵室；7—回转转盘；8—支腿；9—解放牌汽车

Q_1-5 型起重机的主要技术数据和工作性能见表 5-11。

Q_1-5 型汽车起重机主要技术数据和工作性能 **表 5-11**

<table>
<tr><td rowspan="4">工作性能</td><td colspan="2">回转半径</td><td>m</td><td>2.5</td><td>3.5</td><td>4.5</td><td>5.5</td><td rowspan="4">速度</td><td colspan="2">回转</td><td>r/min</td><td>3.94</td></tr>
<tr><td rowspan="2">起重量</td><td>倍率 2</td><td rowspan="2">t</td><td>3.5</td><td>3.0</td><td>1.8</td><td>1.8</td><td colspan="2">行驶</td><td>km/h</td><td>30</td></tr>
<tr><td>倍率 3</td><td>5</td><td>3.5</td><td>2.7</td><td>2.0</td><td rowspan="2">起重</td><td>倍率 2</td><td rowspan="2">m/min</td><td>15.3</td></tr>
<tr><td colspan="2">起升高度</td><td>m</td><td>6.5</td><td>6.1</td><td>5.5</td><td>4.5</td><td>倍率 3</td><td>10.2</td></tr>
<tr><td rowspan="4">发动机</td><td colspan="2">型号</td><td></td><td colspan="4">CA30</td><td rowspan="4">钢丝绳</td><td colspan="2">直径</td><td>mm</td><td>17</td></tr>
<tr><td colspan="2">最大功率</td><td>kW</td><td colspan="4">70</td><td rowspan="2">长度</td><td>起重</td><td rowspan="2">m</td><td>34.5</td></tr>
<tr><td colspan="2">转速</td><td>r/min</td><td colspan="4">2800</td><td>变幅</td><td>14</td></tr>
<tr><td colspan="2">最大扭矩</td><td>kg·m</td><td colspan="4">31</td><td rowspan="3">外形尺寸</td><td colspan="2">全长</td><td rowspan="3">m</td><td>8.74</td></tr>
<tr><td rowspan="3">重量</td><td colspan="2">汽车底盘</td><td rowspan="3">t</td><td colspan="4">3.4</td><td colspan="2">全宽</td><td>2.42</td></tr>
<tr><td colspan="2">起重装备</td><td colspan="4">4.1</td><td colspan="2">全高</td><td>3.40</td></tr>
<tr><td colspan="2">全机</td><td colspan="4">7.5</td><td colspan="5"></td></tr>
</table>

2. Q_2型汽车起重机

Q_2型汽车起重机，是全回转伸缩臂式，采用全液压传动和操纵，其结构简单，自重较轻，能无级变速，操纵轻便灵活，安全可靠。

图 5-14 是 Q_2-3 型汽车起重机外形，它是用上海 SH-130 型汽车底盘，将其大梁进行加固后装配而成的。

Q_2-3 型液压汽车起重机起重臂由三节组成，其起重性能见表 5-12。

Q_2型汽车起重机还有安装在解放牌汽车底盘上的 Q_2-5 型和 Q_2-5H 型，安装在黄河牌汽车底盘上的 Q_2-8 型、Q_2-12 型，以及安装在特制的专用底盘上的 Q_2-16 型。它们的技术数据见表 5-13。

3. 汽车起重机使用要点

(1) 驾驶员必须执行规定的各项检查与保养后，方可启动发动机。发动后经检查，确认为正常后方可开始工作。

(2) 开始工作前，应先试运转一次，检查各机构的工作是否正常，制动器是否灵敏可靠，必要时应加以调整或检修。

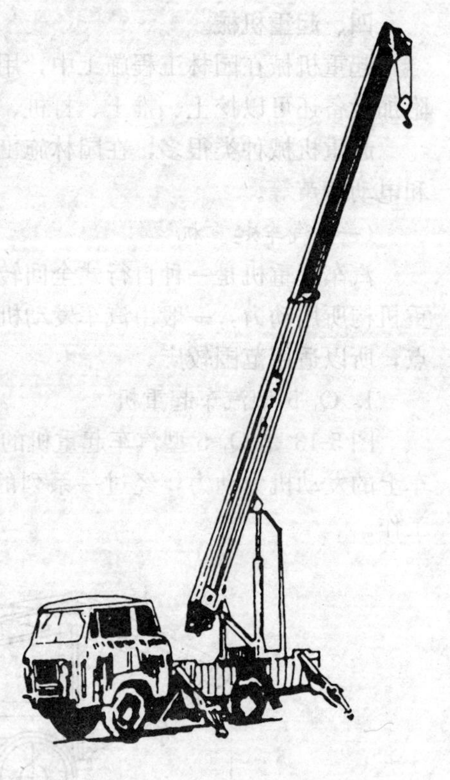

图 5-14　Q_2-3 型汽车起重机外形

Q_2-3 型起重机起重性能表　　表 5-12

起重臂仰角（度）	起重量(kg)			起重高度和回转半径(m)					
				Ⅰ节臂		Ⅱ节臂		Ⅲ节臂	
	Ⅰ节臂	Ⅱ节臂	Ⅲ节臂	高　度	半　径	高　度	半　径	高　度	半　径
5	720	210	76	1.42	5.44	1.84	9.06	1.67	14.0
10	750	218	90	1.92	5.37	2.69	9.48	2.91	13.9
15	790	228	105	2.41	5.25	3.54	9.27	4.13	13.6
20	850	247	117	2.88	5.09	4.35	9.01	5.33	13.3
25	295	275	132	3.41	4.88	5.15	8.67	6.49	12.8
30	1030	315	150	3.83	4.65	5.92	8.21	7.61	12.3
35	1165	365	185	4.24	4.39	6.64	7.77	8.67	11.6
40	1360	430	230	4.64	4.06	7.32	7.25	9.69	10.9
45	1700	520	275	5.01	3.71	7.95	6.66	10.62	10.1
50	2165	660	330	5.34	3.35	8.54	6.02	11.51	9.2
55	2840	845	355	5.63	2.93	9.06	5.33	12.29	8.3
60	3000	1140	400	5.85	2.51	9.52	4.58	13.00	7.2
65	3000	1610	445	6.12	2.05	9.91	3.82	13.61	6.1
70	3000	2000	510	6.31	1.59	10.21	3.02	14.10	5.0
75	3000	2000	575	6.64	1.08	10.49	2.19	14.53	3.8
78.5	3000	2000	660	6.53	0.76	10.59	1.59	14.94	3.0

Q_2 型汽车起重机技术数据 **表 5-13**

项目		单位＼型号	Q_2-3	Q_2-5	Q_2-5H	Q_2-8	Q_2-12	Q_2-16
起重臂节数			三节	两节	三节	两节	两节	三节
最大起重能力		t	3	5	5	8	12	16
最大起重力时的	回转半径	m	0.76	3.1	3	3.2	3.6	3.8
	起重高度	m	0.53	6.49	6.5	7.5	8.4	8.4
工作速度	起重	m/min	12	10	9	8	7.5	7
	回转	r/min	2.5	3	2	2.8	2.8	2.5
	起臂时间	s	22	19	12	27	18	40
	落臂时间	s	12	14	12	13	28	25
	伸臂时间	s	50	32	29	55	22	50
	缩臂时间	s	25	15	29	35	33	25
	放支腿时间	s	8	12	30	12	25	28
	收支腿时间	s	8	7	30	6	22	21
行驶性能	最高行驶速度	km/h	40	30	60	60	60	60
	最大爬坡能力	%	35	≮20	30	27	27	24
	最小转弯半径	m	9.2	11.2	12	8.75	9.5	10
	最小离地间隙	m	0.26	0.30	0.30	0.266	0.34	0.29
底盘型号			SH-130	CA-10B	CA-30A	JN150C	JN150	特制
发动机	型号		490Q	A-10B	CA30	6135Q	6135Q	6135Q-1
	最大功率	kW	55	70	81	118	118	162
	最高转速	r/min	2800	2800		1800	1800	2200
	最大扭矩	kg·m		31	35	70	70	80
支腿	纵距	m	2.194	3.134	2.934	2.970	3.200	4.100
	横距	m	3.060	3.500	3.300	3.400	4.010	4.600
外形尺寸	全长	m		8.74	7.66	8.6	10.35	11.05
	全宽	m		2.30	2.299	2.45	2.40	2.56
	全高	m		3.10	2.60	3.20	3.30	3.25
全机总重量		t	4.35	7.95	8.59	15.60	17.30	22

(3) 起重机工作前应注意在起重臂的回转范围内有无障碍物。

(4) 起重臂最大仰角不得超过原厂规定，无资料可查时，最大仰角不得超过78°。

(5) 起重机吊起载荷重物时，应先吊起离地 20～50cm，须检查起重机的稳定性、制动器的可靠性和绑扎的牢固性等，并确认可靠后，才能继续起吊。

(6) 物体起吊时驾驶员的脚应放在制动器踏板上，并严密注意起吊重物的升降，并勿使起重吊钩到达顶点。

(7) 起吊最大额定重物时，起重机必须置于坚硬而水平的地面上，如地面松软和不平时，应采取措施。起吊时的一切动作要以极缓慢的速度进行，并禁止同时进行两种动作。

(8) 起重机不得在架空输电线路下工作。在通过架空输电线路时应将起重臂落下，以免碰撞电线。在高低压架空线路附近工作时，起重臂钢丝绳或重物等与高低压输线电路的垂直水平安全距离均应不小于下述规定。

如因施工条件所限不能满足上述规定要求时，应与施工技术负责人员和有关部门共同研究，采取必要的安全措施后，方可施工。

(9) 如遇重大物件必须使用两台起重机同时起吊时，重物的重量不得超过两台起重机所允许起重量总和的 75%。绑扎时注意负荷的分配，每台起重机分担的负荷不得超过该机允许负荷的 80%，以免任何一台过大而造成事故。在起吊时必须对两机进行统一指挥，使两者互相配合，动作协调，在整个吊装过程中，两台起重机的吊钩滑车组都应基本保持垂直状态。为保证安全施工最好使两机同时起钩或落钩。

(10) 不准载荷行驶或不放下支腿就起重。伸出支腿时，应先伸后支腿；收回支腿时，应先回前支腿。在不平整场地工作时应先平整场地，以保证本身基本水平(一般不得超过3°)，支腿下面要垫木块。

(11) 起重工作完毕后，在行驶之前，必须将稳定器松开，4 个支腿返回原位。起重吊钩不得硬性靠在托架上，托架上需垫约 50mm 厚的橡胶块。吊钩挂在汽车前端保险杠上也不得过紧。

(二) 少先起重机

少先起重机，是用人力移动的全回转轻便式单臂起重机。工作时不能变幅，这种起重机在园林施工中可用于规模不大或大中型机械难以到达的施工现场。

常用的少先起重机有 0.5t、0.75t、1t 和 1.5t 等几种。

少先起重机的外形及构造，如图 5-15 所示。它由机架和工作装置等组成，四轮机架

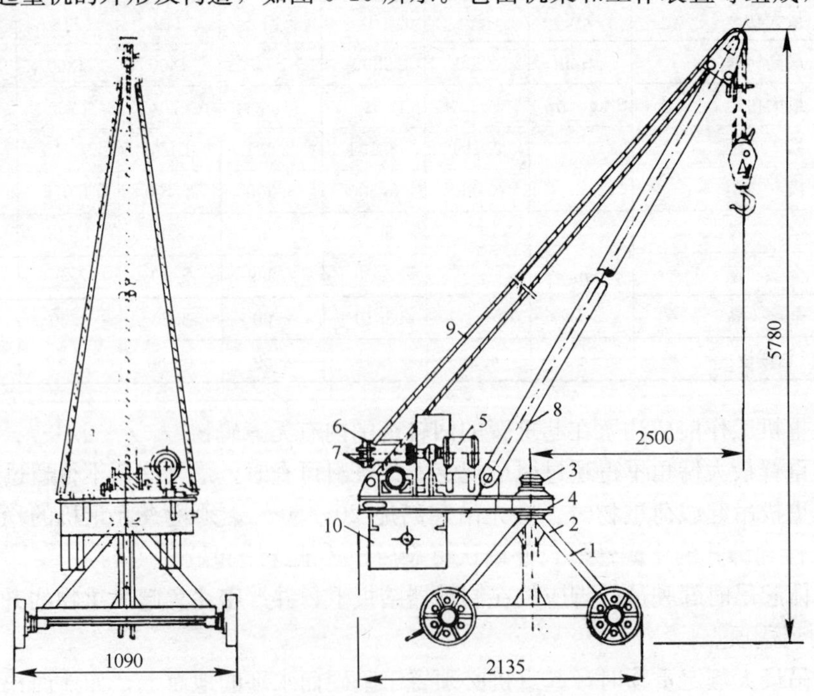

图 5-15　少先起重机的外形及构造示意图

1—四轮机架；2—短柱；3—短柱轴颈；4—回转平台；5—电动机；6—蜗轮减速器；7—卷扬机；8—起重臂；9—拉索；10—配重箱

(1)的中央装有短柱(2)，回转平台(4)安装在短柱轴颈(3)上旋转，回转平台的后半部上装有电动机(5)、蜗轮减速器(6)、卷扬机(7)，下部备有配重箱(10)；回转平台(4)的前部装有起重臂(8)，并用拉索(9)拉住使倾角固定。工作由电动机驱动经减速器带动卷扬机(7)旋转，回转时用人力推动。

少先起重机的主要技术数据，见表 5-14。

少先起重机主要技术数据 **表 5-14**

技术数据		单位	型号			
			0.5t	0.75t	1t	1.5t
起重量		t	0.5	0.75	1	1.5
起重幅度		m	2.5	3	2.5	2.5
水平回转角度		度	360	360	360	360
起升速		m/min	7	11	7.5	8.5
减速比			1∶32	1∶24	1∶32	1∶32
起升高度	安装在地面上	m	5	5	5	5
	安装在建筑物上	m	20	20	20	20
配套电动机	型号					
	功率	kW	4.2	7	4.5	7
	转速	r/min	875	1400	910	950
自重		kg	1370	1240	1960	2230

少先起重机使用要点：

(1) 安装起重机的地面，要平整夯实。在使用前将 4 个轮子固定牢靠，起重机周围要有足够的空间，以免提升或回转时与周围物体发生碰撞。

(2) 工作前要检查电气设备是否漏电、电动机和开关盒是否有良好的接地装置；离合器、制动器、起重限位器等是否安全可靠。

(3) 工作时操作人员一手握住离合器操纵手柄，一手扶住回转平台以免摆动，回转速度不能过猛。严禁斜吊、拉吊或猛起猛落。

(4) 起吊重物严禁超载，在达到限定高度时应停止上升。

(5) 配重要保持所规定的重量，不得随意增减。

(6) 制动器不得受潮或沾有油污，发现打滑时应立即停车检查。

(7) 在使用中要保证机械的良好润滑，班前应将各润滑点加足润滑油，减速器应保持规定的油面高度，钢丝绳表面要包有一层润滑油膜。

(8) 工作完毕应将机械擦干净，并把电动机、制动器卷扬机等用油布盖好以免受潮。

(三) 卷扬机

卷扬机是以电动机为动力，通过不同传动形式的减速、驱动卷筒运转作垂直和水平运输的一种常见的机械，具有构造简易紧凑、易于制造、操作简单、转移方便的特点。在园林工程施工中常配以人字架、拔杆、滑轮等辅助设备作小型构件的吊装等用。

1. 单筒慢速卷扬机

单筒慢速卷扬机的构造及外形尺寸，如图 5-16 所示。它以电动机(2)为动力，通过联轴器(3)，传给蜗轮减速器(5)及开式传动齿轮组(6)，再驱动卷筒(7)旋转。

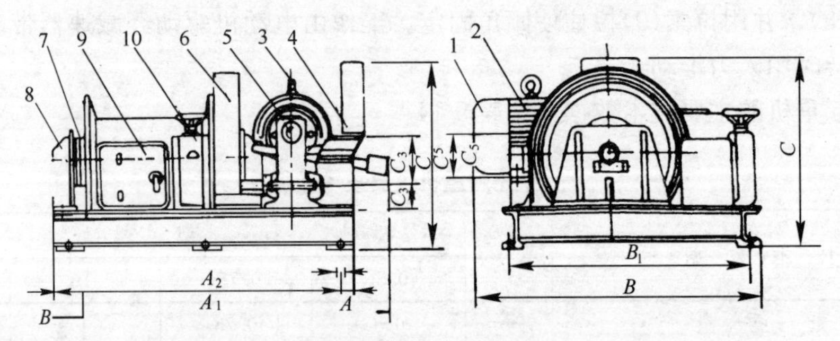

图 5-16 单筒慢速卷扬机构造及外形尺寸

1—机架；2—电动机；3—联轴器；4—重锤电磁制动器；5—蜗轮减速器；6—开式传动齿轮组；7—卷筒；8—支架；9—电气箱；10—凸轮控制器

2. 单筒手摇卷扬机

JS-05、JS-1、JS-3、JS-5、JS-10 型单筒手摇卷扬机的构造及传动机构，如图 5-17 所示。它由机架(1)、手柄(2)、开式传动齿轮组(3)、卷筒(4)、带式制动器(5)、制动轮(6)、棘轮限制器(7)等组成。

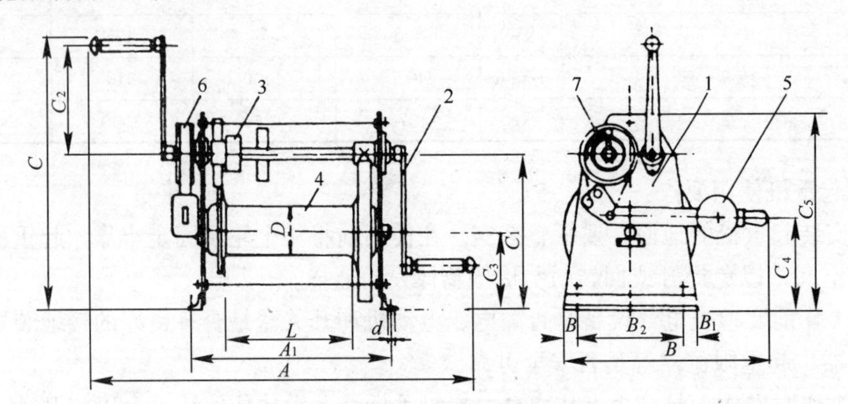

图 5-17 单筒手摇卷扬机构造及传动机构示意

1—机架；2—手柄；3—开式传动齿轮组；4—卷筒；5—带式制动器；6—制动轮；7—棘轮限制器

传动机构用人力摇动手柄(2)，通过开式传动齿轮组(3)，驱动卷筒(4)旋转。

卷扬机的技术数据、安装尺寸，见表 5-15。

卷扬机使用要点：

(1) 卷扬机安装前，要了解具体工作情况，确定卷扬机的安装位置，检查零部件是否灵敏可靠，根据卷扬机的牵引力和安装位置，埋设地锚。

(2) 卷扬机就位时，机架下面要铺设方木，卷扬机要保持纵、横两个方向的水平，钢丝绳的牵引向要与卷筒的轴向成直角。

(3) 电气设备要安装在卷扬机和操作人员附近，接地要良好，并不得借用避雷器上的地线做接地线；电气部分不得有漏电现象，必须装有接地和接零的保护装置，接地电阻不得大于 10Ω，但在一个供电系统上，不得同时接地又接零。

卷扬机的技术数据及安装尺寸 **表 5-15**

型号	牵引力 (kg)	卷筒				钢丝绳			电动机			总传动比 t	安装尺寸(mm)																自重 (kg)
		直径 mm	长度 mm	转速 r/min	容绳量 m	规格	直径 mm	绳速 m/min	型号	功率 kW	转速 r/min		A	B	C	A_1	A_2	A_3	A_4	B_1	B_2	C_1	C_2	C_3	C_4	C_5	d	n	
JJK-05	500	236	441	27	100	6×19+1−170	9.3	20	YQ42-4	2.8	1430	52.9	755	880	460	770				610		155	80	155			17	6	310
JJK-1	1000	190	370	46	110	6×19+1−170	11	35.4	YQ$_2$51-4	7.5	1450	31.5	960	1010	587	640				870		200	100	200			17	6	471
JJK-2	2000	325	710	24	180	6×19+1−170	15.5	28.8	JR71-6	14	950	40.17	1331	1353	845	1320				940		200	210	300			20	5	1200
JJK-3	3000	350	500	30	300	6×19+1−170	17	42.3	JR81-8	28	720	24	2021	1700	1344	698				1700	520	364	206	364	280		20	10	2204
JJK-5	5000	410	700	22	300	6×19+1−170	23.5	43.6	YQ83-6	40	960	44	1884	1743	890	1870				1600		320	170	320			30	4	2785
JD-04	400	200	299	32	400	6×19+1−170	7.7	25	JBJ-4.2	4.2	1455	45.5	900	520	648	790				550		350	280						448
JD-1	1000	220	310	35	400	6×19+1−170	11	32	JBJ-11.4	11.4	1455	41	1100	765	730	865				600		375	300						570
JB-1	1000	180	350	69	60	6×19+1−170	11	41	YQ$_2$51-4	7.5	1440	21	1212	820	570	100	380	1065		600	700	220	160	170			30	8	319
JJM-3	3000	340	500	7	100	6×19+1−170	15.5	8	JZR31-8	7.5	702	100	1400	1510	925	103	980			1000		160	220	210		190	21	4	1100
JJM-5	5000	460	800	6.3	130	6×19+1−170	23.5	8	JZR41-8	11	715	113	1825	1582	1015	213	1150			1280		195	240	255	100	225	21	4	1700
JJM-8	8000	550	1000	4.6	330	6×19+1−170	28	9.9	JZR51-8	22	718	136	2160	2110	1170	73	883			1590		420	300	410	100	250	23	8	2985
JJM-10	10000	550	968	7.3	350	6×19+1−170	34	8.1	JR51-8	22	723	99	2170	2810	1180							400	340	300	100	250	21	8	4000
JJM-12	12000	650	1200	3.5	630	6×19+1−170	37	9.5	JZR$_2$52-8	30	725	208	2100	1948	1455		235			1760		530	220	300	135	225	23	8	6500
JJM-20	20000	850	1324	3	1000	6×19+1−170	40.5	9.6	JZR92-8	55	720	245	3820	3360	2085	100				3160		790	323	325	448	450	23	12	8960
JS-05	500	130	460	2.6	130	6×19+1−170	7.7	1				14	1035	602	793	674				30	300	490	300	210	340	590	17	4	126
JS-1	1000	180	500	1.5	150	6×19+1−170	11	0.8				18/8	1490	775	990	730				50	400	578	400	295	350	720	17	4	216
JS-3	3000	200	500	1.6	200	6×19+1−170	15.5	1				26.4	1813	863	1265	820				90	600	742	400	420	610	110	21	4	525
JS-5	5000	280	670	1	250	6×19+1−170	17	1				58	2105	867	1548	1054				95	660	1125	400	450	690	200	21	4	1240
JS-10	10000	400	800	0.7	3000	6×19+1−170	26.5	0.8				196/98	2524	1630	1433	1270				50	510	1005	400	585	1080	1160	23	8	2080

(4) 卷扬机运转前，要检查各部润滑情况，加足润滑剂；各部特别是制动器经检查均良好后，方可进行运转。

(5) 卷扬机只限于水平方向牵引重物，如需要作垂直和其他方向起重时，可利用滑轮导向(不得用开口滑轮)。但要保持卷筒与第一道导向滑轮之间不小于 12m。

(四) 环链手拉葫芦和电动葫芦

环链手拉葫芦又称差动滑车、倒链、车筒、葫芦等。它是一种使用简易、携带方便的人力起重机械。适用于起重次数较少，规模不大的工程作业，尤其适用于流动性及无电源作业面积小的工程施工上。

图 5-18 所示为 SH 型环链手拉葫芦，是我国生产时间较长的一种系列产品，其技术规格见表 5-16。

图 5-18　SH 型环链手拉葫芦

电动葫芦是一种简便的起重机械。由运行和起升两大部分组成，一般安装在直线或曲线工字梁的轨道上，用以起升和运输重物。

SH 型环链手拉葫芦技术规格　　**表 5-16**

型　号		SH1/2	SH1	SH2	SH3	SH5	SH10
起重量	t	0.5	1	2	3	5	10
起升高度	m	2.5	2.5	3	3	3	5
试验荷载	t	0.625	1.25	2.5	3.75	3.75	12.5
两钩间最小距离	mm	250	430	550	610	610	1000
满载时手链拉力	kg	19.5～22	21	23.5～36	34.5～36	34.5～36	38.5
起重链	行数	1	2	2	2	2	4
重量	kg	11.5～16	16	31～32	45～46	73	170

电动葫芦具有尺寸小、重量轻、结构紧凑、操作方便等特点，所以越来越广泛地代替手拉葫芦，用于园林施工的各个方面。

目前生产的电动葫芦型号很多。这里仅介绍 CD 型和 MD 型电动葫芦。

图 5-19 是 CD 型和 MD 型电动葫芦。整体结构，制动可靠、重量轻，噪声小等优点。其主要技术数据，见表 5-17。

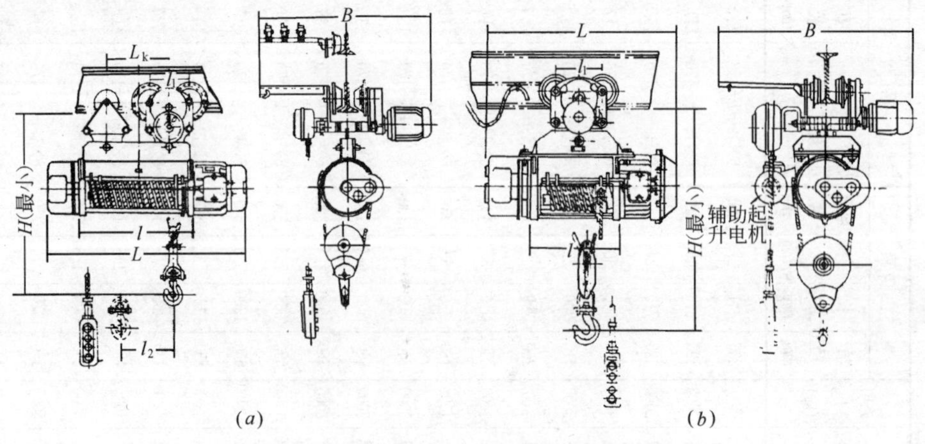

图 5-19　CD 型和 MD 型电动葫芦外形示意图

(a)CD 型电动葫芦；(b)MD 型电动葫芦

表 5-17

CD型、MD型电动葫芦主要技术数据

型号		起重量 (t)	起升高度 (m)	起升速度 (m/min)	运行速度 (m/min)	工作制度 (JC)	电动机 主动升 功率 kW	电动机 主动升 转速 r/min	电动机 辅起升 功率 kW	电动机 辅起升 转速 r/min	电动机 运行 功率 kW	电动机 运行 转速 r/min	钢丝绳 绳直径 mm	钢丝绳 结构	主要尺寸 L (mm)	主要尺寸 L_k (mm)	主要尺寸 t (mm)	主要尺寸 t_1 (mm)	主要尺寸 t_2 (mm)	主要尺寸 B (mm)	主要尺寸 $H_{最小}$ (mm)	重量 (kg)	环行最小轨道半径 (m)	轨道型号
	0.5-6D		6	8											616		274	185	72	866		120 138		
	0.5-9D	0.5	9	8	20	25%	0.8	1380	0.2	1380	0.2	1380			688							125 143	1	16～ 82^b
	0.5-12D		12	0.8											760		418	185	144	866		145 163		
	1-6D		6												758		345	185	98	884	685	147 165	1	
	1-9D		9	8	20										856		443	185		884	780	158 176	1	
	1-12D		12		30	25%	1.5	1380	0.2	1380	0.2	1380	7.6	6×37+1	954		541	185	196	884	780	180 198	1.2	16～ 30^c
	1-18D	1	18	8											1150	411	737	185	293	884	780	195	1.8	
MD	1-24D		24												1346	607	933	185	390	884	780	208	2.5	
	1-30D		30	0.8	60										1542	803	1129	185	488	884	780	222	3.2	
	2-6D		6												818		352	205	100	930～994	860～ 960	235 265	1.2	
	2-9D		9	8	20										918		432	205	150	930～994	860～ 960	248 278	1.5	
	2-12D		12		30										1018	290	552	205	200	930～994	860～ 960	296 326	2	
	2-18D	2	18	8		25%	3	1380	0.4	1380	0.4	1380	11	6×37+1	1218	412	752	205	300	930～994	860～ 960	320 350	2	20^a～ 32^c
	2-24D		24	0.8	30										1418	612	952	205	400	930～994	860～ 960	340 370	2.5	
	2-30D		30		60										1618	808	1152	205	500	930～994	860～ 960	360 395	2.5	

续表

型号		起重量(t)	起升高度(m)	起升速度(m/min)	运行速度(m/min)	工作制度(JC)	电动机						钢丝绳		主要尺寸							重量(kg)	环行小轨道最小半径(m)	轨道型号
							主动升		辅起升		运行		绳直径	结构	L	L_k	t	t_1	t_2	B	$H_{最小}$			
							功率kW	转速r/min	功率kW	转速r/min	功率kW	转速r/min	mm		mm									
MD	3-6D		6												924		390	205	103	930~994	985	290 320	1.2	
	3-9D		9		20										1027		493	205		930~994	985	310 340	1.2	
	3-12D	3	12	8	30	25%	4.5	1380	0.4	1380	0.4	1380	13	6×37+1	1130		596	205	206	930~994	1080	360 390	1.5	20[a]~32[c]
	3-18D		18	8	60										1336	450	802	205	309	930~994	1080	360	2.5	
	3-24D		24												1542	656	1008	205	411	930~994	1080	415	3.0	
	3-30D		30	0.8											1748	862	1214	205	515	930~994	1080	440	4.0	
	5-6D		6												1047		415	205~228	105	1020~1084	1310	465 605	1.5	
	5-9D		9												1168		536	205~288	158	1020~1084	1310	490 530	1.5	
	5-12D		12	8	20	25%	7.5	1380	0.8	1380	0.8	1380	15.5	6×37+1	1257		625	205~288	210	1020~1084	1310	570 610	1.5	25[a]~63[c]
	5-18D	5	18	8	30										1467	612	835	205~228	315	1020~1084	1310	610	2.5	
	5-24D		24	0.8	60										1677	822	1045	205~288	420	1020~1084	1310	650	3.0	
	5-30D		30												1887	1032	1255	205~288	526	1020~1084	1310	690	4.0	
CD	10-9D		9												1595~1763	502~702	865	205~288			1350	1030	3.0	
	10-12D		12												1786~1954	683~883	1056	205~288			1350	1085	3.5	
	10-18D	10	18												2148~2316	1045~1245	1418	205~288			1350	1180	4.5	25[a]~63[c]
	10-24D		24												2510~2678	1447~1647	1780	205~288			1350	1280	6.0	
	10-30D		30												2870~3040	1719~1919	2142	205~288			1350	1380	7.2	

五、提水机械

工农业生产中常用的提水机械是水泵，在园林工程中应用也很广泛，土方施工、给水、排水、水景、喷泉等用它；园林植物栽培中，灌溉、排涝、施肥、防治病虫害等也用它。

（一）水泵型号和结构

水泵的型号很多。目前园林中使用最多的是离心泵。离心泵的品种也很多，各种类型泵的结构又各不相同。下面简单地介绍一下单级单吸悬臂式离心泵。

单级悬臂式离心泵结构简单、使用维护方便、应用很广。此类泵的扬程从几米到近100m，流量4.5～360m³/h，口径3.75～20cm。

图5-20所示系悬臂式离心泵结构。主要有泵体(2)、泵盖(1)、叶轮(3)、泵轴(12)和托架(19)等组成。泵进口在轴线上，吐出口与泵轴线成垂直方向，并可根据需要将泵体旋转90°、180°、270°。泵由联轴器直接传动，或通过皮带装置进行传动。采用皮带传动时，托架靠皮带轮一侧安装两个单列向心球轴承。

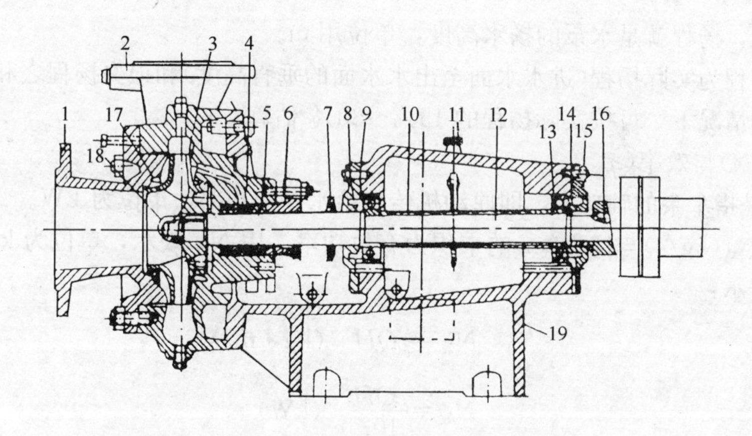

图5-20 悬臂式离心泵结构示意图

1—泵盖；2—泵体；3—叶轮；4—水封环；5—填料；6—填料压盖；7—挡水圈；8—轴承端盖；9—挡油圈甲；10—定位套；11—油标尺；12—泵轴；13—滚动轴承；14—挡油圈乙；15—挡套；16—键；17—减漏环；18—叶轮螺母；19—托架

（二）水泵的性能

水泵的铭牌是水泵的简单说明书，从铭牌上可以了解水泵的性能和规格。图5-21是一个铭牌的例子。

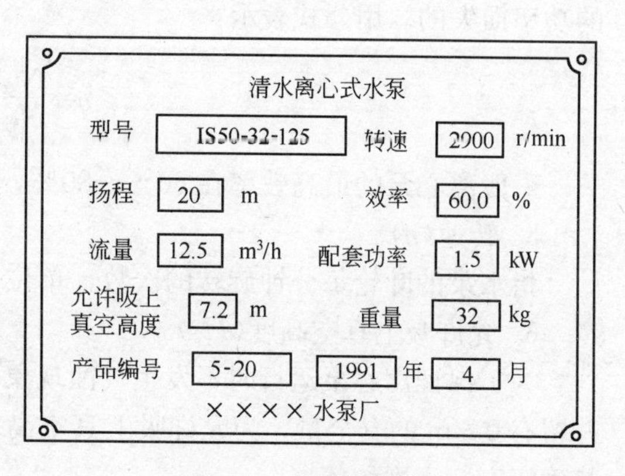

图5-21 水泵的铭牌

铭牌上的数据很多，现把其中主要技术数据分别介绍如下。

1. 型号

水泵的类型很多，为了选型配套方便起见，制造部门根据水泵的尺寸、扬程、流量、转速和结构等特点，给水泵编出型号。我国水泵有新、旧两种型号，都是用汉语拼音字母和数字组成的。为了便于认识和区别新旧型号，举例如下。

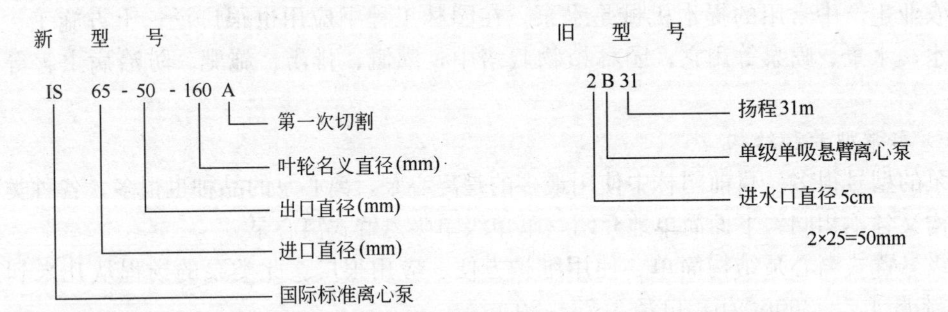

2. 流量(Q)

水泵在1h之内的出水量叫作流量，单位是m^3/h或L/s，也有用kg/s或t/h来表示。

$$1L/s=3600L/h=3.6m^3/h=3.6t/h$$

3. 扬程(H)

通俗地说，扬程就是水泵的扬水高度，单位用m。

水泵的扬程为实际扬程(进水水面至出水水面的垂直高度)和损失扬程之和。损失扬程在管路不长的情况下，可按实际扬程的15%～30%估算。

4. 功率(N)与效率(η)

功率N是指水泵的轴功率，即原动机传输给水泵的功率，单位为kW。

水泵的流量(kg/s)与扬程(m)的乘积为有效功率，用$N_{效}$表示，单位为kg·m/s。

用公式表示：

$$N_{效}=\rho QH \quad (kg \cdot m/s)$$

$$N_{效}=\frac{\rho QH}{102} \quad (kW)$$

式中 ρ——水的密度(kg/L)；

Q——水泵的流量(L/s)；

H——水泵的扬程(m)。

水泵的有效功率(输出功率)与轴功率(输入功率)之比是泵的效率η，它是用来衡量泵的功率损失的。用公式表示：

$$\eta=\frac{N_{效}}{N_{轴}}\times 100\%$$

一般离心泵的最高效率在60%～80%，大型的水泵则大于80%。

5. 转速(n)

指水泵的叶轮每分钟旋转的次数，单位为r/min。

6. 允许吸上真空高度(H_s)

为了保证离心泵运行时不发生气蚀现象，通过试验规定出一个尽可能大的吸上高度，并留有0.3m的安全量，为允许吸上真空高度，单位为m。它表示水泵吸水能力的大小，是确定安装高度的依据。

7. 比转数(n_s)

比转数又叫比速，是指一个假想的叶轮与该泵的叶轮几何形状完全相似时，它的扬程为1m，流量为0.075m^3/s时的转数。它是表示水泵特性的一个综合数据。一般地说，比转数高的水泵流量大、扬程低；比转数低的水泵流量小、扬程高。比转数还表示了水泵的形状和各部尺寸的比值，水泵可根据它进行分类。

(三) 选型配套的方法

1. 水泵的选型

选择水泵的主要依据是流量和扬程。选型的步骤如下：

(1) 确定给排水流量

根据给水工程、水景工程的要求和计算法确定给水流量，根据排水量和排水限期去计算排水流量。

(2) 确定扬程

水泵的扬程应大于实际扬程加管路损失扬程。

实际扬程应根据具体情况来计算。还要考虑最低水位，以便确定水泵安装位置，并考虑最高水位，校核一下水泵运行是否安全。

对于一般中小型给排水，损失扬程可以根据实际扬程粗略估计。

$$损失扬程(m)=损失扬程系数\times实际扬程(m)$$

表5-18给出了损失扬程系数。

损失扬程系数 **表5-18**

管路直径(mm) / 损失扬程系数 / 实际扬程(m)	200以内	250～300	350以上
10	0.3～0.5	0.2～0.4	0.1～0.25
10～30	0.2～0.4	0.15～0.3	0.05～0.15
30以上	0.1～0.3	0.1～0.2	0.03～0.1

(3) 选择水泵

首先应根据预定流量和具体情况确定水泵台数，最好选用相同型号的水泵，以便检修和配件。确定台数以后，便可以算出一台水泵的流量。

为了便于选用水泵，表5-19～表5-20已经把各种水泵的流量和扬程列出。选择水泵时可根据预定的扬程和流量，直接查表。

如果查得有两种型号的水泵均可适用，应选用效率高、价格便宜和配套功率小的水泵。

2. 动力机械的选择

动力机械可选用电动机或柴油机，有电的地方应尽量选用电动机。

考虑到传动损失和扬程变化等因素，动力机械的功率应大于水泵的轴功率(一般大10%～20%)。

$$配套功率(kW)=(1.1\sim1.2)\times水泵的轴功率(kW)$$

IS 型单级单吸悬臂式离心泵性能 表 5-19

型　号	流量 Q		扬程 H	转速 n	配电动机		效率 η	吸程 H	叶轮直径	重量
	(m^3/h)	(L/s)	(m)	(r/min)	功率 (kW)	型　号	(%)	(m)	(mm)	(kg)
	8	2.2	22							
IS50-32-125	12.5	3.47	20		1.5	Y90S-2	60		125	32
	16	4.4	18							
	7	1.94	17							
IS50-32-125A	11	3.06	15		1.1	Y802-2	58			32
	14	3.9	13							
	8	2.2	35							
IS50-32-160	12.5	3.47	32		3	Y100L-2	55		160	37
	16	4.4	28							
	7	1.94	27							
IS50-32-160A	11	3.06	24		2.2	Y90L-2	53			37
	14	3.89	22					7.2		
	8	2.2	55							
IS50-32-200	12.5	3.47	50		5.5	$Y132S_1$-2	44		200	
	16	4.4	45	2900						41
	7	1.9	42							
IS50-32-200A	11	3.06	38		4	Y112M-2	42			
	14	3.9	35							
	8	2.2	86							
IS50-32-250	12.5	3.47	80		11	$Y160M_1$-2	35		250	72
	16	4.4	72							
	7	1.9	66							
IS50-32-250A	11	3.06	61		7.5	$Y132S_2$-2	34			72
	14	3.9	56							
	17	4.72	22							
IS65-50-125	25	6.94	20		3	Y100L-2	69		125	
	32	8.9	18					7		34
	15	4.17	17							
IS65-50-125A	22	6.1	15		2.2	Y90L-2	67			
	28	7.78	13							

续表

型号	流量 Q		扬程 H	转速 n	配电动机		效率 η	吸程 H	叶轮直径	重量 (kg)
	(m^3/h)	(L/s)	(m)	(r/min)	功率 (kW)	型号	(%)	(m)	(mm)	
	17	4.72	35							
IS65-50-160	25	6.94	32		4	Y112M-2	66		160	
	32	8.9	28							
	15	4.17	27							40
IS65-50-160A	22	6.1	24		3	Y100L-2	64			
	28	7.78	22							
	17	4.72	55							
IS65-40-200	25	6.94	50		7.5	$Y132S_2$-2	58		200	
	32	8.9	45							
	15	4.17	42							43
IS65-40-200A	22	6.1	38		5.5	$Y132S_1$-2	56			
	28	7.78	35							
	17	4.72	86							
IS65-40-250	25	6.94	80	2900	15	$Y160M_2$-2	48	7	250	
	32	8.9	72							
	15	4.17	66							74
IS65-40-250A	22	6.1	61		11	$Y160M_1$-2	46			
	28	7.78	56							
	17	4.72	140							
IS65-40-315	25	6.94	125		30	$Y200L_1$-2	39		315	
	32	8.9	115							
	16	4.44	125							
IS65-40-315A	23.5	6.53	111		22	Y180M-2	38			82
	30	8.33	102							
	15	4.17	110							
IS65-40-315B	22	6.1	97		18.5	Y160L-2	37			
	28	7.78	90							

续表

型　　号	流量 Q (m³/h)	流量 Q (L/s)	扬程 H (m)	转速 n (r/min)	配电动机 功率 (kW)	配电动机 型　号	效率 η (%)	吸程 H (m)	叶轮直径 (mm)	重量 (kg)
	31	8.61	22							
IS80-65-125	50	13.9	20		5.5	Y132S_1-2	76		125	
	64	17.8	18							
	28	7.78	17							36
IS80-65-125A	45	12.5	15		4	Y112M-2	75			
	58	16.11	13							
	31	8.61	35							
IS80-65-160	50	13.9	32		7.5	Y132S_2-2	73		160	
	64	17.8	28							
	28	7.78	27							42
IS80-65-160A	45	12.5	24		5.5	Y132S_1-2	72			
	58	16.11	22							
	31	8.61	55							
IS80-50-200	50	13.9	50		15	Y160M_2-2	69		200	
	64	17.8	45							
	28	7.78	42							45
IS80-50-200A	45	12.5	38		11	Y160M_1-2	67	6.6		
	58	16.1	35							
	31	8.61	86	2900						
IS80-50-250	50	13.9	80		22	Y180M-2	62		250	
	64	17.8	72							
	28	7.78	66							78
IS80-50-250A	45	12.5	61		18.5	Y160L-2	60			
	58	16.1	56							
	31	8.6	140							
IS80-50-315	50	13.9	125		45	Y225M-2	52		315	87
	64	17.8	115							
	29.5	8.2	125							
IS80-50-315A	47.5	13.2	111		37	Y200L_2-2	51			87
	61	16.9	102							
	28	7.78	110							
IS80-50-315B	45	12.5	97		30	Y200L_1-2	50			87
	58	16.1	90							
	65	18.1	14							
IS100-80-106	100	27.8	12.5		5.5	Y312S_1-2	78	5.8	106	38
	125	34.7	11							

续表

型　号	流　量 Q		扬程 H (m)	转速 n (r/min)	配电动机		效率 η (%)	吸程 H (m)	叶轮直径 (mm)	重量 (kg)
	(m^3/h)	(L/s)			功率 (kW)	型　号				
	58	16.1	10.5							
IS100-80-106A	90	25	9.5		4	Y112M-2	76			38
	112	31.1	8.7							
	65	18.1	22							
IS100-80-125	100	27.8	20		11	$Y160M_1$-2	81		125	
	125	34.7	18							42
	58	16.1	17							
IS100-80-125A	90	25	15		7.5	$Y132S_2$-2	79			
	112	31.1	13							
	65	18.1	35							
IS100-80-160	100	27.8	32		15	$Y160M_2$-2	79		160	
	125	34.7	28							60
	58	16.1	27							
IS100-80-160A	90	25	24		11	$Y160M_1$-2	77			
	112	31.1	22							
	65	18.1	55							
IS100-65-200	100	27.8	50		22	Y180M-2	76		200	
	125	34.7	45	2900				5.8		71
	58	16.1	42							
IS100-65-200A	90	25	38		18.5	Y160L-2	74			
	112	31.1	35							
	65	18.1	86							
IS100-65-250	100	27.8	80		37	$Y200L_2$-2	72		250	
	125	34.7	72							84
	58	16.1	66							
IS100-65-250A	90	25	61		830	$Y200L_1$-2	71			
	112	31.1	56							
	65	18.1	140							
IS100-65-315	100	27.8	125		75		65		315	
	125	34.7	115							
	61	16.9	125							
IS100-65-315A	95	26.4	111		55		64			100
	118	32.8	102							
	58	16.1	110							
IS100-65-315B	90	25	97		45		63			
	112	31.1	90							

续表

型　号	流量 Q (m³/h)	流量 Q (L/s)	扬程 H (m)	转速 n (r/min)	配电动机 功率 (kW)	配电动机 型　号	效率 η (%)	吸程 H (m)	叶轮直径 (mm)	重量 (kg)
IS150-100-250	130	36.1	86							
	200	55.6	80		75		78		250	
	250	69.4	72							
IS150-100-250A	115	31.9	66							95
	176	48.9	61		55		78			
	220	61.1	56							
IS150-100-315	130	36.1	140							
	200	55.6	125	2900	110		74	4.5	315	
	250	69.4	115							
IS150-100-315A	122	33.9	125							
	188	52.2	111		90		73			115
	235	65.3	102							
IS150-100-315B	115	31.9	110							
	176	48.9	97		75		72			
	220	61.1	90							
IS50-32-125	4	1.11	5.5							
	6.25	1.74	5		0.25		55		125	
	8	2.22	4.5							
IS50-32-125A	3.5	0.97	4.2							32
	5.5	1.53	3.7		0.25		53			
	7	1.94	3.3							
IS50-32-160	4	1.11	8.7							
	6.25	1.74	8		0.37		48		160	
	8	2.22	7.2							
IS50-32-160A	3.5	0.97	6.7							37
	5.5	1.53	6	1460	0.25		47	8		
	7	1.94	5.5							
IS50-32-200	4	1.11	14							
	6.25	1.74	12.5		0.75		39		200	
	8	2.22	11							
IS50-32-200A	3.5	0.97	10.5							41
	5.5	1.53	9.5		0.55		37			
	7	1.94	8.7							
IS50-32-250	4	1.11	22							
	6.25	1.74	20		1.5		31		250	72
	8	2.22	18							

续表

型号	流量 Q (m³/h)	流量 Q (L/s)	扬程 H (m)	转速 n (r/min)	配电动机 功率 (kW)	配电动机 型号	效率 η (%)	吸程 H (m)	叶轮直径 (mm)	重量 (kg)
	3.5	0.97	17							
IS50-32-250A	5.5	1.53	15		1.1		30	8		72
	7	1.94	13							
	8	2.22	5.5							
IS65-50-125	12.5	3.47	5				64		125	
	16	4.44	4.5		0.37					34
	7	1.94	4.2							
IS65-50-125A	11	3.06	3.7				62			
	14	3.89	3.3							
	8	2.22	8.7							
IS65-50-160	12.5	3.47	8		0.55		60		160	
	16	4.44	7.2					7.8		40
	7	1.94	6.2							
IS65-50-160A	11	3.06	6		0.37		58			
	14	3.89	5.5							
	8	2.22	14							
IS65-40-200	12.5	3.47	12.5		1.1		53		200	
	16	4.44	11	1460						43
	7	1.94	10.5							
IS65-40-200A	11	3.06	9.5		0.75		51			
	14	3.89	8.7							
	17	4.72	5.5							
IS80-65-125	25	6.94	5				72		125	
	32	8.89	4.5		0.55					36
	15	4.17	4.2							
IS80-65-125A	22	6.11	3.7				70			
	28	7.78	3.3							
	17	4.72	8.7							
IS80-65-160	25	6.94	8		1.1		60	7.6	160	
	32	8.89	7.2							42
	15	4.17	6.7							
IS80-65-160A	22	6.11	6		0.75		67			
	28	7.78	5.5							
	17	4.72	14							
IS80-50-200	25	6.94	12.5		1.5		65		200	45
	32	8.89	11							

续表

型号	流量Q (m³/h)	流量Q (L/s)	扬程 H (m)	转速 n (r/min)	配电动机 功率 (kW)	配电动机 型号	效率 η (%)	吸程 H (m)	叶轮直径 (mm)	重量 (kg)
	15	4.17	10.5							
IS80-50-200A	22	6.11	9.5				63	7.6		45
	28	7.78	8.7		1.1					
	31	8.61	5.5							
IS100-80-125	50	13.9	5				78		125	
	64	17.8	4.5							42
	28	7.78	4.2							
IS100-80-125A	45	12.5	3.7		0.75		76			
	58	16.1	3.3							
	31	8.61	8.7							
IS100-80-160T	50	13.9	8		2.2		76			
	64	17.8	7.2					7.3		42
	28	7.78	6.7							
IS100-80-160TA	45	12.5	6		1.5		74			
	58	16.1	5.5							
	31	8.61	14							
IS100-65-200T	50	13.9	12.5		3		73			
	64	17.8	11	1460						46
	28	7.78	10.5							
IS100-65-200TA	45	12.5	9.5		2.2		72			
	58	16.1	8.7							
	65	18.1	5.5							
IS100-100-125	100	27.8	5		2.2		82		125	
	125	34.7	4.5							43
	58	16.1	4.2							
IS100-100-125A	90	25	3.7		1.5		80			
	112	31.1	3.3					6.8		
	65	18.1	8.7							
IS100-100-160	100	27.8	8		4		80		160	
	125	34.7	7.2							47
	58	16.1	6.7							
IS100-100-160A	90	25	6		3		78			
	112	31.1	5.5							
	130	36.1	8.7							
IS150-125-160	200	55.6	8		7.5	$Y132S_2$-2	84	5.8	160	76
	250	69.4	7.2							

续表

型号	流量 Q (m³/h)	流量 Q (L/s)	扬程 H (m)	转速 n (r/min)	配电动机 功率 (kW)	配电动机 型号	效率 η (%)	吸程 H (m)	叶轮直径 (mm)	重量 (kg)
IS150-125-160A	115	31.9	6.7	1460	5.5	Y132S₁-2	82	5.8		76
	176	48.9	6							
	220	61.1	5.5							
IS150-125-200	130	36.1	14		11	Y160M-4	82		200	85
	200	55.6	12.5							
	250	69.4	11							
IS150-125-200A	115	31.9	10.5		7.5	Y132M-4	80			
	176	48.9	9.5							
	220	61.1	8.7							
IS150-125-250	130	36.1	22		18.5	Y180M-4	81		250	120
	200	55.6	20							
	250	69.4	18							
IS150-125-250A	115	31.9	17		15	Y160L-4	79			
	176	48.9	15							
	220	61.1	13							
IS150-125-315	130	36.1	35		30	Y200L-4	78		315	140
	200	55.6	32							
	250	69.4	28							
IS150-125-315A	115	31.9	27		22	Y180L-4	76			
	176	48.9	24							
	220	61.1	22							
IS150-125-400	130	36.1	55		45		74		400	160
	200	55.6	50							
	250	69.4	45							
IS150-125-400A	115	31.9	42		37		72			
	176	48.9	38							
	220	61.1	35							
IS200-150-200	230	63.9	14		18.5	Y180M-4	85	4.5	200	135
	315	87.5	12.5							
	380	105.6	11							
IS200-150-200A	210	58.3	10.5		15	Y160L-4	82			
	280	77.8	9.5							
	340	94.4	8.7							
IS200-150-250	230	63.9	22		30	Y200L-4	85		250	100
	315	87.5	20							
	380	105.6	18							

续表

型号	流量 Q		扬程 H (m)	转速 n (r/min)	配电动机		效率 η (%)	吸程 H (m)	叶轮直径 (mm)	重量 (kg)
	(m³/h)	(L/s)			功率 (kW)	型号				
IS200-150-250A	210	58.3	17							
	280	77.8	15		18.5	Y180M-4	83			160
	340	94.4	13							
IS200-150-315	230	63.9	35							
	315	87.5	32		45		83		315	
	380	105.6	28							190
IS200-150-315A	210	58.3	27							
	280	77.8	24	1460	37		81	4.5		
	340	94.4	22							
IS200-150-400	230	63.9	55							
	315	87.5	50		75		80		400	
	380	105.6	45							215
IS200-150-400A	210	58.3	42							
	280	77.8	38		55		78			
	340	94.4	35							

作业面潜水电泵性能 **表 5-20**

型号	流量 Q		扬程 H (m)	转速 n= (r/min)	泵轴功率 N (kW)	配电动机功率 (kW)	效率 η (%)	叶轮直径 D (mm)	额定电压 (V)	绝缘等级	泵重 (kg)
	(m³/h)	(L/s)									
QY-3.5	80.0～120	22.2～33.3	2.0～6.0								45
QY-7	50.0～90.0	13.9～25.0	4.5～10.0			2.2				E	
QY-15	15.0～32.0	4.17～8.9	10.0～20.0	2800					380		50
QY-25	10.0～22.0	2.8～6.1	20.0～30.0								55
YQX-11	11.0	3.05	10			0.75					13
YQX-5	5.0	1.39				0.3			220		12
QD78-45	7.8	2.17	4.5			0.25			220		18
QD78-65			6.5			0.4					
JB2 $\frac{1}{2}$-14-H	40	11.1	15			4			380		65
500ZDB-81	2700～1370	750～380.5	5.6～9.44	980							700
QSG-1300-1000 100～500	850～1000	236.1～277.8	85～100	1470			72		220 或 600		
1 $\frac{1}{2}$ WQ-15 A B	3.5	0.972	15			0.37	40		380 或 220	E	A12 A13
WQ-6	8.5	2.36	18	2800	0.661	1	63	132	380		18
WQ-6A	8	2.22	14		0.491	0.75	62	120	220		

续表

型 号	流 量 Q		扬 程 H (m)	转速 $n=$ (r/min)	泵轴功率 N (kW)	配电动机功率 (kW)	效率 η (%)	叶轮直径 D (mm)	额定电压 (V)	绝缘等级	泵重 (kg)
	(m^3/h)	(L/s)									
1.5Z_2-10	18	5	14			1.5			380		22
7.5JQB_3-9	38～48	10.5～13.3	30～37			7.5			380		总重 105
B_4-18	54～114	15～31.7	12～24			7.5			380		105
B_6-32	142～75	39.4～20.8	10～18			7.5			380		105
B_8-97	288	80	4～6			7.5			380		105

3. 传动装置的选择

大多数水泵的转速是按三相异步电动机的转速决定的。电动机的转速有 3000、1500、1000、750r/min 等若干级，水泵的转速也有这些级，但是比电动机的同步转速略小。所以电动水泵一般采用直接传动。

如果电动机和柴油机的转速和水泵的转速相差很大时，就需要用平皮带或三角皮带传动。

4. 管路和附件的选择

在给水工程中已讲过，管路是有损失扬程的。当管路直径一定时，水的流量越大，流速也越大，损失扬程就越大。这种损失扬程的大小和流量(或流速)的平方成正比例，目前使用的水泵，进口流速大约 3～3.5m/s，出口流速大约在 4m/s 以上。如果进出水管和水泵口径一样粗，这样大的流速会在管路中产生很大损失的扬程，这是不适当的。因为流量等于流速乘管路截面积(流速等于管路截面积除流量)。

管路的直径一般比水泵的口径略大，借以降低水在管路中的流速，减少扬程损失。管路截面积太大时，当然也不好。实践证明，水在进水管路中的流速不宜超过 2m/s，水在出水管路中的流速不宜超过 3m/s。因为管路截面积(m^2)等于流速(m/s) 除流量(m^3/s)，所以在选择管路的时候，可以根据流量，用上面的算式粗略估计一下进出水管的管径，然后查阅管路规格，选用较大的直径。

$$进水管路的直径(mm) \not< 800\sqrt{流量(m^3/s)}$$

$$出水管路的直径(mm) \not< 620\sqrt{流量(m^3/s)}$$

一般水泵直径在 10cm 以下时，管路直径基本同水泵直径，当水泵直径在 15cm 以上时，管路直径应选用大于水泵直径。

因为管路的直径比水泵口径大，所以在水泵出入口必须有渐变管。渐变管的长度应根据大头直径和小头直径的差来决定，一般是大小头直径差数的 7 倍。水泵出口处的渐扩管可以是同心式的。水泵入口处的渐变管应做成偏心式的，以便装上以后，上面保持水平。

选择管路时应尽量少用弯头，尽可能减少阀门、止逆阀和不采用底阀等，以减少水量损失。

第二节　种植、养护工程机械

在绿化工程中，种植和养护是两个主要的工作环节，也是耗费人力比较多、劳动强度比较大，因而也急需机械化。

一、种植机械

(一) 挖坑机

挖坑机又叫穴状整地机，主要用于栽植乔灌木、大苗移植时整地挖穴，也可用于挖施肥坑、埋设电杆、设桩等作业。使用挖坑机每台班可挖 800～1200 个穴，而且挖坑整地的质量也较好。

挖坑机的类型按其动力和挂结方式的不同可分为：悬挂式挖坑机和手提式挖坑机。

1. 悬挂式挖坑机

图 5-22 是悬挂在拖拉机上，由拖拉机的动力输出轴通过传动系统驱动钻头进行挖坑作业，包括机架、传动装置、减速箱和钻头等几个主要部分。

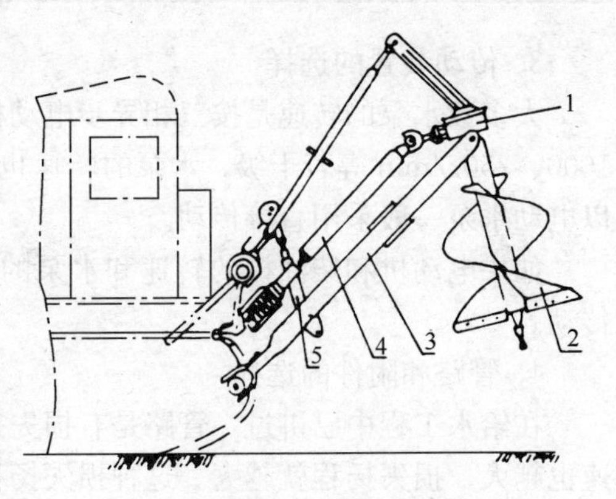

图 5-22　WD80 型悬挂式挖坑机

1—减速箱；2—钻头；3—机架；4—传动轴；5—升降油缸

传动装置由万向节和安全离合器组成。当挖坑机工作时，钻头突然遇到障碍物，安全离合器自动切断动力，以保护机器不受损坏。

减速箱的任务是把发动机动力输出轴的转速进行减速并增加转矩，以满足挖坑机的挖坑技术要求。拖拉机动力挖坑机上通常采用圆锥齿轮减速器，直径为 200～1000mm 的螺旋钻头的转速，通常可取 n＝150～280r/min。

挖坑机的工作部件是钻头。用于挖坑的钻头，为螺旋型。工作时螺旋片将土壤排至坑外，堆在坑穴的四周。用于穴状整地的钻头为螺旋齿式，也叫作松土型钻头。工作时钻头破碎草皮，切断根系，排出石块，疏松土壤。被疏松的土壤不排出坑外面，而留在坑穴内。

悬挂式挖坑机主要技术参数，见表 5-21。

悬挂式挖坑机主要技术参数　　**表 5-21**

主要指标		型号					
		WD80	W80C	WKX-80	W45D	IWX-80(50)	ZWX-70
外形尺寸(mm)	长(钻头至连接中心)	2120	2100	2530	1800	2270	1900
	宽	800	800	1280	600	800	460
	高(运输状态)	2440	2000	1380	1750	1700	1500
	重量(kg)	298	293	300	310	270	200
钻头	直径(mm)	790	790	820	450	790、490	700
	长(mm)	1157	1090	770	700	1090	900
	螺旋头数	2	2	2	2	2	
	转速(r/min)	184	154	144	280	175、132	250

续表

主 要 指 标	型	号				
	WD80	W80C	WKX-80	W45D	IWX-80(50)	ZWX-70
运输间隙(mm)	570	485	300	480	>300	>300
挖坑直径(mm)	800	800	830	450	800，500	700
挖坑深度(mm)	800	800	720	450	800	600
出土率(%)	>90	>90	>90	>90	>90	
生产率(坑/班)	900～1000	800～1000		1400～1600	500～700	100～120坑/h
配套动力	东方红-54	丰收-35	丰收-37	丰收-35	东风-50	东风-30

2. 手提式挖坑机

手提式挖坑机主要用于地形复杂的地区植树前的整地或挖坑。

手提式挖坑机如图5-23所示，是由小型二冲程汽油发动机为动力，其特点是重量轻、马力大、结构紧凑、操作灵便、生产率高。手提式挖坑机通常由发动机、离合器、减速器、工作部件、操纵部分和油箱等部分组成。

手提式挖坑机主要技术参数，见表5-22。

(二) 开沟机

开沟机除用于种植外，还用于开掘排水沟渠和灌溉沟渠，主要类型有铧式和旋式两种。

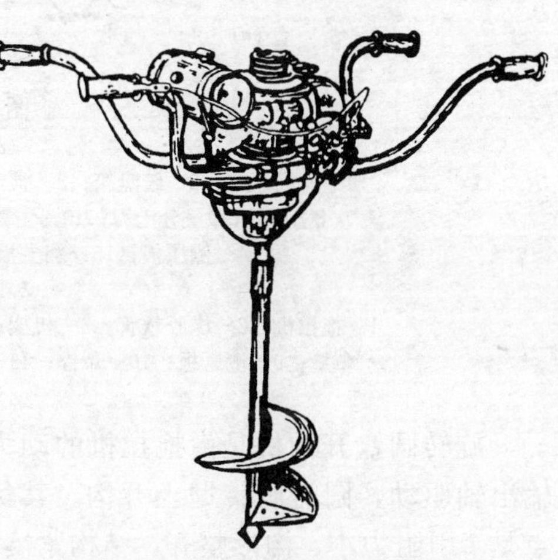

图5-23 W-3型动力挖坑机

手提式挖坑机主要技术参数 **表5-22**

项 目	型	号			
	W3	ZB5	ZB4	ZB3	ZW5
发动机型号	O51	1E52F	YJ4	O51	IE52F
最大功率(kW/r/min)	2.2/1500	3.7/6000	3/6000	2.2/5000	3.7/6000
汽油、机油混合比	15∶1	15∶1	20∶1	15∶1	15∶1
起动方式	起动器	拉 绳	拉 绳	起动器	拉 绳
离合器结合转速(r/min)	2000～2200	2800	2800	2800	2800
减速器形式	齿 轮	摆线针齿	摆线针齿	摆线针齿	蜗杆蜗齿
减速比	21.96∶1	26∶1	26∶1	26∶1	26∶1
钻头类型	挖坑型	挖坑型	挖坑型	整地型	整地型
挖坑直径(mm)	280～320	320	320	450	450
最大深度(mm)	450	450	450	400	400
钻头转速(r/min)	228	230	230	230	230
重量(kg)	20	13.5	13.5	14.5	14.1
操作人数	2	2	2	2	2
生产率(穴/h)	150～400			400～500	400～500

铧式开沟机由大中型拖拉机牵引，犁铧入土后，土垡经翻土板、两翼板推向两侧，侧压板将沟壁压紧即形成沟道。其结构简图如图 5-24 所示。

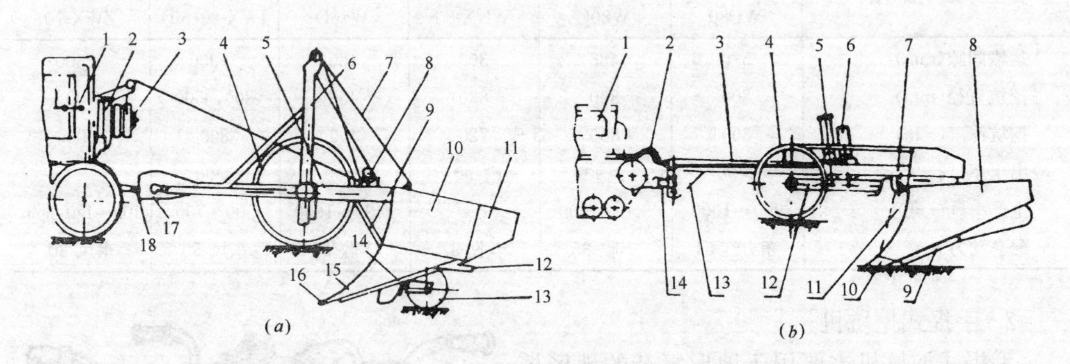

图 5-24 开沟机

(*a*)K-90 开沟犁

1—操纵系统；2—绞盘箱；3—被动锥形轮；4—行走轮；5、6—机架；7—钢索；8—滑轮；9—分土刀；10—主翼板；11—副翼板；12—压道板；13—尾轮；14—侧压板；15—翻土板；16—犁尖；17—拉板；18—牵引钩

(*b*)K-40 液压开沟犁

1—拖拉机；2—橡胶软管；3—机架；4—行走轮；5—限深梁；6—油缸；7—连接板；8—犁壁；9—侧压板；10—犁铧；11—分土刀；12—拐臂；13—牵引拉板；14—牵引环

旋转圆盘开沟机是由拖拉机的动力输出轴驱动，圆盘旋转抛土开沟。其优点是牵引阻力小、沟形整齐、结构紧凑、效率高。圆盘开沟机有单圆盘式和双圆盘式两种。双圆盘开沟机组行走稳定，工作质量比单圆盘开沟机好，适于开大沟。旋转开沟机作业速度较慢（200～300m/h）、需要在拖拉机上安装变速箱减速。图 5-25 系单圆盘旋转开沟机结构示意。

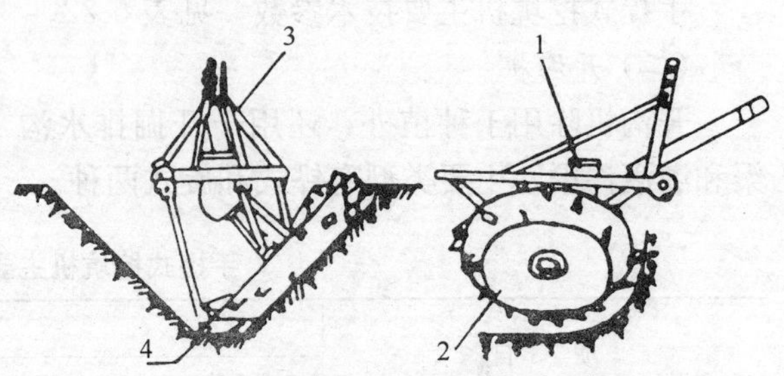

图 5-25 单圆盘旋转开沟机结构示意

1—减速箱；2—开沟圆盘；3—悬挂机架；4—切土刀

图 5-26 打孔机

类　别：［园林机械］——［打孔机］（图 5-26）

品　名：打孔机

货　号：PLB600B

规　格：PLB600B

产品简介

5.5HP B & S Intek I/C OHV
自带动力打孔
钢制空心打孔棒
独立节气门和刹车控制
进行负重感轻，转向操作灵活
手动打孔离合

（三）液压移植机

液压移植机是用液压操作供大乔灌木移植用的，亦称为自动植树机。

图 5-27 液压移植机

图 5-27 是液压移植机。它起树和挖坑工作部件为 4 片液压操纵的弧形铲，所挖坑形呈圆锥状。机上备有给水桶，如土质坚硬时，可一边给水一边向土中插入弧形铲以提高工作效率。

液压移植机在国外使用普遍。分自行式和牵引式两类。自行式多以汽车、拖拉机为底盘组装而成；牵引式的作业机与汽车、拖拉机用销子连接，其本身备有专用的动力机。

液压移植机的型号很多。我国引进美国的液压移植机挖坑直径为 198cm、深 145cm，能移植胸径 25cm 以下的树木。

液压移植机的主要工作参数见下表 5-23。

液压移植机主要工作参数　　表 5-23

型　号	大约翰(美)自行式	巴米亚 T_s-30 牵引式
移植树木最大胸径(cm)	25	8
树的最高高度	视交通条件	视交通条件
挖坑最大直径(cm)	198	75
深(cm)	145	80
收合运送时高度(cm)	407.7	240
收合运送时宽度(cm)	224.2	188
移植机重(kg)	5221	1500

图 5-28　中耕机

类　别：［园林机械］——［中耕机］（图 5-28）
品　名："蓬勃"中耕机
货　号：QUATRO 中耕机
规　格：QUATRO 中耕机

产 品 简 介

“蓬勃”中耕机是欧洲最大制造商之一的法国 PUBERT 公司的产品，具有当今国际水平的微型田园耕作机械。

适用范围：蔬菜，瓜、薯类，烟草，药材等经济作物类；花卉、园艺、苗圃、茶园种植；草坪草卷，绿化工程，牧草种植；果园、葡萄园种植。

发动机：惠林 168FB 6.5HP　反冲起动　强制风冷

刀　具：6 列 24 片刀，刀具直径 32cm

扶手架：上下转动调节，齿盘调整固定；左右转动调节，槽形座与碟形弹簧固定

变　速：前进 2 档，后退 1 档，33～110r/min

离合器方式：皮带旋紧式

传动方式：发动机-主轴-驱动轴皮带-齿轮-链轮

重量：75kg

外形尺寸：长 152×宽 55×高 105cm

二、整修机械

整形修剪是植物养护中的一项重要工作，它直接影响到植物的外观以及生长和寿命。不单乔木要整修，灌木、花卉及地被植物均要整修。用来整修植物的机具很多，但主要是使用简单的手工工具，劳动强度大、生产率低，亟待改革。现介绍几种国内生产用于整修的机械。

类　别：[园林机械]——[草坪车]（图 5-29）

品　名：阿玛松捡草机

规　格：阿玛松

图 5-29　草坪车

产 品 简 介

发 动 机：lombardini FOCS 三缸 水冷柴油发动机，排量 1028mL，18kW(24.5PS)

油箱容量：20L

驱动系统：静液压

行走速度：0～10km/h

转向系统：无级变速　控制轮子的液压马达(0 半径转向)

制动：静液压＋停车制动器

割台开关：电磁控制

轮胎：前轮胎　20″×10.00－10 或 21″×11.00－8　后轮胎　15″×6.00－6

尺寸：长：2.65m　宽：1.55m　高：1.56m

重量：840kg

割台：工作幅宽：1.25m

转子：带 36 对长又磨过的翼形刀或 76 个“切槽”刀

中央控制、切割高度无级调整

支撑轮 210×65

后支撑轮

液压割台提升装置

回盖装置

所割草物等在捡起后立即通过螺旋输送器，进到收集篓中压紧(图 5-30)。使用了机械式过载防护装置，所用输送系统不用气流，故工作安静无尘土，有利于环境与人员的健康。

能在草地和行走道上毫无问题地捡集、粉碎、压紧树叶。

捡集系统(图 5-31)：

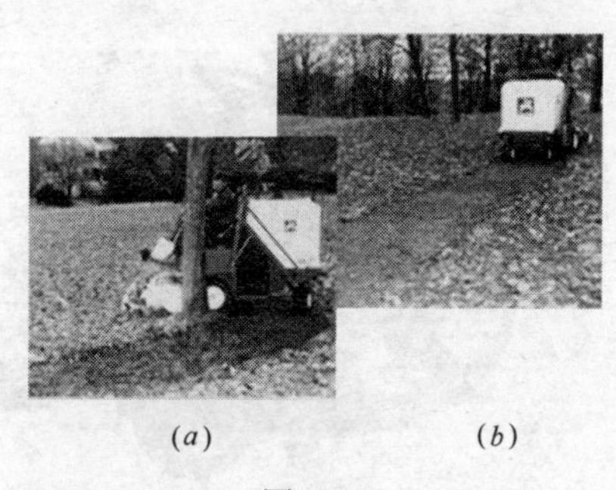

(a) (b)

图 5-30

图 5-31

带过载保护的横向及纵向螺旋

箱子容量：600L，已压紧的物料(约 900L 松散的物料)

液压上翻卸料机构(卸高 1.85 料)

声控高度指示器

类　别：[园林机械]——[草坪车]（图 5-32)

品　名：科星“新猫王”草坪车

货　号：KR7319　KR7301　KR7318　KR7311

图 5-32　草坪车

产 品 简 介

无可比拟的液压驱动系统：无级变速，强制空气制冷。输入和输出杆的滚子轴承，强化齿轮，高扭矩轴。

电子刀盘控制：20、15 马力机型的标准配备。

流线型机身：用耐色不锈材料注塑，抗小撞击带来的损伤。

超强框架：完全焊接，整体构造的槽沟部分避免在穿越粗糙不平的地形时弯曲破裂。

舒适：高背座椅，适应人体工程学的控制安排，具有前瞻性。

精确的操纵：省力，可调的齿条齿轮传动系统有限控制，减弱驾手疲劳度。高精确操纵有助于环绕树和花园时的灵活机动，加上又大又舒适的方向盘。

安全：封闭防水的液晶型开关位于刀盘、座位。草袋和刹车彼此内联确保驾手安全。单条自调驱动带、宽大的护草轮胎。

手集草袋：反转刀片系统，直接畅通的风道，即使是湿草也能收集。简易操作的清草杆，不用离开座位也能清空草袋。

重型刀盘：3mm的钢板焊接。坚固铸铁轴承座配有可更换的杆和滚子轴承。可调节的防刮草皮浮轮。

简单确定的控制：单一踏板控制进退，速度可变。

强化钢短轴衬套：主销可润滑，寿命增长。

发动机：KR7301 HONDA 16HP(双)
KR7318 B & S 16HP(双)
KR7319 B & S 18HP(双)
KR7311 B & S 20HP(双)

传动方式：液压驱动

变速方式：无级变速

割草宽度：1000mm(40″)

收草方式：后集草袋

前轮：15″×6.50－6

后轮：18″×8.50－8

类　别：[园林机械]——[草坪车]（图5-33）

品　名：科星“新生代”草坪车

货　号：CR5318

规　格：CR5318

图5-33　草坪车

产品简介

独特转向机构，灵活的转向，使得转向更轻松易操作，转角更准确。

大方向盘，理想驾驶，位置更舒适，易于控制轮子，链条驱动系统，减少震动，较不易疲劳。

抗撞击流线型机身，永不生锈，不褪色，在轮子范围之内免受损伤。

舒适操控，新的高背防震座椅可减轻疲劳，组合式脚踏控制板，多高度剪草控制器，更易剪草。

自我调节式驱动带，只需较少维护。所有开关均是防水处理，有备用油箱。

高强度巧割系统，铸铁刀盘轴承架，剪草杆和轴承可更换，3mm厚钢质刀盘，张力甩刀刀片更容易更换。

草坪专用宽胎，有利于保护草坪。

前后轴强化钢，前轮装转向球轴承，后轮装承载滚柱轴承。

易维护，前后轮螺栓易装卸。

发动机：B & S 18HP

传动方式：链条

变速方式：无级变速

割草宽度：1000mm(40″)

收草方式：侧排式

前轮：15″×6.50－6

后轮：18″×8.50－8

图 5-34 草坪机

类　别：[园林机械]——[草坪机]（图 5-34）

品　名："马驰宝" 草坪机

货　号：982618

规　格：天才 4nl

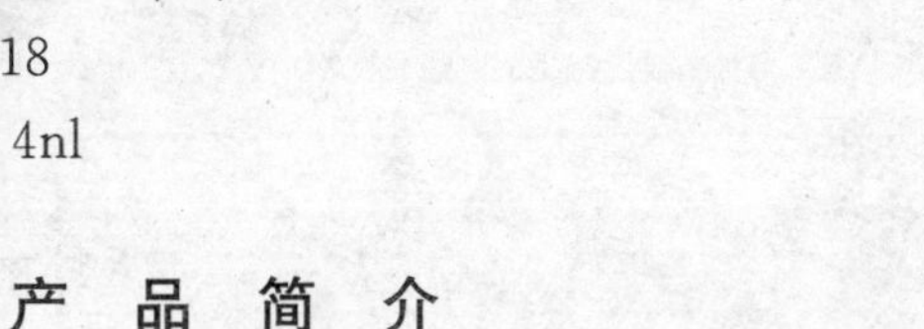

产　品　简　介

割草时能把粗达 35mm 的树枝切碎，变成有用的地面覆盖料，树枝在切碎时回送到收草器中。草地类型：坚硬适用面积 5000～7000m^2（参考）；割草时间：每 8 小时 4000m^2（参考）。

发动机：B & S I/C 6HP 四冲程

底盘：铝合金 18″(460mm)

行走：手推式

刀片系统：甩刀快割式

集草类型：塑料草箱

剪草高度：10～70mm

高度调节：单杆、十档位

轮子：8″×6″ 双滚珠轴承

图 5-35 草坪机

类　别：[园林机械]——[草坪机]（图 5-35）

品　名："马驰宝" 草坪机

货　号：983974

规　格：700H

产　品　简　介

本田 GXV140 汽油机，快割式刀片，能应付草地高低不平的环境。草地类型：粗硬适用面积 5000～7000m^2（参考）；割草时间：每 8 小时 4000m^2（参考）

发动机：HONDA GXV140 5.0HP

底盘：铝合金 18″(460mm)

行走：手推式

刀片系统：甩刀快割式

集草类型：塑料草箱

剪草高度：10～70mm

高度调节：单杆、十档位

轮子：8″×7″ 双滚珠轴承

图 5-36　草坪机

类　别：[园林机械]——[草坪机](图 5-36)
品　名："马驰宝"草坪机
货　号：983927
规　格：950H SP

产　品　简　介

自走式，本田 GXV160 汽油机，可放心地使用于任何情况下的草坪。草地类型：坚硬适用面积 8000m^2(参考)；割草时间：每 8 小时 4000m^2(参考)。
发动机：本田 GXV160 5.5HP
底盘：铝合金 21″(530mm)
行走：自走式
刀片系统：甩刀快割式
集草类型：织物软袋
剪草高度：10～70mm
高度调节：单杆、十档位
轮子：9″×7″双滚珠轴承

图 5-37　草坪机

类　别：[园林机械]——[草坪机](图 5-37)
品　名：马驰宝滚刀草坪机
货　号：Olympic 500 Golf
规　格：奥林匹克 500 高尔夫型

产　品　简　介

独一无二的"双驱动"控制，允许您在强力驱动的帮助下自如越过崎岖地面，不会损坏精确刀割辊刀。
完全焊接，3mm 软钢底盘，坚固耐用。
抗磨损美观大方的粉状表面。
大容量集草器，减少倒草时间。
把手高度可调，操作更舒适。
持久耐用的硬木前置压草辊，不伤草坪，不易磨损，钢质前置压草辊，割草更精确平整。
简单的单一移动切割高度调整。
可靠的自我调整链条驱动系统。
可靠的反冲式起动方式。

分开钢质后置压草辊与众不同，特别机动灵活，不会刮伤草皮。

500 高尔夫型为高尔夫绿地提供完善的切割和草坪维护。除了拥有 660S 运动型的所有性能外，500 高尔夫型后刮刀和刨刀的整合进一步加强了它的工作能力。本田 5.5 马力发动机提供特别扭矩和工业性能，使用寿命更长。

发动机：本田 GXV160(OHV)5.5HP 4 冲程

压草辊：分开，钢质后置，前端为钢质

辊　刀：10 刀片，带梳草

割　幅：500mm(20 英寸)

集草器：塑料割草高度 3～26mm

图 5-38　梳草机

类　别：[园林机械]——[梳草机]（图 5-38）

品　名：梳草机

货　号：25T100

规　格：25T100

产　品　简　介

5HP B & S 发动机

3 种可互换功能附件

28 根耐磨处理梳草刀

得型壳体

自动刹车离合

加强驱动皮带轮

10″轮子

旋转渐时式高度调节

易损件减少

可折叠扶手

充气轮胎

杂物安全保护

安全设计刀片

图 5-39　梳草机

类　别：[园林机械]——[梳草机]（图 5-39）

品　名：“惠林”梳草机

货　号：HL480S

规　格：HL480S

产 品 简 介

“惠林”梳草机能有效清除枯草层，适当降低草坪密度，改善根系通气性，防止草坪枯萎，促进草坪健康生长。

技术参数：

离合方式：张紧轮离合

传动方式：皮带传动

梳草宽度：48mm

刀片最大离地高度：12mm

最大功率：4.1/3600　kW/r/min

燃油消耗率：≤313g/kW·h

燃油箱容量：3.6L

机油箱容量：0.6L

起动方式：手动、反冲式

（一）油锯及电链锯

油锯又称汽油动力锯，是现代机械化伐木的有效工具。在园林生产中不仅可以用来伐树、截木、去掉粗大枝杈，还可应用于树木的整形、修剪。油锯的优点是：生产率高、生产成本低、通用性好、移动方便、操作安全。

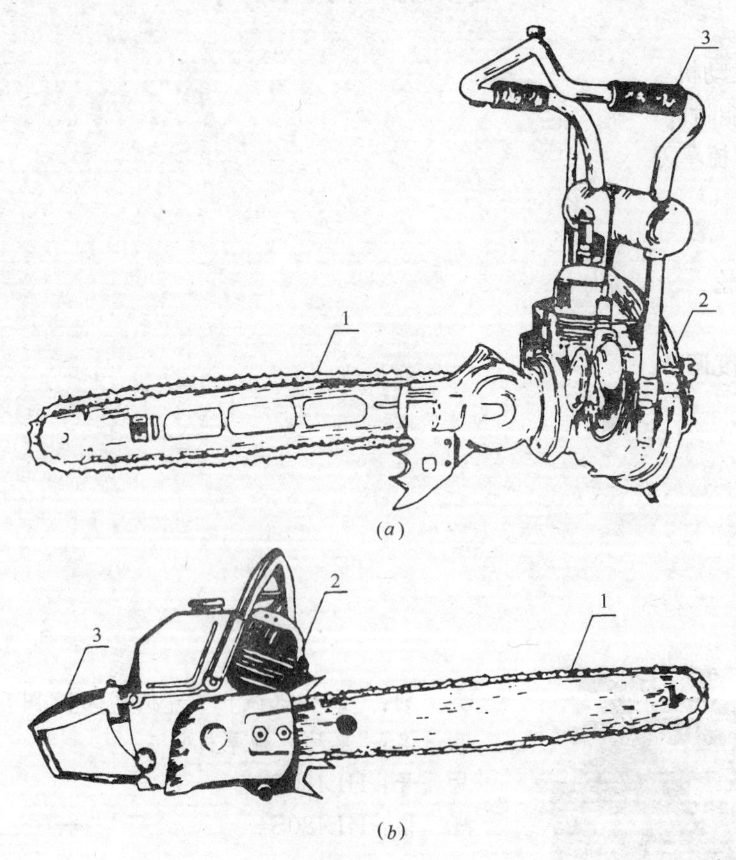

图 5-40　油锯

(*a*)015 型油锯；(*b*)YJ-4 型油锯

1—锯木机构；2—发动机；3—把手

目前生产的油锯有两种类型。图 5-40(*a*)是 015 型油锯，又称高把油锯。它的锯板可根据作业需要调整成水平或垂直状态。它的锯架把手是高悬臂式的，操作者以直立姿势平稳地站着工作，无须大弯腰，可减轻操作时的疲劳。图 5-40(*b*)是 YJ-4 型油锯。它的锯板在锯身上所处的状态是不可改变的，由于采用了特殊的构造，保证了油锯在各种操作状态下均能正常工作，因此操作姿势可随意。这种形式的锯更适于园林生产的需要。

油锯的技术规格性能见表 5-24。

油锯的几项技术规格 **表 5-24**

项目		单位	015 型	LJ-5 型	DJ-85	CY-5	YJ-4
锯身长度		mm	440			580	407
最大锯截树径		mm	880			1160	约 1000
伐木时离地最小高度		mm	50			5	
锯齿速度		m/s	4.5		10.5	11.5	
汽油机	型号	kW	0.51	LJ5	DJ-85	CY5	YJ4
	功率	kW	2.2	3.7	3.7	3.7	3
	转速	r/min	5000		7000	7000	6000
生产率			≮300cm/s 伐 45cm 云杉			约 45s(松树直径为 60cm 时)	
外形尺寸		mm	830×430×330		860×452×466	837×246×320	860×295×320
油锯重量		kg	11.5	11.5	11.8	10.5	9.5

类　别：[园林机械]——[油锯]（图 5-41）

品　名：“小松”油锯

货　号：G300TS

规　格：G300TS

图 5-41　油锯

产　品　简　介

发动机排量(cc)：28.5

燃油箱容积(L)：0.22

机油箱容积(L)：0.13

供油系统：机械泵

链闸：自动

链轮形式：正齿
锯链形式：91SG
节距(in)：3/8
厚薄(in)：0.500
导板尺寸：10″/12″
标准导板尺寸：12″
动力装置净重(kg)：3.3
注：园艺级
类　别：[园林机械]——[油锯]（图 5-42）
品　名："小松" 油锯
货　号：G455AVS
规　格：G455AVS

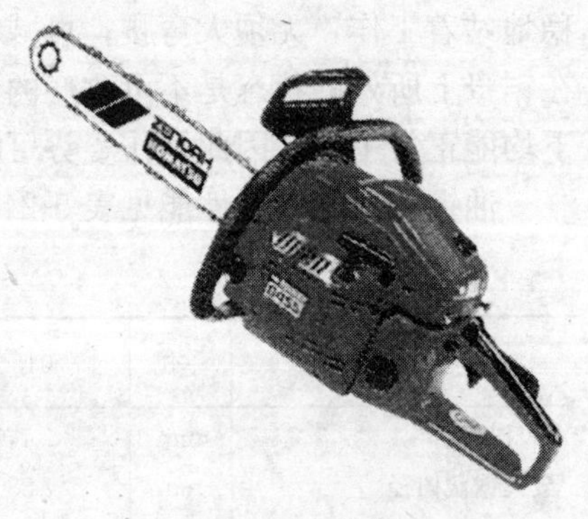
图 5-42　油锯

产 品 简 介

发动机排量(cc)：45
燃油箱容积(L)：0.55
机油箱容积(L)：0.26
供油系统：机械泵
链闸：自动
链轮形式：圆弧
锯链形式：21VB
节距(in)：0.325
厚薄(in)：0.058
导板尺寸：16″/18″
标准导板尺寸：18″
动力装置净重(kg)：4.8
注：专业级
类　别：[园林机械]——[绿篱机]（图 5-43）
品　名："小松" 绿篱机
货　号：eHT750S
规　格：eHT750S

图 5-43　绿篱机

产 品 简 介

刀杆：
　刀片长度(mm)：750
　刀刃齿距(mm)：35
　刀刃厚度(mm)：25

间隙调整：无调整式

发动机：

形式：G20LS

排气量(cc)：21.7

起动方式：e-START 新型起动器

燃油箱容积(L)：0.5

整机净重(kg)：4.5

类　别：[园林机械]——[绿篱机]（图 5-44）

品　名："小松" 绿篱机

货　号：eHT600D

规　格：eHT600D

图 5-44　绿篱机

产　品　简　介

刀杆：

刀片长度(mm)：600

刀刃齿距(mm)：35

刀刃厚度(mm)：20

间隙调整：无调整式

发动机：

形式：G20LS

排气量(cc)：21.7

起动方式：e-START 新型起动器

燃油箱容积(L)：0.4

整机净重(kg)：4.4

类　别：[园林机械]——[绿篱机]（图 5-45）

品　名："小松" 高枝修剪机

货　号：LRT2300

规　格：LRT2300

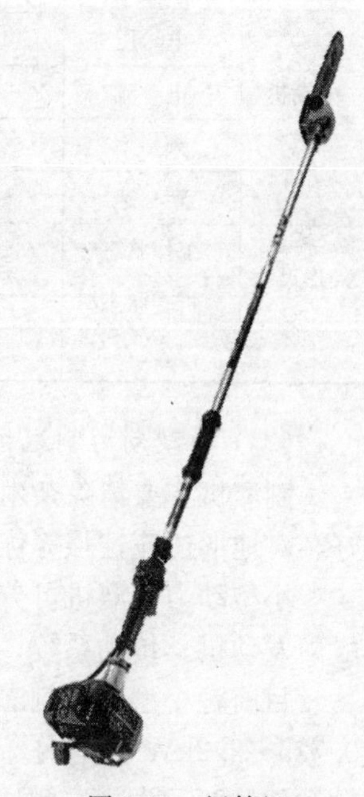

图 5-45　绿篱机

产 品 简 介

总长(mm)：2.36

排量(cc)：22.5

化油器形式：膜式

点火系统：集成电路控制的飞轮磁电机

燃油箱容积(L)：0.6

标准切割刀：双刃

把手形式：环形

净重(kg)：6.0

还有一种用途与工作装置和油锯相同的锯——电链锯。其不同点是动力是电动机。电链锯具有重量轻、振动小、噪声弱等优点，是园林树木修剪较理想的机具，但需有电源或供电机组，一次投资成本高。

电链锯主要技术规格见表5-25。

电链锯主要技术规格 **表5-25**

项　目		单　位	M2L2-950	M3L2-950
锯链速度		m/s	5.5	4.2
导板最大工作长度		mm	475	475
锯木最大直径		mm	950	950
锯口宽		mm	7.2	7.2
电动机	功　率	kW	1.5	1.0
	电　压	V	220	380
	电　流	A	7.5	2.53
	频　率	Hz	200	50
	转　速	r/min	12000	3000
外形尺寸	工作状态	mm	690×290×560	670×335×565
	折转状态		230×290×600	265×335×580
重　量		kg	9.5	11

(二) 小型动力割灌机

割灌机主要清除杂木、剪整草地、割竹、间伐、打杈等。它具有重量轻、机动性能好、对地形适应性强等优点，尤适用于山地、坡地。

小型动力割灌机可分为手扶式和背负式两类，背负式又可分侧挂式和后背式两种。一般由发动机、传动系统、工作部分及操纵系统4部分组成，手扶式割灌机还有行走系统。

目前，小型动力割灌机的发动机大多采用单缸二冲程风冷式汽油机，发动机功率在0.735～2.2kW范围内。传动系统包括离合器、中间传动轴、减速器等。中间传动轴有硬轴和软轴两种类型。侧挂式采用硬轴传动，后背式采用软轴传动。

图 5-46 是 DG-2 型割灌机，由发动机、传动系统、工作部分及操纵系统四部分组成。

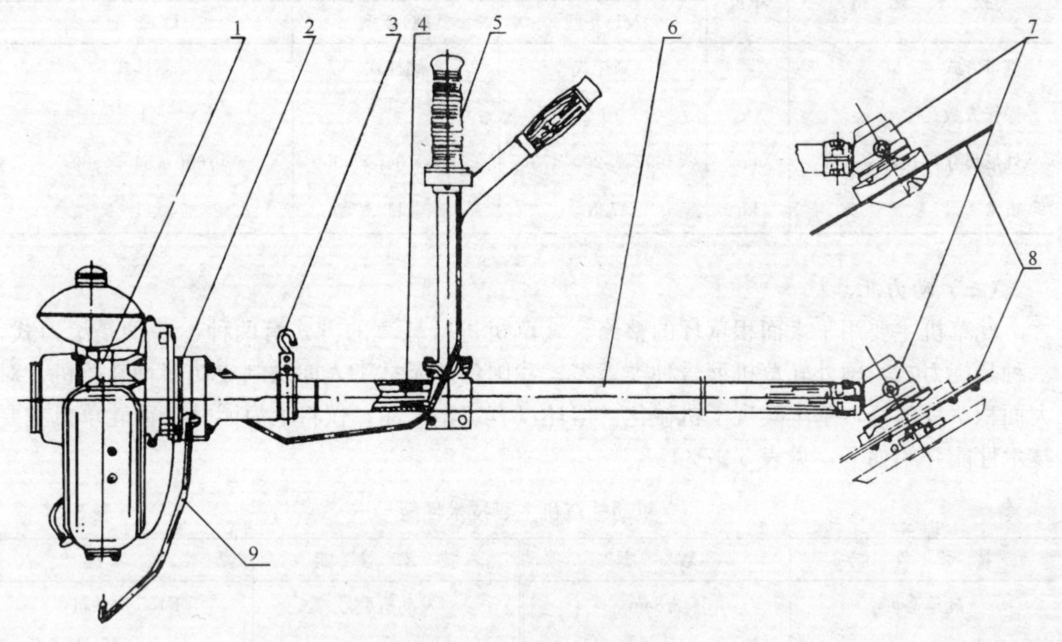

图 5-46　DG-2 型割灌机总图

1—发动机；2—离合器；3—吊挂机构；4—传动部分；5—操纵手油门；
6—套管；7—减速箱；8—工作件；9—支脚

DG-2 型割灌机的工作部件有两套，一套是圆锯片，用于切割直径 3～18cm 的灌木和立木。另一套是刀片。圆形刀盘上均匀安装着 3 把刀片，刀片的中间有长槽，可以调节刀片的伸长度，主要用于切割杂草、嫩枝条等。切割嫩枝条时可伸出长些，切割老或硬的枯枝时可伸出短些，但必须保证 3 片刀伸出长度相同。刀片只用于切割直径为 3cm 以下的杂草及小灌木。

割灌机技术规格见表 5-26。

小型割灌机技术规格　　　　**表 5-26**

技术规格		单位	型号		
			ML-1 型	DG-2 型	DG-3 型
圆盘：直径×厚度		mm	ϕ200×1.25 ϕ250×1.25	ϕ255×1.25	ϕ255×1.25×25 割草刀片、整体式(七齿)
锯片(刀片)旋转方向			顺时针	顺时针	顺时针
离合器啮合转速		r/min	3500	2800～3200	2800～3000
允许切割林木根径		mm	ϕ30～ϕ50	ϕ180	ϕ180
技术规格		单位	型号		
			ML-1 型	DG-2 型	DG-3 型
配用汽油机	型号		IE32F	IE40F	IE40FA
	功率	kW	0.6	1.2	1.9
	转速	r/min	6000	5000	7000

续表

技术规格	单位	型号		
		ML-1 型	DG-2 型	DG-3 型
携带方式		侧挂式	侧挂式	侧挂式
操作人数	人	1	1	1
外形尺寸：长×宽×高	mm	1692×520×475	1600×540×600	1600×545×580
机常重量	kg	7.8	11	11

（三）动力轧草机

轧草机主要用于大面积草坪的整修。轧草机进行轧草的方式有两种：一种是滚刀式，一种是旋刀式。国外轧草机型号种类繁多。我国各地园林工人亦试制成功多种轧草机，对大面积草坪整修，基本实现了机械化。但还没有定型产品，仅将上海园林机动轧草机主要技术性能介绍如下，见表 5-27。

机动轧草机主要技术性能 **表 5-27**

技术性能	数据	技术性能	数据
轧草高度	±8cm	发动机型号	F165 汽油机
轧草幅度	50cm/次	功率	2.2kW
列刀转速	1178r/min	转速	1500r/min
行走速度	4km/h	外形尺寸：长×宽×高	280cm×70cm×180cm
生产率	±0.1hm²/h	机重	120kg

（四）高树修剪机

高树修枝是园林绿化工程中一项经常性的工作，人工作业条件艰苦、费工时、劳动强度大，迫切需要采用机械作业。近年来，园林系统革新研制了各种修剪机，在不同程度上改善了工人的劳动条件。

高树修剪机（整枝机）（图 5-47），是以汽车为底盘，全液压传动，两节折臂，除

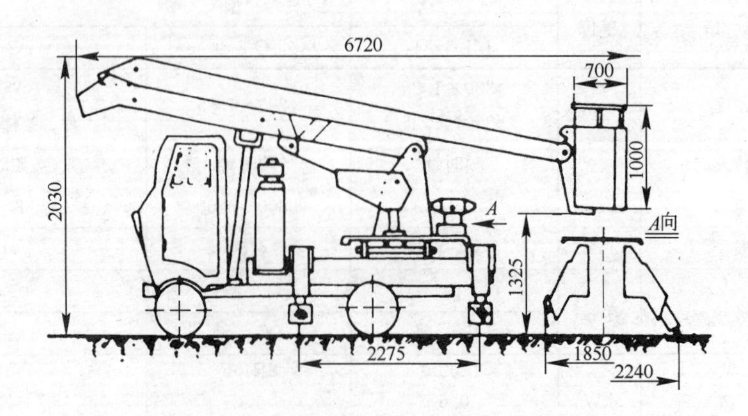

图 5-47 SJ-12 型高树修剪机外形图

修剪十多米以下高树外，还能起吊土树球。具有车身轻便、操作灵活等优点。适于高树修剪、采种、采条、森林瞭望等作业，亦可用于修房、电力、消防等部门所需的高空作业。

高树修剪机由大、小折臂、取力器、中心回转接头、转盘、减速机构、绞盘机、吊钩、支腿、液压系统等部分组成。大、小臂可在360°全空间内运动，其动作可以在工作斗和转台上分别操纵。工作斗采用平行四连杆机构，大、小臂伸起到任何位置，工作斗都是垂直状态，确保了斗内人员的安全。为了防止作业时工人触电，四个支腿外设置绝缘橡胶板与地隔开。

高树修剪机的主要技术参数见表5-28。

高树修剪机主要技术参数 **表5-28**

型　号		SJ-16	YZ-12	SJ-12
形式		折　臂	折　臂	折　臂
传动方式		全液压	全液压	全液压
底盘		CA-10B（“交通”驾驶室）	CA-10B	BJ-130
最高升距（m）		16	12	12
起重量	工作斗(kg)	300	200	200
	吊钩(t)	2	2	4.3
主臂长度(m)		6.5	5	4.3
支腿数(个)		蛙式4	蛙式4	V式4
动力油泵类型		40柱塞泵	40柱塞泵	40柱塞泵
回转角度(度)		360	360	360
整机自重(t)		9.8	7.6	3.6

三、浇灌机械

浇灌作业是一项花费劳动力很大的作业。在绿化养护和苗木、花卉生产中，几乎占全部作业量的40%。由此可见浇灌作业机械化是十分重要的降低成本、提高生产率的措施。

喷灌是一种较先进的浇灌技术。它利用一套专门设备把水喷到空中，然后像自然降雨一样落下，对植物进行灌溉，又称人工降雨。喷灌适用于水源缺乏、土壤保水性差及不宜于地面灌溉的丘陵、山地等，几乎所有园林绿地及场圃均可应用。

喷灌和地面灌溉比较，有以下优点：

(1) 节约用水，一般可省水50%；

(2) 对土地无平整要求，落水均匀；

(3) 减少了灌溉沟渠，提高土地利用率；

(4) 不破坏土壤结构，保土保肥，防止土壤被冲刷和盐碱化；

(5) 能提高灌溉的机械化程度，减轻劳动强度，节约大量劳动力。

其缺点是风大时受影响较大，设备投资大。

由于喷灌有显著的优越性，在园林绿地及场圃已经开始大量使用。

喷灌系统一般由水源、抽水装置(包括水泵等)、动力机、主管道(包括各种附件)、竖管、喷头等部分组成。喷灌机械按其各组成部分的安装情况及可转动程度，可分为固定式、移动式和半固定式3种形式。

由抽水装置、动力机及喷头组合在一起的喷灌设备称作喷灌机械。

喷灌机按喷头的压力，可分为远喷式和近喷式两种。

近喷式喷灌机的压力较小，一般为 0.5～3kg/cm²，射程 R＝5～20m，喷水量 Q＝5～20m³/h。

远喷式喷灌机的压力 H＝3～5kg/cm²。喷射距离 R＝15～50m，Q＝18～70m³/h。高压远喷式喷灌机其工作压力 H＝6～8kg/cm²。喷射距离 R＝50～80m，甚至100m以上，喷水量 Q＝70～140m³/h。

喷灌机

喷灌机一般包括发动机(内燃机、电动机等)、水泵、喷头等部分，如图5-48所示。

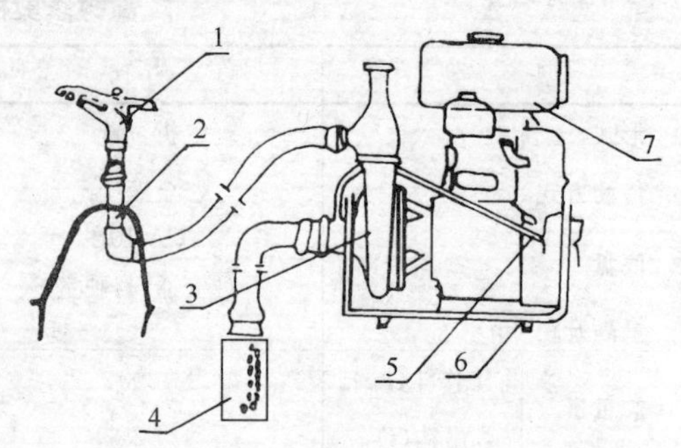

图5-48 喷灌机示意图

1—喷头；2—出水部分；3—水泵；4—吸水部分；5—自吸机构；6—抬架；7—发动机

喷头(喷灌器)是喷灌机与喷灌系统的主要组成部分，它的作用是把有压力的集中水流喷射到空中，散成细小的水滴并均匀地散布在它所控制的灌溉面积上，因此喷头的结构形式及其制造质量的好坏将直接影响喷灌的质量。

喷头的种类很多，按其工作压力及控制范围的大小可分类，见表5-29。

喷头按工作压力与射程分类表 **表5-29**

项　　目	低 压 喷 头	中 压 喷 头	高 压 喷 头
	近射程喷头	中射程喷头	远射程喷头
工作压力(kg/cm²)	1～3	3～5	>5
流量(m³/h)	0.3～11	11～40	>40
射程(m)	5～20	20～40	>40

按照喷头的结构形式与水流形状可以分为射流式、固定式、孔管式等。

(一) 射流式喷头

射流式喷头又称为旋转式喷头，是目前用得最普遍的一种喷头形式。一般由喷嘴、喷管(体)、粉碎机构、转动机构、扇形机构、弯头、空心轴、套轴等部分组成(图5-49)。射流式喷头是使压力水流通过喷管及喷嘴形成一股集中的水舌射出，由于水舌内存在涡流又在空气阻力及粉碎机构的作用下被粉碎成细小的水滴，并且转动机构使喷管和喷嘴围绕竖轴缓慢旋转，这样水滴就会均匀地喷洒在喷头的四周，形成一个半径等于喷头射程的圆形或扇形的湿润面积。

转动机构和扇形机构是射流式喷头的重要部件。因此常根据转动机构的特点对射流式喷头进行分类，常用的形式有摇臂式、叶轮式(图5-50)和反作用式。又可以根据是否装有扇形机构(亦即是否能作扇形喷灌)而分成全圆周转动的喷头和可以进行扇形喷灌的喷头两大类，供不同场合下选用。

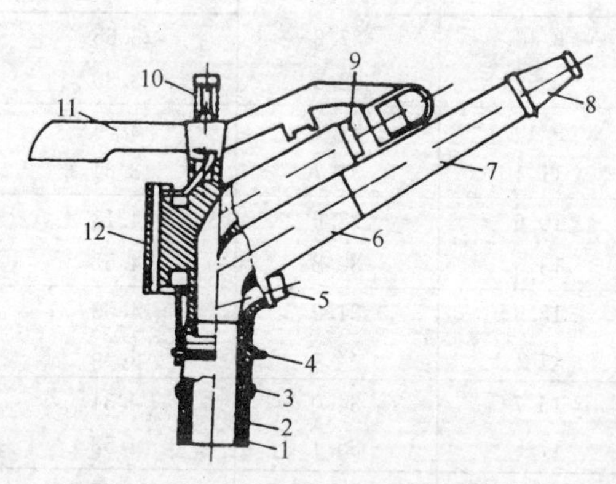

图 5-49　龙江型喷头剖面图

1—钢套；2—轴承；3—铜套；4—挡环；5—小喷嘴；6—喷体；7—射管；8—大喷嘴；9—中喷嘴；10—弹簧；11—摇臂；12—控制机构

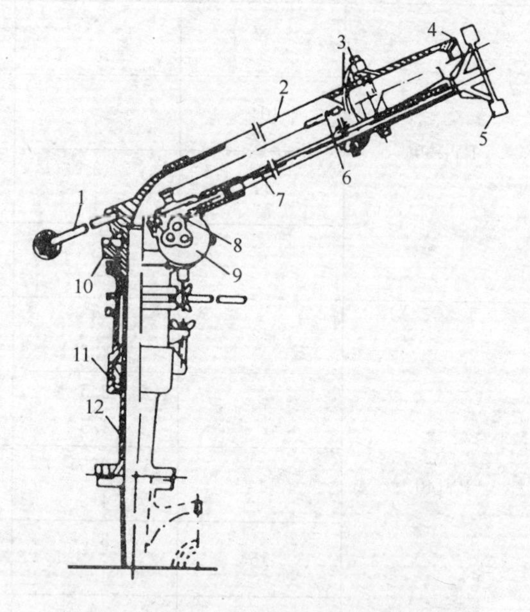

图 5-50　武喷 40-1 型喷灌机喷头结构图

1—手柄；2—喷管；3—夹叉；4—喷嘴；5—叶轮；6—调节弹簧；7—叶轮轴；8—小蜗杆；9—小蜗轮箱；10—大蜗轮；11—油封；12—锥管

近年来我国的喷灌事业蓬勃发展。喷头的种类、型号繁多，至今还没有统一的型号规范，现将 PY_1 系列喷头性能列表，见表 5-30。

PY_1 系列喷头性能表　　　　**表 5-30**

型　号	喷嘴直径 (mm)	工作压力 (kg/cm²)	喷水量 (m³/h)	射　程 (m)	喷灌强度 (mm/h)
$PY_1$10	3	1.0	0.31	10.0	1.00
		2.0	0.44	11.0	1.16
	4*	1.0	0.56	11.0	1.47
		2.0	0.79	12.5	1.61
	5	1.0	0.87	12.5	1.77
		2.0	1.23	14.0	2.00
$PY_1$15	4	2.0	0.79	13.5	1.38
		3.0	0.96	15.0	1.36
	5*	2.0	1.23	15.0	1.75
		3.0	1.51	16.5	1.76
	6	2.0	1.77	15.5	2.35
		3.0	2.17	17.0	2.38
	7	2.0	2.41	16.5	2.82
		3.0	2.96	18.0	2.92
$PY_1$20	6	3	2.36	19.0	2.09
		4	2.75	21.6	1.88
	7*	3	3.05	20.8	2.24
		4	3.43	22.9	2.08
	8	3	4.01	22.4	2.54
		4	4.59	22.6	2.86

续表

型　号	喷嘴直径 (mm)	工作压力 (kg/cm^2)	喷水量 (m^3/h)	射　程 (m)	喷灌强度 (mm/h)
PY_1-30	9	3	4.95	24.2	2.70
		4	5.65	24.6	2.98
	10*	3	6.01	25.6	2.94
		4	6.91	26.6	3.11
	11	3	7.32	27.6	3.06
		4	8.45	28.5	3.31
	12	3	8.46	27.2	3.65
		4	9.85	28.5	3.86
$PY_1$40	12	3	9.49	27.7	3.94
		4.5	11.4	31.7	3.64
	13	3.5	10.6	28.6	4.13
		4.5	13.5	30.8	4.52
	14*	3.5	12.9	31.9	4.03
		4.5	14.7	32.5	4.43
	15	3.5	15.7	34.0	4.34
		4.5	17.5	35.1	4.53
	16	3	17.4	34.9	4.55
		4.5	19.6	36.2	4.78
$PY_1$50	16	4	17.9	37.2	4.11
		5	20.1	38.7	4.26
	18*	4	22.6	38.9	4.75
		5	25.2	40.0	5.03
	20	4	27.2	41.1	5.10
		5	30.5	42.3	5.42
$PY_1$60	20	5	31.2	45.1	4.87
		6	33.6	47.7	4.72
	22*	5	37.5	45.9	5.70
		6	41.1	48.7	5.55
	24	5	44.5	48.1	5.95
		6	48.6	51.1	5.75
$PY_1$80	26	6	55.7	56.8	5.51
		7	60.6	57.1	5.86
	28	6	63.9	56.4	6.40
		7	69.4	57.5	6.70
	30*	7	79.6	64.4	6.13
		8	85.0	64.2	6.45
	32	7	90.6	63.8	7.10
		8	96.7	66.3	7.00
	34	7	101	68.2	6.91
		8	108	69.9	7.06

注：* 为标准喷嘴直径。

(二) 漫射式喷头

这种喷头也称为固定式喷头，它的特点是在喷灌过程中喷头的所有部件都是固定不动的，而水流是在全圆周或部分圆周(扇形)同时向四周散开。和射流式喷头比较，由于它水流分散打不远，所以这种喷头一般射程短(5～10m)，喷灌强度大(15～20mm/h 以上)，多数喷头水量分布不均匀，近处喷灌强度比平均喷灌强度高得多，因此其使用范围受到很大限制，但其结构简单，没有转动部分，所以工作可靠。在公园、绿地、温室等处，还常有应用。漫射式喷头的结构形式很多，概括起来可以分为 3 类：折射式、缝隙式和离心式。

1. 折射式喷头

这种喷头一般由喷头、折射锥和支架组成，如图 5-51 所示。水流由喷嘴垂直喷出遇到折射锥即被击散成薄水层沿四周射出，在空气阻力作用下即形成细小水滴散落在四周地面上。喷嘴一般为直径 d=5～15mm 的圆孔，其直径的大小根据所要求的喷灌强度及水滴大小来选定。在射程相同的情况下，为获得较大的喷灌强度就要选用较大的喷嘴直径。在工作压力相同的情况下，为获得较小的水滴就要选用较小的喷嘴直径。喷嘴下部一般是车有螺纹的短管以便与压力水管相连接。折射锥是一个锥角为 120°，锥高 6～13mm 的圆锥体。折射锥由支架支承，倒置于喷嘴正上方，要求折射锥轴线和喷嘴轴线尽量重合，支架一般装在喷嘴外面［(图 5-51(*a*)］。也有把支架装在喷管内［图 5-51(*b*)］，加工要比外支架难一些，要尽量减少其对水流的阻力，过水断面应大于喷嘴面积的 6～8 倍。

折射式喷头也可以做成扇形喷灌用的，如图 5-51(*c*)所示。

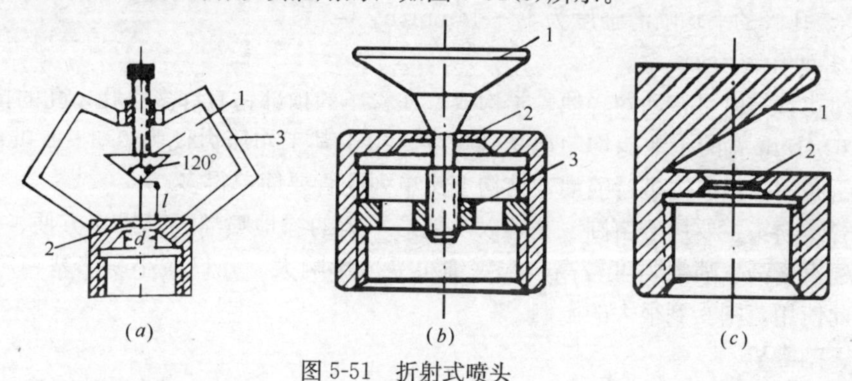

图 5-51　折射式喷头

(*a*)外支架的折射式喷头；(*b*)内支架的折射式喷头；(*c*)扇形喷灌的折射式喷头

1—散水锥；2—喷嘴；3—支架

2. 缝隙式喷头

图 5-52 所示的喷头是在管端开一定形状的缝隙，使水流能均匀地散成细小的水滴，缝隙与地面成 30° 角使水舌喷得较远。其工作可靠性比折射式要差，因为其缝隙易被污物堵塞，所以对水质要求较高，水在进入喷头之前要进行认真的过滤。但是这种喷头结构简单，制作方便，一般是扇形喷灌用的。

3. 离心式喷头

图 5-53 所示的喷头是由喷管和带喷嘴的蜗形外壳构成，这种喷头称为离心式喷头。水流顺蜗壳内壁表面的切线方向进入蜗壳，使水流绕垂直轴旋转，这样经过喷嘴射出的水膜同时具有离心速度和圆周速度，在空气阻力作用下水膜被粉碎成水滴散在喷头的四周。这种喷头喷出的水滴细而均匀，适于播种及幼苗喷灌用。

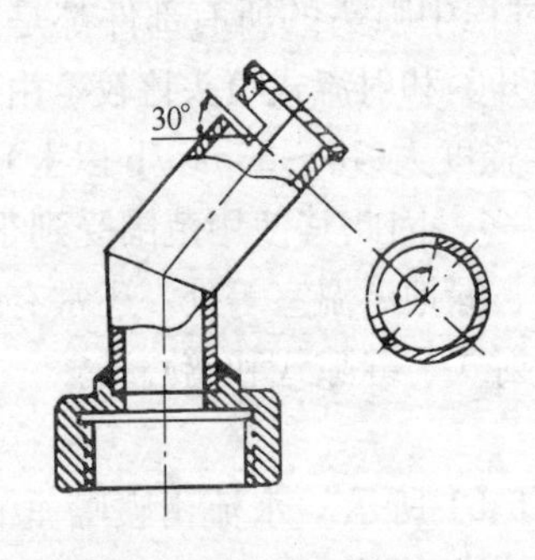

图 5-52　缝隙式喷头

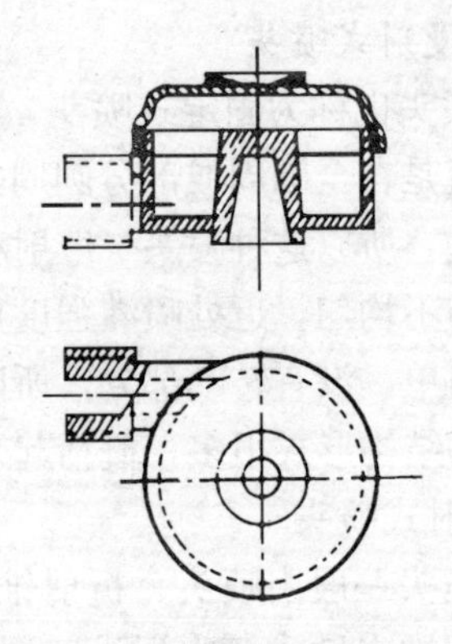

图 5-53　离心式喷头

（三）孔管式喷头

由一根或几根较小直径的管组成，在管子的顶部分布有一些小的喷水孔，喷水孔直径仅 2mm。根据喷水孔分布形式又可分为单列孔管和多列孔管两种。

1. 单列孔管

喷水孔成一直线等距排列，喷水孔间距为 50～150m，两根孔管之间距通常为 16m，孔管用支架架在田间并借助自动摆动器的作用可在 90°范围内绕管轴旋转，使得孔管两侧均可以喷到。单列孔管一般工作压力为 1.5～3.0kg/cm²，每个喷水孔流量 0.02～0.03L/s，孔管的平均喷灌强度为 12～14mm/h。

2. 多列孔管

多列孔管是由可移动的轻便管子构成，在管子的顶部钻有许多小孔，孔的排列可以保证两侧 6～15m 宽的土地能均匀地受到喷灌。由于其工作压力仅为 0.3～1.0kg/cm²，所以较适于利用静水压力进行喷灌，结构上比单列孔管要简单得多。

孔管式喷头主要用于苗圃、花圃以及地形平坦的绿地喷灌。其操作方便、生产率高，但其基建投资高、喷灌强度较高、水舌细小受风影响大、孔口太小易堵塞、对水质要求高，因此使用范围受到很大的限制。

四、割灌机

类　别：[园林机械]——[割灌机]（图 5-54）
品　名："巨人牌"割灌机　　"巨人牌"割灌机
货　号：KBC-33GD　　　　KBC-41GD
规　格：KBC-33GD　　　　KBC-41GD

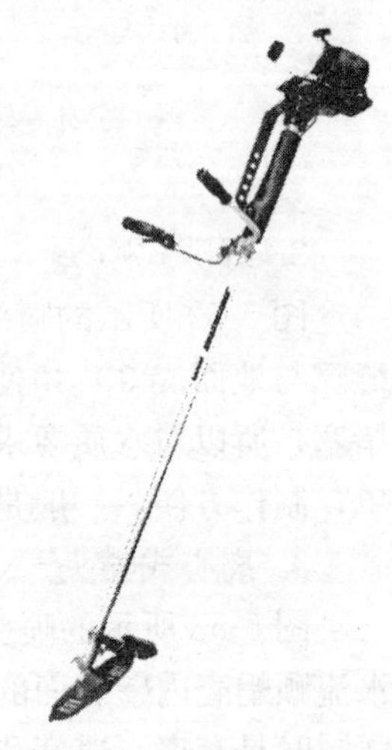

图 5-54　割灌机

产 品 简 介

形式：直轴

排量(mL)：40.0

化油器形式：膜式

燃油箱容积(L)：0.9

刀片旋转方向：逆时针旋转

把手形式："U" 形

净重(kg)：8.2

类　别：［园林机械］——［割灌机］（图 5-55）

品　名："小松"割灌机　"小松"割灌机

货　号：BK3401FL　BK4301FL

规　格：BK3401FL　BK4301FL

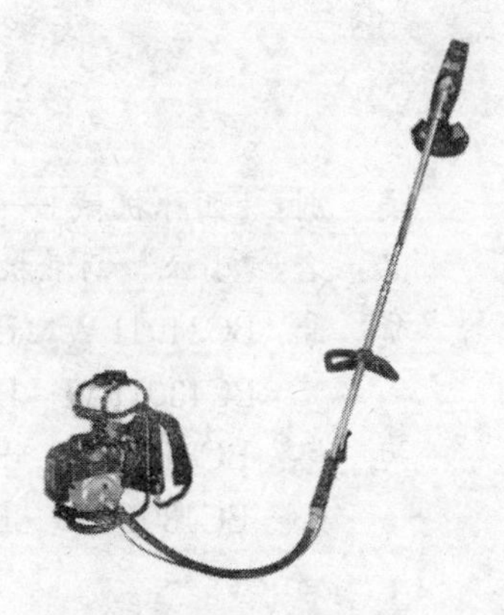

图 5-55　割灌机

产 品 简 介

BK3401FL：

形式：背负式

总长(mm)：2.400(传动轴长度)

排量(mL)：33.6

化油器形式：浮子式

点火系统：集成电路控制的飞轮磁电机

燃油箱容积(L)：1.3

标准切割刀：12″-2T

把手形式：环形

净重(kg)：8.9

BK4301FL 型：

形式：背负式

总长(mm)：2.400(传动轴长度)

排量(mL)：41.5

化油器形式：浮子式

点火系统：集成电路控制的飞轮磁电机

燃油箱容积(L)：1.3

标准切割刀：12″-2T

把手形式：环形

净重(kg)：9.3

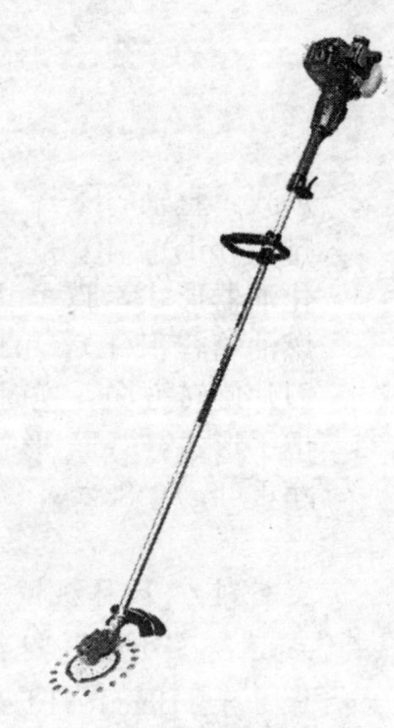
图 5-56　割灌机

类　别：[园林机械]——[割灌机]（图 5-56）

品　名：“小松”割灌机　“小松”割灌机

货　号：BC3401FW　BC3401WE

　　　　BC4301FW　BC4301WE

规　格：BC3401FW　BC3401WE

　　　　BC4301FW　BC4301WE

产　品　简　介

BC3401FW、BC3401WE 型：

形式：直轴

总长(mm)：1.800

排量(mL)：33.6

化油器形式：浮子式/膜式

点火系统：集成电路控制的飞轮磁电机

燃油箱容积(L)：0.8

标准切割刀：10″-8T

把手形式：双把手

净重(kg)：7.1

BC3401FW、BC3401WE 型：

形式：直轴

总长(mm)：1.800

排量(mL)：41.5

化油器形式：浮子式/膜式

点火系统：集成电路控制的飞轮磁电机

燃油箱容积(L)：0.8

标准切割刀：10″-8T

把手形式：双把手

净重(kg)：7.4

第六章　其他几种园林绿化工程

第一节　屋　顶　绿　化

一、概述

从一般意义上讲，屋顶花园是指在一切建筑物、构筑物的顶部、天台、露台之上所进行的绿化装饰及造园活动的总称。它是人们根据屋顶的结构特点及屋顶上的生境条件，选择生态习性与之相适应的植物材料，通过一定的技术艺法，从而达到丰富园林景观的一种形式。

公元前604年至公元前562年，新巴比伦国王尼布甲尼撒二世为博得王后赛米拉米斯的欢心，下令堆筑土山，在山上用石柱、石板、砖块、铅饼等垒起边长125m、高25m的台子，台上种植花草及高大的乔木，并将河水引上台子，筑成溪流和瀑布……这就是被称为古代世界七大奇迹之一的“空中花园”，它是目前被公认的最早的屋顶花园。现代屋顶花园的发展始于1959年，美国的一位风景建筑师以开拓者的精神，在奥克兰凯瑟办公大楼的楼顶上，建造了美丽的空中花园。从此，屋顶花园便在许多国家相继出现，并日臻完美。如美国华盛顿某停车场上的屋顶花园(图6-1)，植物配置同周围的建筑和地面的植物协调统一，使整个小区绿化融为一体；美国水门饭店的屋顶花园(图6-2)在种植槽内种上色彩鲜艳的草本花卉，并设置喷泉及叠水，奏出了流动的乐章；韩国某饭店屋顶花园(图6-3)，利用低矮的彩叶植物，依建筑物的自然曲线修剪成形，结合天蓝色的园路铺装及块石点缀，塑造出一种海滨沙滩的意境。

图6-1　美国华盛顿某停车场上的屋顶花园

图6-2　美国水门饭店屋顶花园

与西方发达国家相比，我国的屋顶花园由于受资金、技术、材料等多种因素的影响，发展较缓慢。但有个别大城市的屋顶花园的建造工作已初见成效，出现了一批较为著名的屋顶花园。如北京长城饭店、北京首都宾馆、广州东方宾馆、成都饭店、兰州市园林局办公楼、上海金桥大厦等建筑物上的屋顶花园。

二、屋顶花园的功能

图 6-3　韩国某饭店屋顶花园

现代城市正不断向高密度、高层次发展，居民所需要的绿色空间被日益蚕食。如何扩大城市绿地面积、改善城市生态环境，已成为园林师和环保工作者所面临的课题。因此，利用建筑物顶层，拓展绿色空间，具有极重要的现实意义。

（一）改善城市生态环境

屋顶花园中的植物材料和平地的植物一样，具有吸收二氧化碳、释放氧气、吸收有毒气体、阻滞尘埃等作用；能调节空气湿度，使城市空气清新、洁净。与地面植物相比，屋顶植物生长位置较高，能在城市空间中多层次地净化空气，起到地面植物所达不到的效果。

另外，屋顶花园具有显著的蓄水功能，一般平屋顶上建造的屋顶花园，可截流 70%的雨水，这些雨水渗入土壤中，被植物吸收，并通过蒸发和植物蒸腾作用扩散到大气中，从而达到改善城市空气与生态环境的目的。

（二）丰富城市景观

屋顶花园的建造，能丰富城市建筑群体的轮廓线，充分展示城市中各局部建筑的面貌，从宏观上美化城市环境。同时，精心设计的屋顶花园，将同建筑物完美结合，并通过植物的季相变化，赋予建筑物以时间和空间的季候感，把建筑物这一凝固的乐符变成一篇流动的乐章。

（三）调节人们的心理和视觉感受

屋顶花园把大自然的景色移到建筑物上，把植物的形态美、色彩美、芳香美、韵律美展示在人们面前，对减缓人们的紧张度、消除工作中的疲劳、缓解心理压力、保持正常的心态起到良好的作用。同时，屋顶花园中的绿色，代替了建筑材料的白、灰、黑色，减轻了阳光照射下反射的眩光，增加了人与自然的亲密感。

（四）改善建筑屋顶的物理性能

屋顶花园直接保护了建筑物顶端的防水层，起到隔热的作用，达到冬暖夏凉的目的。在炎热的夏季，照射在屋顶花园上的太阳辐射热，多被消耗在土壤水分蒸发上或被植物吸收，有效地阻止了屋顶表面温度的升高。随着种植层的加厚，这种作用会愈加明显。在寒冷的冬季，外界的低温空气将由于种植层的作用而不能侵入室内，室内的热量也不会轻易通过屋顶散失。同时，屋顶绿化也增强了建筑物顶层的减噪功能。

三、屋顶花园的生态因子

（一）土壤

土壤因子是屋顶花园与平地花园差异较大的一个因子。由于受建筑结构的制约，一般屋顶花园的荷载只能控制在一定范围之内，土层厚度不能超出荷载标准。较薄的种植土层，不仅极易干燥，使植物缺水，而且土壤养分含量较少，需定期添加土壤腐殖质。

（二）温度

由于建筑材料的热容量小，白天接受太阳辐射后迅速升温，晚上受气温变化的影响又迅速降温，致使屋顶上的最高温度高于地面最高温度，最低温度又低于地面的最低温度，且日温差和年温差均比地面变化大。过高的温度会使植物的叶片焦灼、根系受损，过低的温度又给植物造成寒害或冻害。但是，一定范围内的日温差变化也会促进植物生长。

（三）光照

屋顶上光照强，接受日辐射较多，为植物光合作用提供了良好环境，利于阳性植物的生长发育。同时，高层建筑的屋顶上紫外线较多，日照长度比地面显著增加，这就为某些植物，尤其是沙生植物的生长提供了较好的环境。

（四）空气湿度

屋顶上空气湿度情况差异较大，一般低层建筑上的空气湿度同地面差异很小，而高层建筑上的空气湿度由于受气流的影响大，往往明显低于地表。干燥的空气往往成为一些热带雨林、季雨林植物生长的限制因子，需施行人工措施才能营造出热带景观。

（五）风

屋顶上气流通畅，易产生较强的风，而屋顶花园的土层较薄，乔木的根系不能向纵深处生长，故选择植物时，应以浅根性、低矮、抗强风的植物为主。另外，就我国北方而言，春季的强风会使植物干梢，对植物的春季萌发往往造成很大伤害，在选择植物时需充分考虑。

四、屋顶花园的形式及植物景观营造

依据植物造景的方式，屋顶花园分为以下几种形式：

（一）地毯式

它是在承载力较小的屋顶上以地被、草坪或其他低矮花灌木为主进行造园的一种方式，一般土层的厚度为5～20cm。植物营造时应选抗旱、抗寒力强的低矮植物，草坪可选野牛草、苔草、羊胡子草、酢浆草等；地被植物可选三叶地锦、五叶地锦、紫藤、凌霄、薜荔等，这些植物匍匐的根茎往往可以迅速地覆盖屋顶，并延伸到屋檐下形成悬垂的植物景观。另外，也可以选仙人掌及多浆植物。仙人掌类的植物生境条件较适宜屋顶绿化，可选巨人柱（*Carnegiea gigantea*）、山影拳（*Cereus* sp. f. *monst*）、仙人球（*Echinopsis tubiflora*）等，多浆植物凤尾兰、龙舌兰等。在小气候条件下，这些植物会生长更好。如英国某公园入口的平房位于树荫创造的小气候环境中。在平房的屋顶花园中，一些多浆植物由于小气候的作用而开出鲜艳的花朵。小灌木选择范围较广，如枸杞、蔷薇类（*Rosa* spp.）、迎春、红叶小檗、紫荆、十大功劳、枸骨、南天竹等。

（二）群落式

这类屋顶花园对屋顶的荷载要求较高，一般每平方米不低于400kg，土层厚度约30～50cm。植物配置时要考虑草、灌、乔木的生态习性，按自然群落的形式营造成复层人工群落。它除了考虑植物的生态效益，最大限度地发挥植物改善城市生态环境的功能外，重要的是考虑植物的美学特性，并预见性地配置植物，使植物与周围环境之间有机协调，组成和谐的城市景观。如某城市道路旁的屋顶花园中，在靠近路的地方用大块的草坪，与路边的草坪在形式上统一，草坪背后是石楠及其他较低矮的小乔木、小灌木，同高大的乔木背景形成错落的层次，增加了画面的景深。

群落式的植物选择的范围可适当扩大，由于乔木层的遮荫作用，草坪、地被就可选一些稍耐阴的花卉。如麦冬、葱兰、书带草、箬竹、八角金盘、桃叶珊瑚、杜鹃等，但乔木选择仍只能局限于生长缓慢的裸子植物或小乔木，且裸子植物多经过整形修剪。在我国比较适宜的乔木有：雪松、桧柏、云杉、油松、罗汉松、红枫、羽毛枫、龙爪槐、石榴等。

（三）中国古典园林式

多见于我国一些宾馆顶层之上，是把我国传统的写意山水园林加以取舍，建造于屋顶之上。园内一般要构筑小巧的亭台楼阁，或是堆山理水，筑桥设舫，以求曲径通幽之效。这类屋顶花园的植物配置要从意境着手，小中见大，如用一丛矮竹去表示高风亮节，用几株曲梅去写意“暗香浮动”。

（四）现代园林式

这类屋顶花园在造园风格上不一而足，有以水景为主体并配上大色块花草组成的屋顶花园；有把雕塑和枯山水等艺术融入园林的屋顶花园；有在屋顶上设置花坛、花台、花架、种植适宜植物的屋顶花园。

现代园林式屋顶花园营造主要是突出其明快的时代特点，可以选用简洁、色彩明快的一些彩叶植物或草本花卉，如金叶小檗、红叶李、洒金榕、金山绣线菊、雪叶菊、彩叶草等。

五、屋顶花园建造的关键技术

屋顶花园建于屋顶之上，不能像平地造园那样用常规的方法去营造。造园之前必须要考虑屋顶的安全和实用问题，这也是能否成功建造屋顶花园的两大因素，其中的关键技术是如何解决承重和防止水的渗漏。

（一）选择轻质材料，减轻屋顶负荷

随着科技的发展，大量轻质材料不断涌现，这些材料很多都是建造屋顶花园的良好材料，可以显著降低屋顶花园的自重。

1. 轻质建材

包括小型空心砌块、加气混凝土砌块、轻质墙板、铝合金材料、塑料板材等。这些材料具有自重轻、耐磨、耐腐蚀等优点，有些还有透水、透气等优点，利于植物的根系生长。

2. 轻质栽培介质

包括蛭石、珍珠岩、稻壳、花生壳、聚氨脂泡沫等。这些材料极轻，但缺乏植物生长所需的养分。因此可把它们同腐殖土、泥炭土等混合，再加入骨粉等物质，高温腐熟后进行土壤消毒，便可用于屋顶之上。

（二）采用科学方法，防止水分渗漏

传统的屋顶防水处理一般用柔性防水层法或刚性防水层法。柔性防水层法因油毡等防水材料的寿命有限，往往在几年内就会老化、防水效果降低。刚性防水层法因受屋顶热胀冷缩和结构楼板受力变形等因素的影响，易出现不规则的裂缝，造成防水层渗漏。在实际工作中，最好使用下面两种方法：

1. 双层防水层法

先铺一层柔性防水层，即两层玻璃布和涂五层氯丁防水胶(二布五胶)，然后在上面浇4cm厚的细石混凝土，内配 $\phi4@200$ 双向钢筋，做成刚性防水层。

2. 用硅橡胶防水涂膜处理

即在屋顶上铺上硅橡胶涂膜。使用之前，要先把屋顶用水泥砂浆修补平整，确保表面无粉化、起砂等现象。这种方法尤其适用于大面积的屋顶防水处理。

（三）屋顶绿化的施工要求

屋顶绿化应以绿色植物为主体，尽量少用建筑小品。屋顶绿化的植物选择应以草坪和花卉为主，可以穿插点缀一些花灌木、小乔木，各类草坪、花卉、树木所占的比例应在70％以上。

1. 种植区的形式

屋顶绿化可按植物特性分成若干个种植区，区与区之间设小道，区域的边沿设置围堰，形成形式各异、深浅不同的种植区(池)，以便积土和排水。绿化带的宽度以便于人工的操作管理为标准。

有些不便于大面积绿化的露台、屋顶可设置各种形式的种植池，称花池(坛、台)。常见的花池有方形、长方形、圆形、菱形、梅花形等。采用哪种图形，应根据屋顶环境和场地选用。池壁的高度要根据植物品种而定。地被只要10～20cm厚的种植土即可生长。大型乔木需100cm以上的种植土，其种植池也就相对高些。高大的种植池必须与屋顶承重结构的柱、梁的位置结合，以减少楼板的负荷。花池的材料应选用有装饰效果的饰面和坚固防水的池体，最常用的是普通的砖砌墙体。

大型屋顶花园多采用自然式种植区，它与花池(坛、台)种植相比有很多优点。首先，它可以产生大面积范围的绿化效果，种植区内可根据地被、花灌木、乔木的品种和形态，形成一定的绿色生态群落；其次，可利用种植区不同种类植物需求的种植土深度不同，使屋顶出现局部的微地形变化，既增加了屋顶景观层次，又便于排水；第三，自然式种植区与园路结合，使中国造园基本特点得以体现。

2. 种植区的构造层

屋顶种植区与露地相比较，主要区别是种植条件的变化。在地面上生长的植物，根系不会受到土层薄厚的限制，并能吸收到土壤中的各种养分和水分。过多的水分会通过土壤自然下渗到下层土中。而屋顶种植区要尽可能地模拟自然土的生态环境，又受到屋顶承重、排水、防水的限制。为了解决屋顶种植区存在的问题，根据国内外的经验和实践应进行三方面的处理。首先采用人工合成种植土代替一般的栽植土，这样既可以满足各类植物生长发育需要的条件，又不给屋顶增加过多的负荷；其次是设置过滤层以防止种植土随浇灌和雨水而流失；第三是设置排水层，即在人工合成土、过滤层之下，设置排水、储水和通气层，这样既能改善屋顶人工合成土壤的通气状况，又储有多余水以便备用。

3. 种植区的防水与排水

为了确保修建屋顶花园后，建筑物的屋顶绝对不漏水和屋顶下水道畅通无阻，在一些重要建筑物的屋顶建造屋顶花园时可以考虑采用双层防水和排水系统。所谓双层防水与排水即除了建筑物屋顶原设的防水、排水系统外，在屋顶花园的种植区再增加一道防水和排水措施。种植池、种植区的排水是通过屋面设置的的排水管或排水沟汇集到排水口，最后通过建筑物屋顶的雨水管排入下水道。

第二节　室　内　绿　化

室内绿化是指在室内以绿色植物为主体所进行的装饰美化。它既包括一般家庭的客厅、书房等自用建筑空间的绿化，也包括宾馆、超市、咖啡馆等共享建筑空间的绿化。它随着19世纪高层建筑和室内空调的出现而风靡世界，至今方兴未艾(图6-4)。

图6-4　室内绿化

一、室内绿化的功能

（一）改善房间空气质量

室内绿化可调节房间内的温度、湿度、净化室内空气。一般植物在白天利用光能，通过光合作用制造氧气，供人们呼吸之用。夜间植物尽管需进行呼吸作用而消耗氧气，但耗氧量相对很小，一般植物夜间耗氧量仅是它白天所制造的氧气量的1/20，并且一株中等的室内观叶植物夜间排出的二氧化碳量仅占一位成年人呼吸产生二氧化碳量的1/30。这说明室内植物是以提供新鲜的氧气为主的。其次，植物会经过叶面的蒸腾作用，向空气中散发水蒸气，增加空气湿度。据测定，一个标准房间内如放上10株中等大小的植物，其负氧离子数会增加2～2.5倍，负氧离子的增加，会使人产生清新、愉悦的快感。另外，室内植物对降低炎夏室内的高温也有一定的作用。

（二）缩短人与自然间的距离

久居城市的人们，由于居住条件的拥挤，生活节奏的紧张和环境的污染，常常会有崇尚自然、回归自然的渴望。绿色植物是活生生的生命有机体，它们遵循自然规律生长、发育、成熟、衰老，与大自然的万物运行规律协调统一。人们可以通过室内植物，感受到大自然的气息，缩短人与自然之间的距离，生理上和心理上都得到了调节。

（三）分隔、美化室内空间

色彩绚丽的观叶、观花植物可以在室内形成不同形式的隔断，分隔、限定不同的空间。这种用植物做成的隔断，能填充和美化空间，使空间变化富有时序性。

二、室内环境及植物选择

室内生态环境条件与室外差异很大，大多具有光照不足、温度较恒定、空气湿度低等特点，且就不同的房间或每个房间的不同位置而言，生境条件也会有很大差异。因此，在进行室内绿化时，需要根据每个具体位置的不同条件去选择适宜的植物。

（一）光照

室内光照强度明显低于室外，室内多数地方只有散射光。可根据室内区域不同，大致分为 5 种情况：

1. 阳光充足处

多见于现代化宾馆中的阳光厅，一般是专为摆放室内花木而设计，有大面积的玻璃天顶或良好的人工照明设备。厅内光线充足，四季如春，适宜绝大部分植物生长，尤其是喜阳植物，如仙人掌类、龙舌兰类、叶子花、天门冬等。

2. 有部分直射光处

在靠近东窗或西窗附近以及南窗的 80cm 以外，有部分直射光，光照也比较充足，大部分室内植物在这里也能生长良好。如吊兰（*Chlorophytum comosum*）、龙吐珠、朱蕉类（*Cordyline*）等。

3. 有光照但无直射光处

在南窗的 1.5～2.5m 范围内，或其他类似光照条件的地方。这里一般不宜莳养观花植物，但可选一些耐阴的观叶植物。如观叶秋海棠类（*Begonia*）、金鱼草、常春藤类（*Hedera*）、龟背竹（*Monstera deliciosa*）、豆瓣绿类（*Peperomia*）、喜林芋类（*Philodendron*）、绿萝（*Scindapsus aureus*）、冷水花（*Pilea notata*）、鹅掌柴、白鹤芋（*Spathiphyllum floribundum*）等。

4. 半阴处

接近无直射光的窗户或离有直射光的窗户比较远的地方。可以选择耐阴性很强的植物，如蜘蛛抱蛋（*Aspidistra elatior*）、蕨类、白脉网纹草（*Fittonia verschaffeltii*）、广东万年青（*Aglaonema modestum*）、合果芋类（*Syngonium*）、安祖花（*Anthurium andraeanum*）、水塔花（*Billbergia pyramidalis*）等。

5. 阴暗处

离窗较远，只有微弱的散射光透入，只能选择观叶植物中最耐阴的种类，如鸟巢蕨（*Asplenium nidus*）、肾蕨（*Nephrolepis cordifolia*）、海芋属（*Alocasia*）、鹿角蕨（*Platycerium bifurcatum*）、钱蒲（*Acorus gramineus*）、细斑亮丝草（*Aglaonema commutatum*）、心叶喜林芋（*Philodendron oxycardium*）、吊竹梅（*Zebrina pendula*）、袖珍椰子（*Collinia elegans*）、红背桂（*Excoecaria cochinchinensis*）等。

（二）温度

不同类型的房间内温度变化情况不同。现代化的大型商场、宾馆及办公大楼内，冬季有取暖设施，夏季有空调降温，其温度适于大部分植物生长。居民住房，在我国北方地区由于能集中供暖，一般冬季温度不低于 15℃，适于多数植物越冬，而长江以南部分地区，由于多数房间冬季没有取暖设备，温度多随室外变化而变化，有时最低温度会低于 0℃，对一些植物安全越冬不利。在进行室内绿化时要依具体条件选择不同种类的植物，室内观叶植物依对温度的要求不同，大致可分 4 类：

1. 高温观叶植物

这类植物原产热带地区，一年四季都需较高的温度，而且昼夜温差较小，温度低于 18℃，即停止生长，若温度继续下降，还易导致冷害等。如绿竹、变叶木（*Codiaeum variegatum* var. *pictum*）、旅人蕉、红背桂、鹤望兰、安祖花、孔雀凤梨、虎斑木、金斑线等。

2. 中温观叶植物

这类植物大多原产于亚热带地区，温度低于14℃即停止生长，最低温度不低10℃左右。如橡皮树(*Ficus elastica*)、龟背竹、棕竹(*Rhapis humilis*)、文竹、异叶南洋杉(*Araucaria heterophylla*)等。

3. 低温观叶植物

这类植物原产于亚热带和暖温带的交界处，在温度降至10℃时仍能缓慢生长，并能忍受0℃左右的低温，如苏铁(*Cycas revoluta*)、常春藤、南天竹、棕榈(*Trachycarpus fortunei*)。

4. 耐寒观叶植物

这类植物大多原产于暖温带、温带地区，对低温有较强的忍耐力，有些能忍受－15℃的低温，但怕干风侵袭，盆栽植株可在冷室越冬，如大叶黄杨(*Euonymus japonicus*)、龙柏、凤尾兰、丝兰、观赏竹类等。

(三) 湿度

基于对人类健康等因素的考虑，一般室内的空气湿度不能太大，尤其在我国北方，干燥多风的春季和用暖气供热的冬季，室内空气湿度很低，不适于多数室内观叶植物的生长。而在南方夏季的梅雨季节，连绵的雨水往往会使室内空气湿度过高，致使一些室内植物腐烂。因此只有充分了解植物的特性，才能因地制宜，合理布置空间。

大多数室内观叶植物都需要较高的空气湿度，竹芋类、波斯顿蕨(*Nephrolepis exaltata* var. *bostoniensis*)、球根海棠、杂交秋海棠、白网纹草等，一般需要空气相对湿度80%；龙血树(*Dracaena draco*)、豆瓣绿、天门冬类、棕榈类等要求空气相对湿度在50%～60%之间；仙人掌类及一些多浆植物较耐干燥，一般室内30%的湿度都能生长良好。

三、室内绿化的美学原则

(一) 色彩调和

室内植物色彩的选择要按照室内环境的色彩，如地板、墙壁、室内设施等色彩，从整体上综合考虑，既要有协调，又要有对比。如一间地板为黄色的房间里，若把红色花系的一品红、红色安祖花放于视线焦点，就易使人在协调中加深对红花的印象；若布置蓝色花系的勿忘我、瓜叶菊等，就会让人从强烈的对比中注意到植物的美丽；若把黄色的金叶女贞等植物布置于主视点，就会因色彩无对比而淡化植物的美感。

室内植物的色彩还应和季节、时令相协调。在喜庆节日或寒冷的冬季，宜选暖色调为主的山茶、杜鹃、红背桂等植物，以烘托热烈的气氛；在炎炎的夏季可选冷水花、白网纹草、马蹄莲等冷色调的植物，使人感到清凉、淡雅。

花盆的色彩也要和室内环境相调和，一般不要选大红、大绿的鲜艳颜色，以求协调。宜选用白色、棕色或深绿色的容器，或是直接选与附近地板和设施相一致的色彩。

(二) 体量适中

室内绿化植物的体量必须同房间的体积相协调，小房间里摆放一盆高大的花木会给人以拥挤感，大空间内放置几盆小花会引起空旷感。

因此，在较狭窄的室内，不宜摆放体量过大的植物，如苏铁、棕榈等。应选一些株形较小，叶片细柔的植物，如文竹、武竹、富贵竹等；在较宽敞的房间，则可选择株形高大的植物，如巴西木、春羽等。

(三) 位置适当

室内空间里不同的地点会给人以不同的视觉感受，需要布置不同的植物。一般在屋角、墙基，宜摆放大、中型的观叶花木，如龟背竹、变叶木、橡皮树、广东万年青等；在窗台或家具上，宜摆放中、小型观叶、观花植物，如君子兰、凤梨类、蒲包花等；在茶几、书架上，宜摆放小型花卉，如天门冬、富贵竹、生石花等。

四、室内不同空间的绿化

(一) 大型室内共享空间的绿化

大型室内共享空间是指宾馆、游乐场、购物中心、写字楼、酒店等处的公共空间，主要包括出入口、中厅、楼梯、走廊4部分内容。

1. 出入口的绿化

大型公共建筑的出入口在集散人流、空间过渡方面起着十分重要的作用，其植物配置要满足这一功能的要求。一般在出入口门外的台阶上，宜布置醒目的植物，如高大对称的观叶植物或盛花花坛等，突出出入口的位置。对于其室内的空间，宜选用色彩明快、暖色调的植物，既起到室内外自然过渡的作用，又营造出室内热烈的氛围。

2. 室内中厅的绿化

大型建筑的室内中厅是人们交流、购物、休息的共享空间，其植物配置主要作用是让人能贴近自然(如图6-4所示)。因此，其植物装饰要体现出一种自然空间的再创造。从中庭的绿化形式上讲，有以我国写意园林为基础，堆山理石而建成的古典园林式；有喷泉、瀑布结合，体现欧洲风情的西方园林式。国外也有布置成规模较小的专类园，如仙人掌及多浆植物园、岩石园、凤梨、热带兰等专类园。中庭绿化的目的是要为人们提供一个令人格外轻松、景色深远并在感受上同工作环境迥然不同的空间。

3. 楼梯的绿化

一般台阶式的楼梯，其转角平台上常会有一些死角，可用较细长的观叶植物遮掩(图6-5～图6-6)。较宽的楼梯，每隔几级可置一盆观叶或观花的植物，高低错落有致，形成韵律之美。对于现代中厅内的自动扶梯式电梯，可以在两部电梯之间留出种植槽，做成台地式的模纹或盛花花坛，能使中厅更丰富多彩。

图6-5

图6-6

4. 走廊的绿化

走廊是联系室内各建筑单元的公用空间，主要起交通上的功能。因此在植物配置时，尤其要注意不能妨碍通行，并保持通风顺畅。走廊较宽或空间较大的地方，可以摆设观叶植物点缀，一般走廊仅在尽端放置耐阴性强的大型观叶植物，在拐角处可放主干较高的木本植物，如酒瓶椰子等。也可放花架，摆设精美的盆花。

（二）家庭居室绿化装饰

1. 客厅绿化装饰

客厅是接待客人和家人聚会之地，按我国的传统习惯，植物配置应力求朴素，典雅大方，不宜繁杂。色彩要以暖色调为主，简洁明快，既醒目又不能杂乱。在客厅的角落及沙发旁，宜放置大型观叶植物，如垂叶榕、棕竹等，也可利用花架摆放盆花，如吊兰、绿萝、四季秋海棠等，或垂或挺，茶几、角柜之上，宜放小盆兰花、大岩桐、仙客来等。顶棚上还可垂吊垂盆草、吊竹梅等。

2. 卧室绿化装饰

卧室是休息、睡眠的地方，要求具有宁静、温情，令人轻松的气氛。一般以摆放颜色淡雅、株型中等或矮小的植物为主。植株以柔软、细小者为佳，如波斯顿蕨、袖珍椰子等。观花植物以花香色淡者为宜，如茉莉、含笑、水仙、米兰等。

3. 书房绿化装饰

书房是读书的场所，植物配置应烘托清静雅致的气氛。植物布置一般不需多。仅在书架、书桌上放置小巧玲珑的植物即可，如石莲花、什锦芦荟等。也可放小型盆景，再于墙壁上悬挂文人字画，更能增加其浓郁的高雅气氛。较宽敞的书房内也可以放置精美的插花以减缓眼睛的疲劳(图 6-7)。

图 6-7

4. 厨房绿化装饰

厨房的面积一般较小，温湿度变化大，且又有很多炊具，故植物配置宜简不宜繁，宜小不宜大。一般选抗性较强的花卉，如观赏辣椒、三色堇、金鱼草等。同时要充分利用一些闲置不用的空间进行绿化，如橱柜顶、墙角、墙壁、窗台等，可在墙壁上悬挂吊竹梅、吊兰，在橱柜顶放观赏南瓜及新鲜蔬菜，在窗台放沿阶草等，尽可能地改变厨房内单调乏味的环境，使人在繁琐的家务中能保持愉快的心境。

5. 卫生间绿化装饰

卫生间一般面积小、湿度大、光线不足。选择植物时应选耐阴性强、喜湿的小型观叶植物为宜，布置方式多用壁挂式或悬垂式，如选用玉景天、吊金钱等，也可在墙上布置一些插花艺术。某些高级宾馆的卫生间里在人的视平线上摆上精致的盆景，显示出设计者的独到之处。

第三节 垂直绿化

垂直绿化是与平面绿化相对应的一种绿化形式，它利用植物具有的吸附、缠绕卷须、钩刺等攀援特性，使其依附在各类垂直墙面、斜坡面、空架之上快速生长而发挥绿化效果。

一、定点放线

绿篱的定点应以路牙或道路中心线为参照物，垂直绿化的定点可以攀援物为参照线，用皮尺、测绳等按设计的株距，每隔5株钉一木桩作为定点和种植的依据。定点时如遇电杆、管道、涵洞、变压器等障碍物必须躲开，并符合有关技术规程要求。

二、各种植沟

(一) 开沟

垂直绿化宜开沟种植，沟槽的大小依土球规格及根系情况而定。开沟前应向有关部门了解施工地点的地下管线埋设情况，开沟时要小心，发现电缆、管道等必须停止操作并及时找有关部门配合解决。

(二) 清除瓦砾、堆放基肥

开沟后，发现瓦砾多或土质差，必须清除瓦砾垃圾、换新土。根据土质情况和植物生长特点施加基肥。基肥必须与泥土充分拌匀。

三、垂直绿化的种植

(一) 起苗

1. 选苗

作为攀援植物的苗木，要求冠幅完整、匀称，合乎规格；土球完整，无破裂或松散；无病虫害。特殊形态苗木要符合设计要求。

2. 起苗时间

起苗时间宜选在苗木休眠期，并保证栽植时间与起苗时间紧密配合，做到随起随栽。

3. 起苗方法

起苗前1～3天应当淋水使泥土松软，起苗要保证苗木根系完整。裸根起苗应尽量多保留根系并留宿土；若掘出后不能及时运走栽植，应进行假植。带土球苗木起苗应根据气候及土壤条件决定土球规格，土球应严密包装，打紧草绳，确保土球不松散，底部不漏土。

(二) 苗木修剪、运输及假植

1. 苗木修剪

垂直绿化植物种植前，应对苗木进行修剪。修剪时应遵循各种植物自然形态的特点和生物学特性，在保持基本形态的条件下剪去病弱枝、徒长枝、重叠或过密的枝条，并适当剪摘去部分叶片。对于断根、劈裂根、病虫根和过长的根，也应进行适当修剪。剪口均应平滑，并及时涂抹防腐剂以防止过分蒸发、干旱及病虫害。

2. 苗木运输

苗木的装车、运输、卸车等各项工序，应保证垂直绿化植物的根系、土球完好，不应折断树枝、擦伤苗皮或误伤根系。

3. 苗木假植

苗木运到种植现场，若不及时种植，应进行假植。裸根苗木可平放地面，覆土或盖湿草；也可事先挖好宽1.5～2m、深0.4m的假植沟，将苗木排放整齐，逐层覆土。带土球苗木应尽量集中，将其直立，将土球垫稳、码严、周围用土培好。若假植时间过长，则应适量浇水，保持土壤湿润，同时注意防治病虫害。

（三）垂直绿化的栽植

1. 回填底肥和少量栽植土

以拌有有机肥的土为底部栽植土，回填后在接触根部的地方铺放一层没有拌底肥的栽植土，使沟深与土球高度相符。

2. 排放苗木

将苗木排放到沟内，土球较小的苗木应拆除包装材料再放入沟内；土球较大的苗木，宜先排放沟内，把生长姿势好的一面朝外，竖直看齐后垫土固定土球，再剪除包装材料。

3. 填土夯实

填入好土至树穴的一半时，用木棍将土球四周的松土夯实，然后继续用土填满种植沟并夯实。

4. 浇定根水

栽植后，必须在当天对垂直绿化植物浇定根水。

四、墙体绿化

墙体是建筑微域环境的实体部分。然而由墙体向外辐射的空间是无限的。绿化装饰应具有点缀、烘托、掩映的效果。墙体绿化泛指用攀援植物或其他植物装饰建筑物墙面或各种围墙的一种立体绿化方式，以达到美化的目的。墙体绿化是增大城市绿化面积的有效措施。

墙体绿化装饰要考虑以下几个因素：

（一）墙面类型

根据墙面类型选择恰当攀援植物及合理处置是墙面绿化成功与否的关键。以水泥为主要粘结剂的水硬性建筑材料，如黄砂水混砂浆、水泥混合砂浆、水刷石、马赛克等。其材料强度既高又不溶于水、加之其表层结构粗糙，配置有吸盘与气生根器官的地锦、常春藤等攀援植物较适宜。而以石灰为主要粘结剂的气硬性建筑材料，强度低，而且抗水性差，配植攀援植物较困难，但可以选择诸如木香、藤本月季等加以扶持进行绿化。

（二）墙面朝向

不同朝向的墙体、光照、干湿条件不同、植物选择也不同。木香、紫藤、藤本月季、凌霄属于喜阳植物，不适宜配置在光照时间短的北向或蔽阴墙体，只能配置在南向和东南向墙体。薜荔、常春藤、扶芳藤等耐阴性强、适宜背阳处墙体绿化。

（三）季相景观

攀援植物的季相变化非常明显，故不同建筑墙而应合理搭配不同植物。考虑到不同的季相景观效果，必要时亦可增加其他方式以弥补景观的不佳。

另外，墙体绿化设计除考虑空间大小外，还要顾及与建筑物色彩和周围环境色彩相协调。

（四）墙体绿化方式

建筑墙体绿化装饰主要有以下几种方式：

1. 上垂下爬式

同时利用墙基花槽种植地锦、常春藤、藤本月季等和墙顶花槽或花斗栽植迎春、金丝桃等花灌木。

2. 内嵌式

在围墙上砌一花槽或筑若干造型的花斗，植以各种草本花卉或藤本植物。

五、阳台绿化装饰

阳台和窗户是建筑立面上的重要装饰部位，用各种花卉、盆景装饰绿化阳台，在美化建筑物的同时也可美化城市。这种方式称为阳台绿化。

阳台的结构形式不同，所要求的植物配置也不同。若阳台三面外露，通风和日照条件较好，可以搭设花架或砌制花槽种植花叶茂盛的攀援植物，或在阳台围栏板上设盆架，摆放一些时令盆栽花卉。凹式阳台只有一面外露，受采光和通风条件限制，可于阳台两侧立支架摆设盆花等。长廊式阳台的装饰就更随意，可用盆悬、盆摆，亦可基础种植一些攀援植物。

另外，阳台和窗户的朝向不同，所选植物材料也不同。如朝东或朝南的阳台窗体，光照充足，通风好，可选择一些常绿观叶盆栽植物，如五针松、翠柏、罗汉松、黄杨等。也可选择观花观果植物，如迎春、月季、菊花、茶花、米兰、含笑、君子兰、杜鹃、金松、石榴、葡萄、茉莉、夜来香等。朝西和朝北的阳台可选择一些耐阴的观叶植物，如苏铁、文竹、南天竹、槟榔、棕竹、春兰、龟背竹、橡皮树、珠兰、常春藤、地锦等。

阳台和窗体的绿化装饰常采用的形式有：

（一）垂吊式

一般是利用垂吊花卉摆在阳台或窗子上。根据垂吊的部位不同，又可分为顶悬垂吊、围栏垂吊和底悬垂吊，要根据需要选择合理的方式。顶悬垂吊是在阳台窗体顶部设置吊钩的方式，它可以弥补阳台和窗体空间的空洞感。围栏垂吊则是利用盆栽的枝叶软而长的藤蔓植物，如垂盆草、枸杞等，垂吊于阳台的围栏外侧。底悬垂吊是选择枝叶可以斜出或下垂的植物，如菊花、天竺葵等，悬吊于阳台和窗台的底部外沿，以美化外侧底部景观。

（二）屏风式

利用牵引法，把种植在花盆或木箱内的植物牵引到用竹杆、绳索等构成的扇状或条形花式屏风上。

（三）花槽、花篮固定式

在阳台或窗台上设置固定的花槽，种植花卉或直接用花篮摆放(图 6-8)。

图 6-8

图 6-9

六、门、台阶、径缘的绿化装饰

（一）门

门作为入口的控制，有其实际功能，如便于识别、引导视线和车辆、提供阴凉等。同时，通过造型和周围环境的设计变化会满足人们在心理上的某种需要，好的景观设计，应充分考虑这一点。

（二）台阶

由于地形的起伏变化，有时需要对台阶进行绿化装饰。不同的建筑环境、地形特点、使用目的等要求不同的处理手法。美观、安全、舒适是考虑的重点。

（三）道路边缘绿化装饰及置景

园林中道路的铺设材料十分丰富，有木质、石质、植物等，质地不同，效果不同。而与道路相接的路缘景观设计容易被人轻视，色彩丰富的植物景观变化以及路和路缘的自然过渡是极为重要的(图 6-9)。

第四节　水　景　绿　化

一、水景绿化的意义

园林绿地中的水面，不仅能够起到调节小气候的作用，解决园林种植蓄水、排水、灌溉的问题，为多种水上活动创造良好条件，而且在创造园林景观上也能起到重要作用。

有了水面就可以栽种水生植物。水生植物的茎、叶、花、果都有观赏价值，种植水生植物可以打破水面的平静，为水面增添情趣，也可以减少水面蒸发，改进水质。水生植物生长迅速，适应性强，栽培粗放，管理省工，并可提供一定的副食品。有的水生植物可做蔬菜和药材，如莲藕、慈姑、菱角等；有的则可提供廉价的饲料，如水浮莲等。

二、水景绿化的要点

1. 水生植物与环境条件中关系最密切的是水的深浅，在园林绿化中运用的水生植物，根据其习性不同可分为以下几种类型：

(1) 沼生植物

它们的根浸在泥中，植株直立挺出水面，大部分生长在岸边沼泽地带，如千屈菜、荷花、水葱、芦苇、荸荠、慈姑等，一般均生长在水深不超过 1m 的浅水中。在园林绿化中应把这类植物种植在不妨碍人们活动的水面上，又能增进岸边浅岸部分的风景。

(2) 浮叶水生植物

它们的根生在水底泥中，但茎并不挺出水面，叶漂浮在水面上如睡莲、芡实、菱角等，这类植物自沿岸浅水处到稍深的水域都能生长。

(3) 漂浮植物

植物漂浮在水面或水中。这类植物大多数生长迅速，培养容易，繁殖又快，能在深水与浅水中生长，大多具有一定的经济价值。这类植物在园林中宜做平静水面的点缀装饰，在大的水面上可以增加曲折变化，如水浮莲(大藻)、凤眼莲等。

2. 在水体中种植水生植物时，不宜种满一池，使水面看不到倒影，失去扩大空间的作用和水面平静的感觉；也不要沿岸种满一圈，而应该有疏有密，有断有续。一般在小的水面种植水生植物，可以占 1/3 左右的水面积，留出一定水中空间，产生倒影效果。

3. 种植水生植物时，种类的选择和搭配要因地制宜。可以是单纯一种，如在较大水面种植荷花或芦苇等；也可以几种混植，混植时的植物搭配除了要考虑植物生态要求外，在美化效果上要考虑有主次之分，以形成一定的特色。一般要求在植物形体、高矮、姿态、叶形、叶色以及花期、花色上能互相搭配协调，如香蒲与慈姑配在一起有高矮和姿态的变化，又不互相干扰，观赏性强，而香蒲与荷花种在一起，高矮差不多，互相干扰就显得凌乱。

4. 为了控制水生植物的生长，常需要在水下安置一些设施，最常用的方法是设水生植物种植床。最简单的是在水底用砖或混凝土作支墩，然后把盆栽的水生植物放在墩上，如果水浅就不用墩，这种方式在小水面种植数量少的情况下适用(图 6-10)。大面积栽植可用耐水湿的建筑材料作水生植物栽植床，可以控制植物生长(图 6-11)。

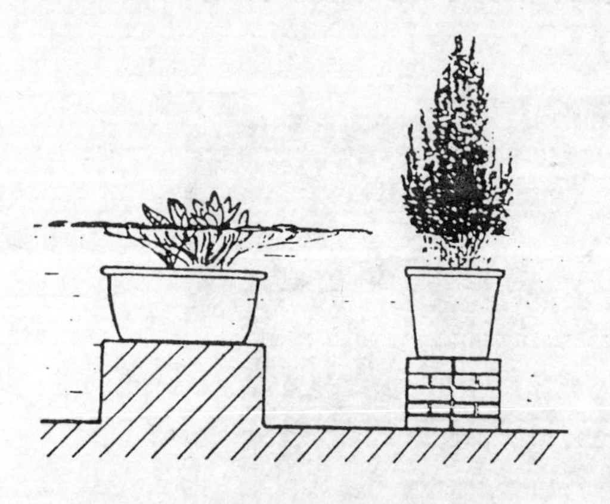

图 6-10　盆栽的水生植物放在支墩上

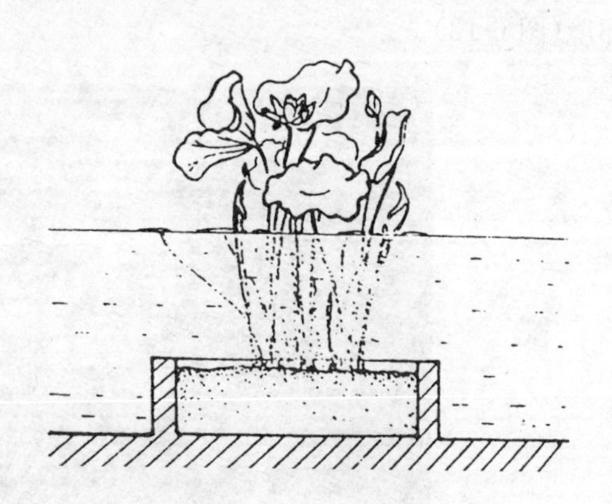

图 6-11　水生植物栽植床

三、水生植物的造景功能

1. 丰富水体景观

水是构成景观的重要元素，在各种风格的园林中，水体均有其不可替代的作用，而园林植物又从平面、立面极大地丰富了水体的景观。水中、水旁园林植物的色彩、姿态及所产生的倒影，均加强了水体的美感。如荷花(*Nelumbo nucifera*)亭亭玉立，“出淤泥而不染，濯清莲而不妖”；花菖蒲(*Iris kaempferi*)花色丰富，花型各异；水葱(*Scirpus taber naemontani*)茎杆颀长；睡莲(*Nymphaea tetragona*)小巧玲珑；鸢尾(*Iris*)花繁似锦；垂柳(*Salix babylonica*)婀娜多姿；芦苇(*Phragmites communis*)茫茫芦花，宛若白雪；青竹灵秀可人，松柏苍翠欲滴。它们在不同的季节和不同的环境里，表现出不同的意境，赋予水体内在的、精神上的美。

2. 扩大空间，增加景观层次

园林水体可赏、可游，四周的景观映入水面，犹如对景观进行了一次艺术加工，产生一种朦胧的、虚幻的美，岸边的树、水中的影使环境更加完美和动人。尤其是堤、岛上的植物配置，不仅增添了水面空间的层次，而且丰富了水面空间的色彩，使人遐想无限，流连忘返(图 6-12)。

图 6-12

3. 普及生物科学知识

水生植物是自然界中的一个重要类别，与人的生活关系非常密切。水生植物多数种类具有不同的经济价值，如菱角、莲蓬、莲子、藕等自古就有人食之；芦苇可作造纸和编织的原料；菖蒲等可入药。从植物分类学上看，水生植物既有低等的蕨类植物，又有高等的单子叶和双子叶植物。另外，水生植物在水体中还具有生物学效应，可以净化水体，利于水体中的生态平衡，如黄花狸藻生活在略带酸性的浅水中，叶子成为捕虫囊，囊内细胞能分泌出有麻醉作用的粘液及消化酶，将误入囊内的小虫消化吸收；某些沉水植物可增加水体中氧气的含量，改善水环境(图 6-13)。

图 6-13

四、不同水体环境的植物配置

水生植物园的建造是以不同的水体为基础，如果没有丰富的水体环境，也就创造不出丰富多样的水生植物景观，同时，水生植物园的植物配置还要讲求艺术性。不仅要注意植物与植物之间的艺术搭配，更重要的是植物与不同水体部位的有机结合。水体和水生植物结合所创造的美为人们更深刻地了解水生植物奠定了感性的基础。所以设计不同水体环境的植物配置有着极其重要的意义。

1. 堤、岛植物配置

堤、岛是水体中划分水面空间的主要手段。而堤、岛上的植物配置，无论是对水体，还是对整个园林景观，都起到强烈的烘托作用，尤其是倒影，往往成为观赏的焦点。

堤常与桥相连，在园林中是重要的游览线路之一。因为是滨水种植，在进行植物配置时要考虑到植物的生态习性，满足其生态要求，在此基础上考虑树体的姿态、色彩及其在水中所产生的倒影。如果是一条较长的堤，还要注意景观的变化与统一、韵律与节奏等，使人在游玩时能够乐在其中。

岛的大小、类型各有差异，有游人可上的半岛，也有仅供远眺观赏的湖心岛。半岛在植物配置时要考虑游览路线，不能妨碍交通，植物选择上要和岛上的亭、廊、水榭等相呼应和谐，共同构筑岛上美景。而湖心岛在植物景观设计时不用考虑游人的交通，植物配植密度可以较大，要求四面皆有景可赏，但要协调好植物与植物之间的各种关系，如速生与慢长，常绿与落叶，乔木与灌木地被，观叶与观花，针叶与阔叶等，形成相对稳定的植物景观。

2. 驳岸植物配置

岸边的植物配置对于表达水体的不同景观有着积极的作用。优美的植物配置能使山和水融为一体，能使水面空间景观或开或敞，或封或合，充满自然的妙趣。驳岸按其布置方式可分为自然式和规则式；按构筑的材料可分为土岸、石岸、混凝土岸等。不同的驳岸处理有不同的特点，并传达着不同的景观意义，所以，植物配置时要分别对待。自然式的土岸给人以朴实、亲切的感觉。在植物配置时要结合地形、道路，疏密有致、高低错落，自然有趣，忌讳呆板的、等距的绕岸栽植一圈的配置形式。树种宜选择花灌木、树丛及姿态优美的孤立树，尤其是彩色叶树种，可起到很好的点缀作用(图 6-14)。如槭属(*Acer*)、紫叶小檗(*Berbeis thunbergii* ‘Atropurpura’)、美国地锦(*Parthenocissus quinquefolia*)、枫香(*Liquidambar formosana*)、乌桕(*Sapium sebiferum*)、杜英(*Elaeocarpus sylvestris*)等。若在岸边植以低矮的植物材料，如菖蒲、鸢尾等，可起到草坪和水面之间的过渡作用。如在英国威斯利花园的一处驳岸植物配置中、运用几丛鸢尾(*Iris* spp.)、落新妇(*Astibe chinsis*)等将草坪和水面连接起来，起到界定水面的作用。土岸可以稍稍高出水面，蹲在岸边水面伸手可及，便于游人亲水、戏水。但要考虑到儿童的安全问题，设置明显的标志，提醒家长多加留意。

图 6-14

规则式的石岸线条生硬、单调，缺少变化，柔软多姿的植物枝条正好可以补其拙；自然式的石岸形体较丰富，优美的植物线条及色彩可增添景色与趣味。如在石岸上可种植南迎春(*Jasminum mesnyi*)、络石(*Trachelospermum jasminoides*)、薜荔(*Ficus* pumila)、胶东卫矛(*Eaonxmus kiauischoxicus*)、紫藤(*Wisteria sinensis*)、蔷薇(*Rosa* spp.)等，将石岸掩映于下垂的枝条之中。当然，用于驳岸的石头也并非全都丑陋，有的形态奇特，惟妙惟肖，自成一景，这时就要将其特点巧妙地衬托出来，供人欣赏，要真正做到"佳则收之，俗则屏之"，而不是一味地用植物材料全部遮掩，否则就失去植物造景本身的意义。

3. 水面植物配置

水面景观是水生植物园欣赏的主体，其景观构成包括各种水生植物、水边建筑、水中雕塑，以及它们所产生的倒影等。因而在进行植物配置时，要综合考虑各种因素，充分美化水面。

从平面上看，应留出1/2～1/3的水面。水生植物不宜过于拥挤，尤其是岸边有亭、台、楼、阁、榭、塔等园林建筑，水中有雕塑等园林小品，或种植有树姿优美、色彩艳丽的观花、观叶树种时，则必须留出足够的水面空间来展示其倒影。为此要在水中设池、缸或埋置金属网，控制水生植物的生长范围。在竖向设计上可有一定的起伏，高低错落、层次丰富。竖线条的植物材料有荷花、伞草(*Cyperus alternifolius*)、香蒲(*Typha angustifolia*)、千屈菜(*Lythrum salicaria*)、黄菖蒲(*Iris pseudocorus*)、石菖蒲(*Acorus gramineus*)、花菖蒲(*Iris kaempferi*)、水葱(*Scirpus tabernaemontani*)等；水平的有睡莲(*Nymphaea tetragona*)、荇菜(*Nymphoides peltata*)、凤眼莲(*Eichhornia crassipes*)、小萍蓬草(*Nuphar minimum*)、日本萍蓬草(*N. japonica*)、白睡莲(*Nymphaea alba*)、王莲(*Victoria amazonica*)等。将横向和纵向的植物材料按照它们的生态习性选择适宜的深度进行栽植，将科学和艺术完美地结合，构筑美丽的水上花园。

五、水生植物园的选择

根据植物材料和水体距离的远近，可以分为水边、水际及水中几大类型，在选择植物材料时要因地制宜，合理配置

(一) 水边绿化树种的选择

水边绿化树种首先要具备一定耐水湿的能力，根系能够适应较高的地下水位。另外，还要符合设计意图中美化的要求，如色彩、线条、姿态等，既能在空中构筑丰富的天际线，又能在水面产生动人的倒影，在天空和水体之间形成连续的景观。水边常见的绿化树种有：

1. 树体高耸的：水松(*Glyptostrobus pensilis*)、落羽松(*Taxodium distichum*)、池杉(*Taxodium ascendens*)、水杉(*Metasequoia glyptostroboides*)、钻天杨(*Populus nigra* 'Italica')、桧柏(*Sabina chinensis*)等。

2. 树冠圆整的：榕树(*Ficus microcarpa*)、高山榕(*Ficus altissima*)、大叶柳(*Salix magnifica*)、旱柳(*Salix matsudana*)、悬铃木(*Platanus*×*acerifolia*)、苦楝(*Melia azedarach*)、枫杨(*Pterocarya stenoptera*)、枫香(*Liquidambar formosana*)、重阳木(*Bischofia polycarpa*)、桑(*Morus alba*)、柘树(*Cudrania tricuspidata*)、七叶树(*Aesulus chinensis*)、香樟(*Cinnamomum camphora*)、无患子(*Sapindus mukorossi*)、丝绵木(*Euonymus maackii*)、绒毛白蜡(*Fraxinus velutina*)、杜梨(*Pyrus betulifolia*)等。

3. 树姿飘逸的：垂柳(*Salix babylonica*)、三角枫(*Acer buergerianum*)、柽柳(*Tamarix chinensis*)、紫花羊蹄甲(*Bauhinia purpurea*)、合欢(*Albizia julibrissin*)、台湾相思(*Acacia confusa*)、假槟榔(*Archontophoenix alexandrae*)、元宝枫(*Acer*

truncatum)等。

4. 叶有特色的：红栎(*Quercus borealis*)、鸡爪槭(*Acer palmatum*)、连香树(*Cercidiphyllum japanicum*)、糖槭(*Acer saccharum*)、血皮槭(*Acer griseum*)、卫矛(*Euonymus alatus*)、银杏(*Ginkgo biloba*)、花楸(*Sorbus pohuashanensis*)、紫叶小檗(*Berberis thunbergii* 'Atropurpurea')、美国地锦(*Parthenocissus quinquefolia*)、杜英(*Elaeocarpus sylvestris*)、乌桕(*Sapium sebiferum*)、水杉(*Metasequoia glyptostroboides*)、榔榆(*Ulmus parvifolia*)等。

5. 开花诱人的：樱花(*Prunus serrulata*)、杜鹃(*Rhododendron simsii*)、南迎春(*Jasminum mesnyi*)、山茶(*Camellia japonica*)、贴梗海棠(*Chaenomeles speciosa*)、西府海棠(*Malus×micromalus*)、紫藤(*Wisteria sinensis*)、碧桃(*Prunus persica* 'Duplex')、山杏(*Prunus sibirica*)、七姐妹蔷薇(*Rosa multiflora* 'Platyphylla')、桂花(*Osmanthus fragrans*)、含笑(*Michelia figo*)、夹竹桃(*Nerium oleander*)、连翘(*Forsythia suspensa*)、棣棠(*Kerria japonica*)、四照花(*Dendrobenthamia japonica*)、圆锥八仙花(*Hydrangea paniculata*)、山楂(*Crataegus pinnatifida*)等。

(二) 水际植物

水际植物多生长在湿土至15cm深的浅水中，可直接种于水景园的土中，也可种在水池中留出的种植台或种植器中。常见的植物种类有：菖蒲(*Acorus calamus*)、花叶菖蒲(*A. calamus* 'Variegatus')、石菖蒲(*A. gramineus*)、小花泽泻(*Alisma parviflora*)、泽泻(*A. plamtago aquatica*)、毛茛叶泽泻(*A. rannunculoides*)、水芋(*Calla palustris*)、燕子花(*Iris laevigata*)、黄菖蒲(*Iris pseudoacorus*)、变色鸢尾(*Iris vercicolar*)、丁香蓼(*Ludwigia palustris*)、日本慈姑(*Sagittaria japonica*)、慈姑(*Sagittaria sagittafolia*)、宽叶香蒲(*Typha latifolia*)、小香蒲(*Typha minima*)、婆婆纳(*Veronica beccabunga*)、花叶灯心草(*Juncus effusus* 'Vittatus')、欧水草(*Scirpus cernuus*)、溪荪(*Iris sanguinea*)。

(三) 水中植物

各种水中植物因其原产地生态环境的不同，对水位的要求也有很大差异。多数水生高等植物分布在100～150cm深的水中，挺水及浮水植物常以30～100cm为宜，沼生、湿生植物种类只需20～30cm的浅水即可。

1. 要求水深30～120cm的植物

荷花(*Nelumbo nucifera*)：生长的适合水位不得超过100cm，中、小型花种宜在30～50cm之间；碗莲应在20cm以内，如水位过深只长少数浮叶，而荷花不见立叶则不易开花。

睡莲(*Nymphaea tetragona*)、白睡莲(*N. alba*)、香睡莲(*N. odorata*)、块茎睡莲(*N. tuberosa*)、黄睡莲(*N. pygmaea* 'Helvola')、黄香睡莲(*N. odorata* 'Sulphurea')、蔷薇色香睡莲(*N. odorata* 'Rosea')、蔷薇色块茎睡莲(*N. tuberosa* 'Rosea')等需水深30～120cm。另外如芡实(*Euryale ferox*)、伞草(*Cyperus alternifolius*)、香蒲(*Typha angustifolia*)、芦苇(*Phragmites communis*)、千屈菜(*Lythrun salicaria*)、水葱(*Scirpus tabernaemontani*)、王莲(*Victoria amazonica*)等。

2. 要求水深10～30cm的植物

这类植物包括荇菜(*Nymphoides peltata*)、凤眼莲(*Eichhornia crassipes*)、萍蓬草(*Nuphar pumilum*)等。

参 考 文 献

1. 浙江省建设厅编制. 园林绿化施工员岗位培训教材
2. 浙江省建设厅编制. 项目经理培训教材
3. 浙江省建设厅编制. 土建五大员岗位培训教材
4. 浙江省建设厅编制. 园林工人上岗培训教材
5. 浙江省建设厅编制. 城市园林绿化法规规范和文件汇编
6. 园林建设工程. 中国城市出版社
7. 中国建筑艺术史. 中国文物出版社
8. 刘致平. 中国居住建筑简史——城市、住宅、园林(第二版). 北京：中国建筑工业出版社，2000
9. 全国建筑施工企业项目经理培训教材. 中国建筑工业出版社
10. 本书编委会. 施工项目管理概论(修订版). 北京：中国建筑工业出版社，2001
11. 徐一骐. 工程建设标准化、计量、质量管理基础理论. 北京：中国建筑工业出版社，2000
12. 潘金祥等编. 施工现场十大员技术管理手册(第二版). 北京：中国建筑工业出版社，2004
13. 朱维益，杨生福. 市政与园林工程预决算. 北京：中国建材工业出版社，2004
14. 园林专业系列教材. 中国高等教育出版社
15. 城市绿地喷灌. 中国林业出版社
16. 刘燕. 园林花卉学. 北京：中国林业出版社，2000
17. 孟兆祯. 园林工程. 北京：中国林业出版社，2001
18. 北京市园林局，北京市园林教育中心编制. 传统园林建筑
19. 浙江省标准设计站编制. 园林绿化技术规程